# MEDICAL DEVICE CLASSIFICATION GUIDE

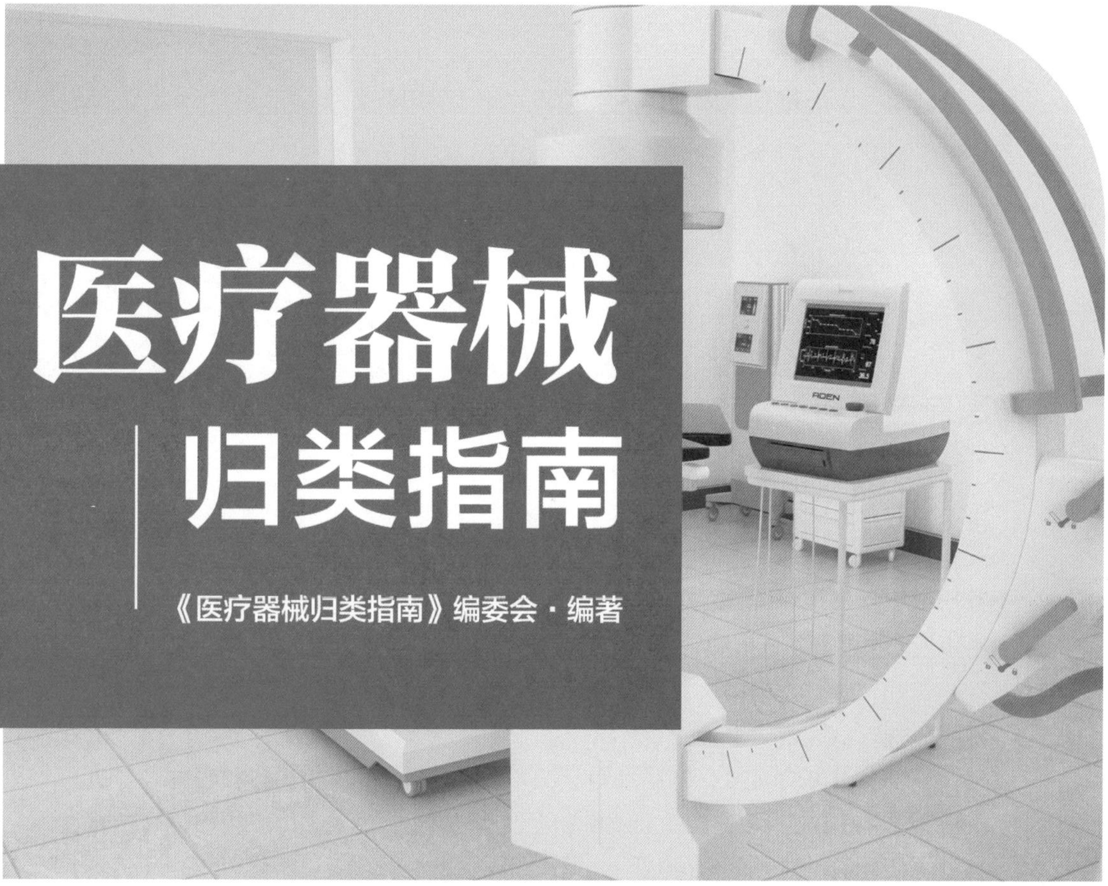

# 医疗器械归类指南

《医疗器械归类指南》编委会·编著

中国海关出版社有限公司
中国·北京

**图书在版编目（CIP）数据**

医疗器械归类指南：汉英对照/《医疗器械归类指南》编委会编著．—北京：中国海关出版社有限公司，2020.8

ISBN 978-7-5175-0449-8

Ⅰ.①医… Ⅱ.①医… Ⅲ.①医疗器械—指南—汉、英 Ⅳ.①TH77-62

中国版本图书馆CIP数据核字（2020）第138100号

**医疗器械归类指南**

YILIAO QIXIE GUILEI ZHINAN

编　　者：《医疗器械归类指南》编委会
策划编辑：史　娜
责任编辑：夏淑婷
出版发行：中国海关出版社有限公司
社　　址：北京市朝阳区东四环南路甲1号　　邮政编码：100023
网　　址：www.hgcbs.com.cn
编 辑 部：01065194242-7539（电话）　　01065194231（传真）
发 行 部：01065194221/27/38/46（电话）　　01065194233（传真）
社办书店：01065195616（电话）　　01065195127（传真）
http://www.customskb.com/book（网址）
印　　刷：北京新华印刷有限公司　　经　　销：新华书店
开　　本：889mm×1194mm　1/16
印　　张：25.75　　字　　数：400千字
版　　次：2020年8月第1版
印　　次：2020年8月第1次印刷
书　　号：ISBN 978-7-5175-0449-8
定　　价：240.00元

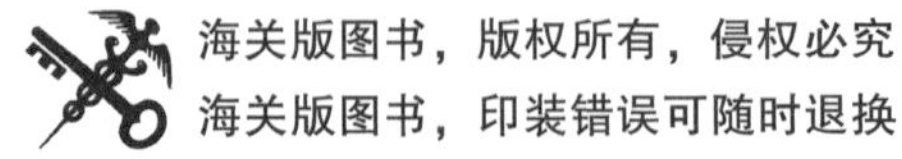

# 《医疗器械归类指南》编委会

# 前 言

受社会老龄化、医疗消费需求增长等因素的影响，全球医疗器械行业快速发展。美国、欧洲和日本是全球主要的医疗器械市场，而以中国为代表的新兴市场更是发展迅猛。随着健康中国战略和《“健康中国2030”规划纲要》的落实，大健康产业未来将引领我国新一轮经济发展浪潮，医疗器械在预防、诊断、治疗和护理等方面将发挥更为广泛和巨大的作用。据预测，未来3~5年，医疗器械行业将引入大量的创新产品，进出口量保持稳定增长；“互联网+”、人工智能技术、生物三维打印技术、“药品+器械一体化”、可穿戴设备等方面都将出现突破性进步，并将与医疗器械行业紧密结合，催生新的增长点。

医疗器械领域的创新和发展对海关进出口商品归类水平和能力将形成很大的挑战。医疗器械行业是一个多学科交叉，知识密集、资金密集的高技术行业，归类人员既需要具备相关的医学知识对商品进行准确认识，又需要具备熟练的海关归类专业技术进行准确归类，而这两方面的知识是需要多年的积累的。

为了顺应新形势下医疗器械行业的发展，统一全国海关医疗器械的归类思路，配合全国海关通关一体化改革，本书编委会创作编写了《医疗器械归类指南》，便于广大企业和归类从业人员更好地了解进出口医疗器械的商品知识，掌握医疗器械的归类技能，准确、合规地进行申报。

《医疗器械归类指南》编委会

2020年6月

# 目　录

第一章　医疗器械归类指南综述 …… 1

第一节　医疗器械归类总括 …… 3

第二节　医疗器械的行业分类 …… 8

第二章　医疗器械零部件图解与归类 …… 41

第一节　呼吸机 …… 43

第二节　经济型麻醉机 …… 69

第三节　急救呼吸机 …… 95

第四节　婴儿呼吸机 …… 121

第五节　辐射保温台 …… 141

第六节　婴儿培养箱 …… 157

第七节　病人监护仪 …… 182

第八节　手术无影灯 …… 202

第九节　麻醉工作站 …… 217

第十节　医用悬吊系统 …… 241

第三章　医疗器械归类决定汇总 …… 261

第一节　税目 90.18 …… 263

第二节　税目 90.19 …… 286

第三节　税目 90.21 …… 291

第四节　税目 90. 22 …… 295

第四章　医疗器械税政调研案例选编 …… 307

第一节　血管支架 …… 309
第二节　口腔种植体及零件 …… 310
第三节　按摩器具 …… 311

第五章　医疗器械相关法规选编 …… 313

进口医疗器械检验监督管理办法 …… 315
医疗器械注册管理办法 …… 326
医疗器械监督管理条例（2017 年修订） …… 342

索　引 …… 364

# 第一章

# 医疗器械归类指南综述

# 第一节 医疗器械归类总括

医疗器械是指单独或者组合用于人体的仪器、设备、器具、材料或者其他物品，包括所需的软件。医疗器械行业是一个多学科交叉，知识密集、资金密集的高技术产业，它最大的特点是行业内产品间的差异大、跨度广。简单到手术刀、压舌板器，复杂至脑科手术装置、核磁共振设备，都囊括其中，涉及计算机、传感、数据处理、精密机械、自动控制系统等一系列技术。但是在《中华人民共和国进出口税则》（以下简称《税则》）中，医疗器械的分布却相对集中，90%以上的商品集中在90.18、90.19、90.21、90.22等为数不多的几个税目中，因此国内医疗器械管理范围大于《商品名称及编码协调制度》的范围。本书力求在描述清楚一类医疗器械归类依据的基础上，提醒关注个案、特例，使读者全面而客观地掌握医疗器械的归类思路和归类技巧。

## 一、医疗器械相对集中的税目介绍

### （一）税目90.18

税目条文：医疗、外科、牙科或兽医用仪器及器具，包括闪烁扫描装置、其他电气医疗装置及视力检查仪器

本税目包含的商品之多，在整个《税则》中是数一数二的，绝大多数的诊疗设备均包含在内。根据其子目层级结构可以看出其涵盖的范围：

| | -电气诊断装置（包括功能检查或生理参数检查用装置）： |
|---|---|
| 11 | --心电图记录仪 |
| 12 | --超声波扫描装置 |
| 13 | --核磁共振成像装置 |
| 14 | --闪烁摄影装置 |
| 19 | --其他 |
| 20 | -紫外线及红外线装置 |
| | -注射器、针、导管、插管及类似品： |
| 31 | --注射器，不论是否装有针头 |
| 32 | --管状金属针头及缝合用针 |
| 39 | --其他 |
| | -牙科用其他仪器及器具： |
| 41 | --牙钻机，不论是否与其他牙科设备组装在同一底座上 |
| 49 | --其他 |
| 50 | -眼科用其他仪器及器具 |
| 90 | -其他仪器及器具 |

《税则》的子目设置并没有大致按照行业的标准进行区分，而是按照20世纪中叶医疗设备的国际贸易量，选取几项比较大宗的商品单列了几个子目。同时顺应西方发达国家的社会特点，为牙科（Dental sciences）设备单独设置了一个子目。因此，子目9018.90虽然只是一个看上去不起眼的、在最后“兜底”的子目，但实际上所包含的商品种类最为丰富，超过了本税目其他所有子目所含商品的总和。

自2016年9月开始，我国正式实施《关于扩大信息技术产品贸易的部长宣言》，承诺在一定时间内将电气化的医疗设备进口关税降为零。为此，税目90.18项下为一些信息技术产品增设了本国子目，与传统非电气设备之间做出区分，以便给予不同的关税政策，例如：

| | |
|---|---|
| 9018.9020 | ---血压测量仪器及器具 |
| 90189020.10 | 电血压测量仪器及器具 |
| 90189020.90 | 其他血压测量仪器及器具 |
| 9018.9070 | ---麻醉设备 |
| 90189070.10 | 电麻醉设备 |
| 90189070.90 | 其他麻醉设备 |

### （二）税目 90.19

税目条文：机械疗法器具；按摩器具；心理功能测验装置；臭氧治疗器；氧气治疗器、喷雾治疗器、人工呼吸器及其他治疗用呼吸器具

本税目商品主要是一些辅助治疗的设备，其中一些商品需要在医生的指导下进行操作才能归入本税目，例如，机械疗法器具、心理功能测验装置，这与普通体育或健身器械（税目 95.06）有着显著的区别。但是另一些则没有操作者资质的要求，可全部归入本税目，例如，按摩器具和喷雾治疗器等。

#### 1. 机械疗法器具

机械疗法器具强调的是“机械”二字，即借助机械的运动来治疗人体关节或肌肉疾病。即使活动部件极其简单，也属于本税目项下的商品。如果没有活动部件（例如，双杠），不论其是否有助于相关疾病的康复，都不属于本税目项下商品。

#### 2. 按摩器具

除了常见的手动、机动、电动式按摩器具以外，通过不断变换病人躺卧重心位置以预防或治疗褥疮的褥垫也属于本税目所称的按摩器具。

#### 3. 心理功能测验装置

本税目项下的心理功能测验装置，并不限于心理测试，它还包括用于测验反射动作的速度、动作的协调，或其他生理或心理反应的仪器。例如，对飞行员、司机等一些特殊职业人员进行测试的专用仪器。

**（三）税目 90.21**

税目条文：矫形器具，包括支具、外科手术带、疝气带；夹板及其他骨折用具；人造的人体部分；助听器及为弥补生理缺陷或残疾而穿戴、携带或植入人体内的其他器具

本税目商品包含两个大类：矫形器具和人造人体部分。

其中，矫形器具是指用于预防或矫正躯体畸变或生病、手术、受伤后人体部位的支撑或固定的器具，多数用于身体外部；而人造人体部分包括义眼、假牙、人造关节等器官替代品，多数用于身体内部。

需要注意的是，虽然助听器、心脏起搏器在传统意义上也被认为是一种人造器官，且也归入税目 90.21 项下，但在《税则》中，它们不属于人造人体部分，有单独的子目列目。同样的，用于撑开血管的支架也属于本税目。

**（四）税目 90.22**

税目条文：X 射线或 α 射线、β 射线、γ 射线的应用设备，不论是否用于医疗、外科、牙科或兽医，包括射线照相及射线治疗设备、X 射线管及其他 X 射线发生器、高压发生器、控制板及控制台、荧光屏、检查或治疗用的桌、椅及类似品

本税目包括所有利用 X 射线或 α 射线、β 射线、γ 射线工作的医疗诊断和治疗设备，例如，常见的 X 光机、放疗机等。但是把 X 射线成像技术和核医学原理组合在一起的正电子发射式计算机断层扫描仪（PET）不属于本税目，应归入税目 90.18。

## 二、其他医疗器械税目介绍

除上述医疗器械相对集中的税目之外，在《税则》中还零散分布着一些医疗用品，容易发生归类错误，尤其值得关注。其主要有以下几种：

1. 作为外科缝合线的无菌肠线及其他无菌材料、无菌昆布及无菌昆布塞条（税

目 30. 06）。

2. 税目 38. 22 的诊断或实验用试剂。

3. 税目 40. 14 的卫生及医疗用品。

4. 税目 70. 17 的实验、卫生及医疗用玻璃器皿。

5. 病残人用车（税目 87. 13）。

6. 视力矫正、眼睛保护等用的眼镜、护目镜及类似品（税目 90. 04）。

7. 税目 90. 11 或 90. 12 的显微镜等。

8. 税目 90. 17 中用于计算肺功能和身体整体指标等的盘式计算器。

9. 体温计（税目 90. 25）。

10. 化验室中用于检验血液、组织液、尿液等的仪器设备，不论这些检验是否供诊断用（一般归入税目 90. 27）。

11. 医疗或外科用家具，包括兽医用的（手术台、检查台、病床），以及未带有税目 90. 18 项下牙科器械的牙科椅（税目 94. 02）等。

12. 骨骼粘固剂、牙科粘固剂及其他牙科填充材料（税目 30. 06）。

13. 通称为“牙科蜡”或“牙科造型膏”的制品，以及以熟石膏（煅石膏或硫酸钙）为基本成分的牙科用其他制品（税目 34. 07）。

14. 可以用来复健的普通体育或健身器械（税目 95. 06）。

15. 治疗静脉曲张的长袜（税目 61. 15）。

16. 用于减轻脚部某一部位压力的简单保护器或装置（塑料制，税目 39. 26；用橡皮膏将纱布贴在海绵橡胶上制成的，税目 40. 14）。

17. 产妇或孕妇用的承托带（税目 62. 12 或 63. 07）。

18. 内底弓起以减轻平跖者不适的批量生产的鞋子（第六十四章）。

19. 装在无菌容器中供移植用的骨或皮肤（税目 30. 01）。

# 第二节　医疗器械的行业分类

为贯彻落实《医疗器械监督管理条例》对医疗器械分类管理的相关要求，国家药品监督管理局于2018年8月1日实施了最新版的《医疗器械分类目录》（以下简称《目录》）。从这个目录中我们可以一窥目前行业对医疗器械的大致分类。

## 一、有源手术器械

### （一）定义

本类商品是以手术治疗为目的与有源相关的医疗器械，包括超声、激光、高频（射频）、微波、冷冻、冲击波、手术导航及控制系统、手术照明设备、内窥镜手术用有源设备等医疗器械。此处的有源是指需要使用电、气等外部动力驱动。

### （二）归类建议

本类商品大多属于治疗设备，但也包含了部分不具备手术功能的附属设备，例如，手术灯。归类基本上集中在子目9018.90项下，少数附件不归入该子目，例如，通激光的光纤归入税目90.01项下。

### （三）特别关注

需特别注意的是，《目录》所说的“有源”指的是动力源，即存在着外接的动力源头；而“电气”指的是硬件属性，即设备有电气部件。尽管绝大多数动力源依赖电气管理，但一些老式的气源设备可能不带有电气装置，纯靠人手工操作，则不应被视为电气医疗设备。

### （四）商品案例

#### 1. 高频手术设备

高频手术设备又被称为高频电刀，是一种取代机械手术刀进行组织切割的电外科器械。其通常由高频发生器、手术手柄、手术电极（包括中性电极，手术电极见图 1-2-1）、连接电缆和脚踏开关组成。通过在两个电极尖端之间产生高频（通常高于 200kHz）电流，与机体接触时对组织进行加热，实现对肌体组织的分离和凝固，从而起到切割和止血的目的。

高频电刀可同时进行切割和凝血，且切割速度快、止血效果好、操作简单、安全方便，和传统的手术刀相比可以大大缩短手术时间，减少患者失血量及输血量。很多机械手术刀难以进入和实施手术的部位（如肝脏、脾脏、甲状腺等弥漫性渗血部位），它也得心应手。

建议税号：9018.9099。

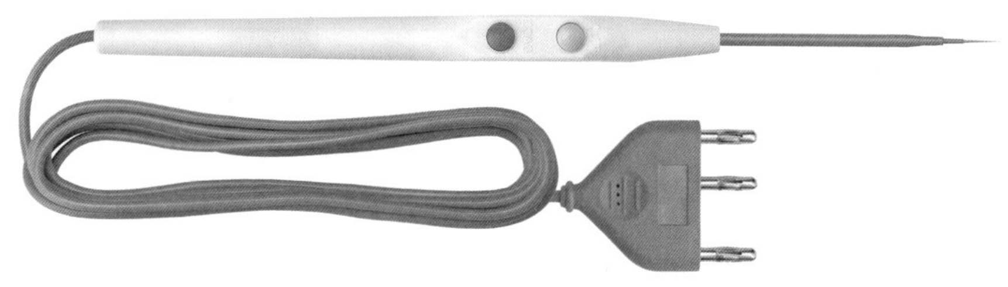

**图 1-2-1 手术电极**

#### 2. 冲击波碎石机

冲击波碎石机（见图 1-2-2）通常由波源发生系统、定位系统、水系统、三维运动系统和辅助系统组成。通过经过聚焦的具有高能量的压力脉冲对结石的应力作用，引起结石的开裂和破碎。冲击波发生源是体外冲击波碎石术的核心技术，它决定着粉碎结石的效果、治疗工作的效率及对患者身体的影响。根据冲击波在发生形式上的区别，此类设备可以分成压电式、液电式和电磁式。

建议税号：9018.9099。

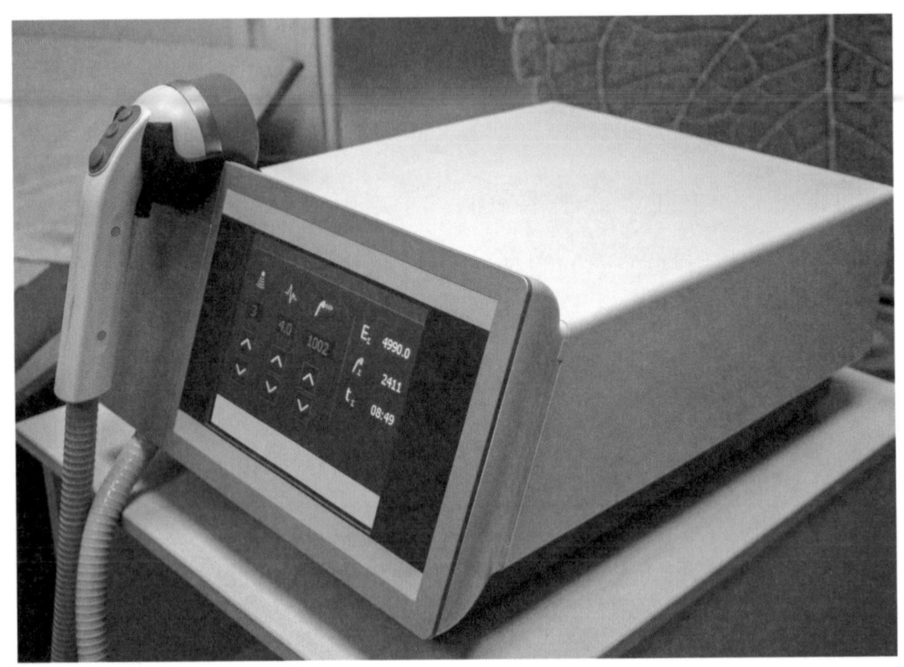


图 1-2-2　冲击波碎石机

## 二、无源手术器械

### （一）定义

本类商品包括通用刀、剪、钳等各类无源手术医疗器械，不包括神经和心血管手术器械，骨科手术器械，眼科器械，口腔科器械，妇产科、辅助生殖和避孕器械。“无源”是指不依靠电、气等外部动力驱动。

### （二）归类建议

本类商品都是最基本、最传统的手动医疗器械，也包括穿刺导引器、冲吸器等相对复杂一些的手动手术器具，其核心特点是不带有机械或电力动力源，归类集中在子目 9018.32、9018.39 和 9018.90 项下。其中一些附件不在上述子目之列，例如，税目 30.06 的缝合线。

### （三）特别关注

需特别注意的是，《目录》所说的“无源”和《税则》所列的“电气”不是同一种分类标准，但是无源手术器材基本上都是非电气装置，范围更窄一些。

### （四）商品案例

**手术刀**

手术刀（见图1-2-3）是指用于切割人体或动物体组织的特制刀具，是外科手术中不可缺少的工具，通常由刀片和刀柄组成。刀片通常有刃口以及与手术刀柄对接的安装槽，材质通常采用纯钛、钛合金、不锈钢或碳钢材料，一般为一次性的。解剖时刀刃用于切开皮肤和肌肉，刀尖用于修洁血管和神经，刀柄用于钝性分离。实际使用中根据创口大小需要选择合适型号的刀片及刀柄。

建议税号：9018.9099。

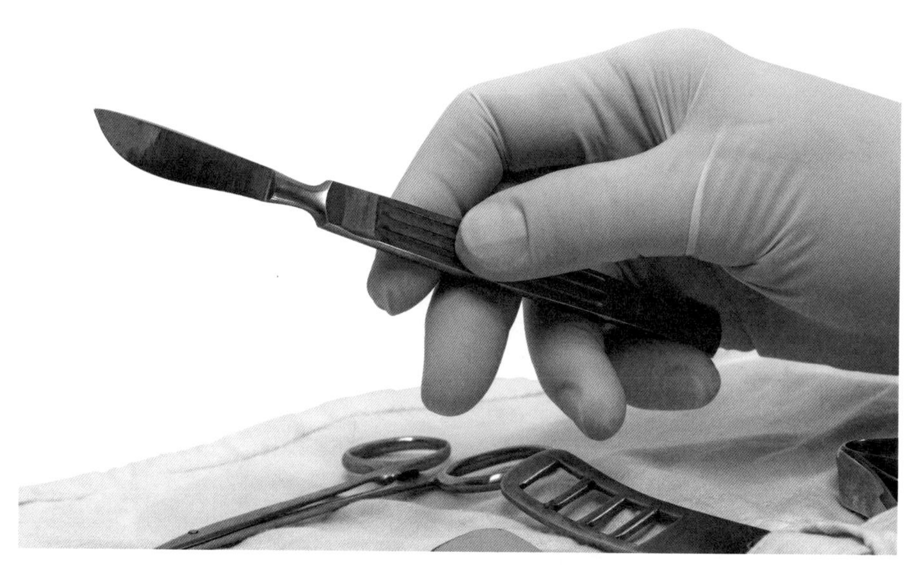

**图1-2-3　手术刀**

## 三、神经和心血管手术器械

### （一）定义

本类商品包括神经外科手术器械、胸腔心血管手术器械和心血管介入器械。

### （二）归类建议

本类商品如传统的刀、凿、剪、钳、镊、夹、针、钩和无源手术器械类商品在品名、结构和原理上基本相同，只是在用途上有所区别。该类商品用途的不同不影响归类，基本集中在子目 9018. 32、9018. 39 和 9018. 90 项下。

### （三）特别关注

根据《目录》，用于神经和心血管手术的有源设备并不属于此类，而是属于第一类有源手术器械。

### （四）商品案例

**导管鞘**

导管鞘（见图 1-2-4）一般和扩张器配合使用，在心血管手术中用于将导丝、导管等医疗器械插入血管，通常由鞘管、接头组成，也可配备止血阀、侧管等结构。某些导管鞘设计为可撕开式，主要由聚四氟乙烯制成。

尽管它不能独立使用，但仍属于医疗器械。

建议税号：9018. 9099。

图 1-2-4　导管鞘

## 四、骨科手术器械

### （一）定义

本类商品包括在骨科手术术中、手术后及与临床骨科相关的各类手术器械及相关辅助器械，不包括在骨科手术后以康复为目的的康复器具，也不包括用于颈椎、腰椎患者减压牵引治疗及缓解椎间压力的牵引床（椅）、牵引治疗仪、颈部牵引器、腰部牵引器等类器械。

### （二）归类建议

本类商品包括无源器械和有源设备。此处的无源器械和之前两类手术器械很类似，还包括钻、锯、锉、铲等工具。有源装置主要是为上述无源器械配上电动或气动源，构成一体化的装置以降低医生的体力负荷。该类商品归类基本上集中在子目 9018.32、9018.39 和 9018.90 项下。

### （三）商品案例

#### 骨科用锯

锯、凿、锉等设备是骨科手术中特有的器材，以应对骨科手术中截肢、修型等特殊的需求。几百年来手动骨锯（见图 1-2-5）的基本架构几乎没有什么变化，和普通的木工锯看上去也大同小异，但是对材质、卫生各方面有较高的要求。

建议税号：9018.9099。

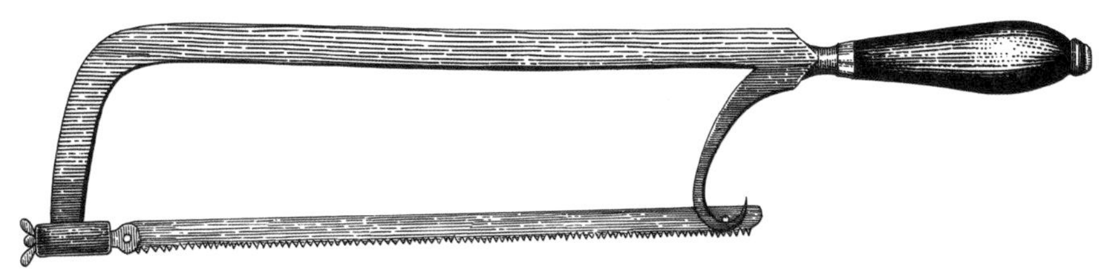

图 1-2-5　19 世纪的截肢用锯

## 五、放射治疗器械

### （一）定义

本类商品包括放射治疗类医疗器械。由于此类商品通常结构复杂，且涉及放射性物质的应用，所以这类装置、装备有各种各样特殊的部件和零件，例如，X射线管、高压发生器病人定位装置。

### （二）归类建议

本类商品的整机和零件几乎全部集中在税目90.22项下。税目90.22项下的射线应用设备包括治疗和成像两大类，而本类商品仅包括治疗机器。

### （三）商品案例

**伽玛射束远距离治疗机**

伽玛射束远距离治疗机（见图1-2-6）用于对肿瘤患者进行远距离放射治疗，通常由机架、源容器、辐射头、治疗床、电气控制子系统等各个部分组成。由于其所用的放射源主要是钴-60，所以行业上也常称其为钴-60远距离治疗机。

此处需注意的是，既然存在远距离治疗机，那么相对应的还有近距离治疗机。所谓的“远”“近”是由放射源和病人之间的位置关系决定。远距离治疗，又称为外照射，是指将放射源置于体外一定距离；近距离治疗，又称为内照射，是指将放射源置于需要治疗的部位内部或附近。

建议税号：9022.2100。

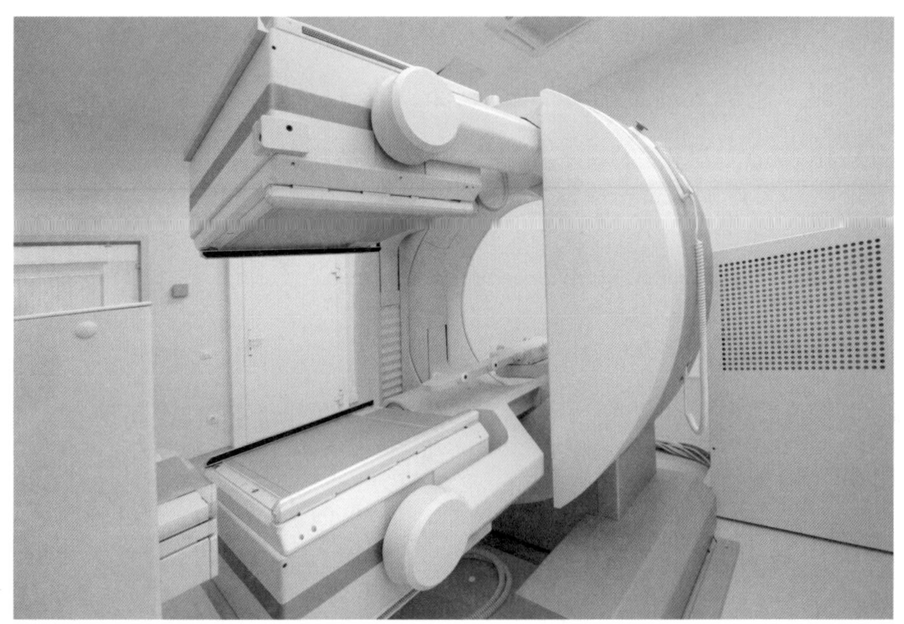

图 1-2-6　伽玛射束远距离治疗机

## 六、医用成像器械

### （一）定义

本类商品包括医用成像类设备，主要有 X 射线、超声、放射性核素、核磁共振和光学等成像医疗器械，但不包括眼科、妇产科等临床专科中的成像医疗器械。

### （二）归类建议

本类商品涵盖范围广泛，应用原理多样，只要是能将人体内部组织器官成像的设备均为此类。早年间也被称为“医用影像器械”，但是随着技术尤其是数字技术的发展，成像原理不一定要先有“影”再有“像”，因此被称为“成像器械”。归类上基本集中在子目 9018.1 和税目 90.22 项下。

### （三）商品案例

#### 1. B 超

B 超（见图 1-2-7）是一种常见的医用成像检测设备，通常由探头、超声波发射/接收电路、信号处理和图像显示等部分组成。它利用频率超过20000Hz以上的超声脉冲回波原理，完成人体器官组织的成像。当超声波以灰阶即亮度（brightness）的模式来诊断疾病时，显示的是“二维”图像，被称为二维超声或灰阶超声，也因亮度第一个英文字母是B，又称B超。在医学临床上应用的超声诊断仪有许多类型，例如，A型、B型、M型、扇形和多普勒超声型等。B型是其中的一种，并且是临床上应用最广泛和简便的一种。由于采用“灰阶”显示这一特性，所以不论是行业观点还是归类指向，B超和彩超（多普勒型）都是两个不同的设备分类。

建议税号：9018.1210。

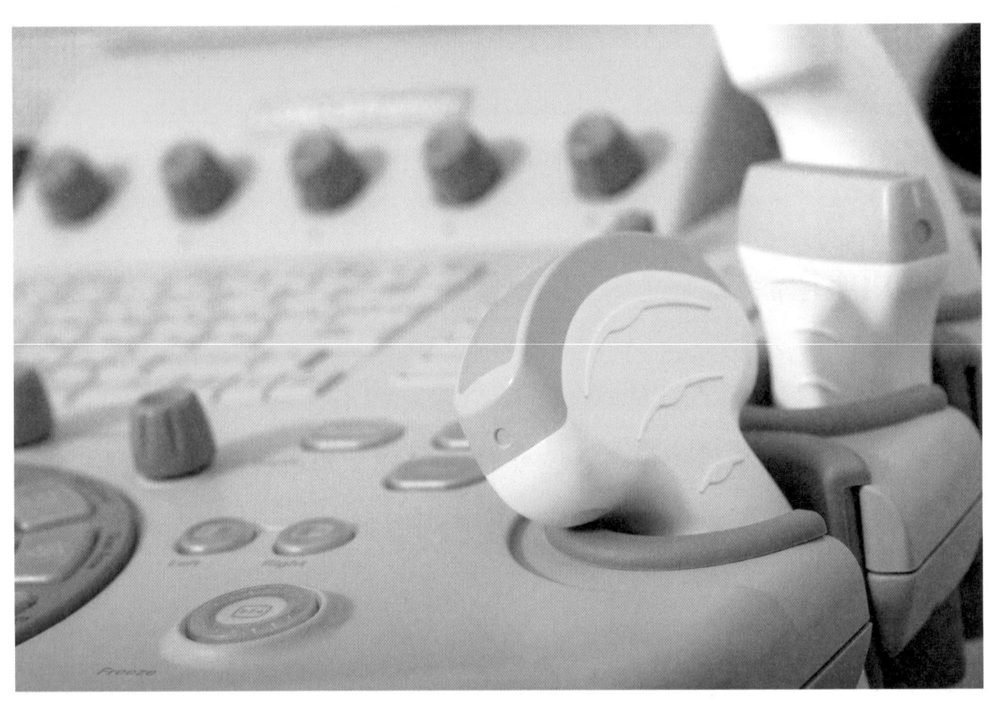

图1-2-7　B超

2. X射线全身断层检查仪

X射线（见图1-2-8）全身断层检查仪也就是通常所称的CT，通常由扫描架、X射线发生装置、探测器、图像处理系统和患者支撑装置组成。通过从多个方向用X射线穿过患者生成的信号，并经计算机处理，为诊断提供重建影像，或为放射治疗计划提供图像数据。

建议税号：9022.1200。

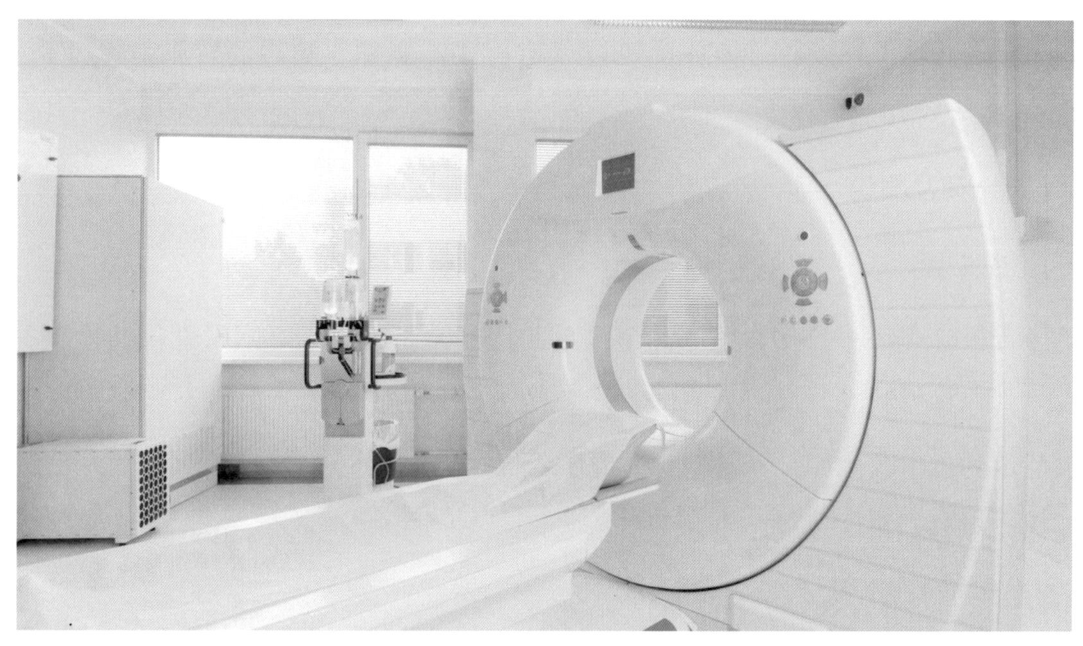

图 1-2-8　X 射线全身断层检查仪

## 七、医用诊察和监护器械

### （一）定义

本类商品包括医用诊察和监护器械，以及诊察和监护过程中配套使用的医疗器械，但不包括眼科器械、口腔科器械等临床专科使用的诊察器械和医用成像器械。

### （二）归类建议

本类商品涵盖范围极广，从门诊医生看诊所用的压舌板、体温计这样的非电子产品，到大型的脑磁图仪、电生理记录仪等各种检测设备。此外，还包括病人监护仪等一系列监护设备，以及便携式、台式、远程集中控制模式。本类商品归类上基本集中在子目 9018.1、9018.20 和 9018.90 项下。

## （三）特别关注

需特别注意的是，一些检测设备同样利用超声波的原理，但是并不为成像，而是利用影像和软件直接对身体体征进行分析检测。例如，超声多普勒血流分析仪，也属于诊察设备。

## （四）商品案例

### 1. 压舌板

压舌板（见图 1-2-9）几乎是最简单的诊察设备，用于对咽喉部位的检查。由木质或其他材料制成，采用无菌包装，多数是一次性使用的，但也有经消毒后可以多次使用的类型，例如，不锈钢材质的压舌板。

建议税号：9018.9099。

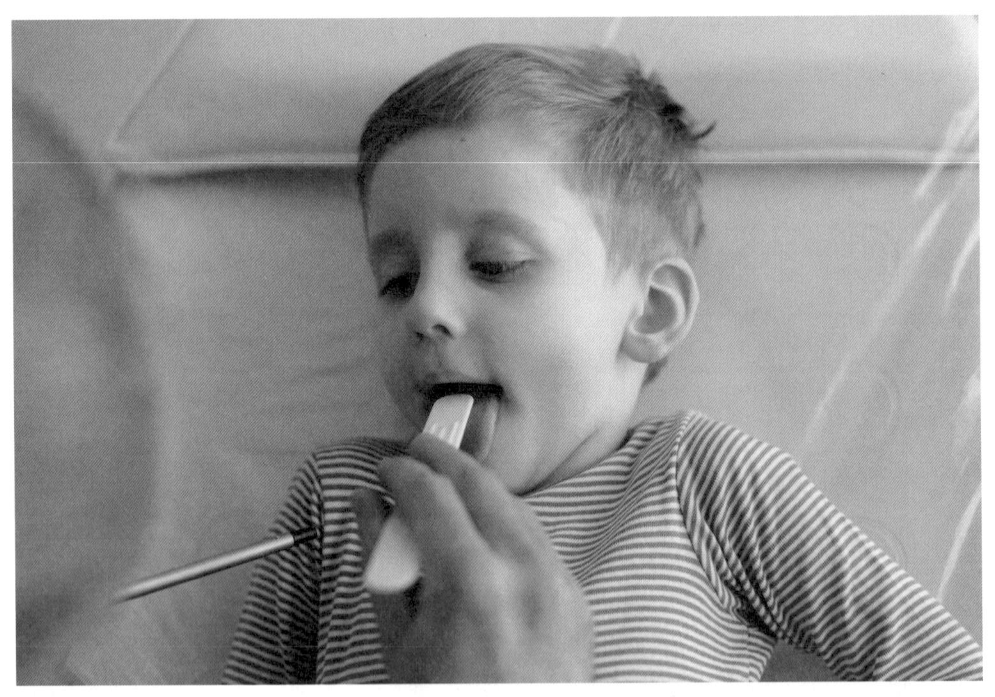

图 1-2-9　压舌板

### 2. 病人监护仪

病人监护仪（见图 1-2-10）通常由主机、供电电源、显示器、一个或多个生理参数功能模块和报警系统组成。从患者处采集各种生理参数（包括但不限于心电、心率、脉搏率、呼吸、体温、无创脉搏高铁血红蛋白、经皮氧分压、脑电、肌电、综合肺指数和肌肉肌电传导等），通过数据处理、显示信息并在参数异常时发出警报。如果在此基础上依托通信技术配备额外的路由器、服务器、线路等设备，将一台或多台监护仪所采集的生理参数通过有线或无线网络发送到远程中控设备，就成了一台远程或中央监护系统。

建议税号：9018.1930。

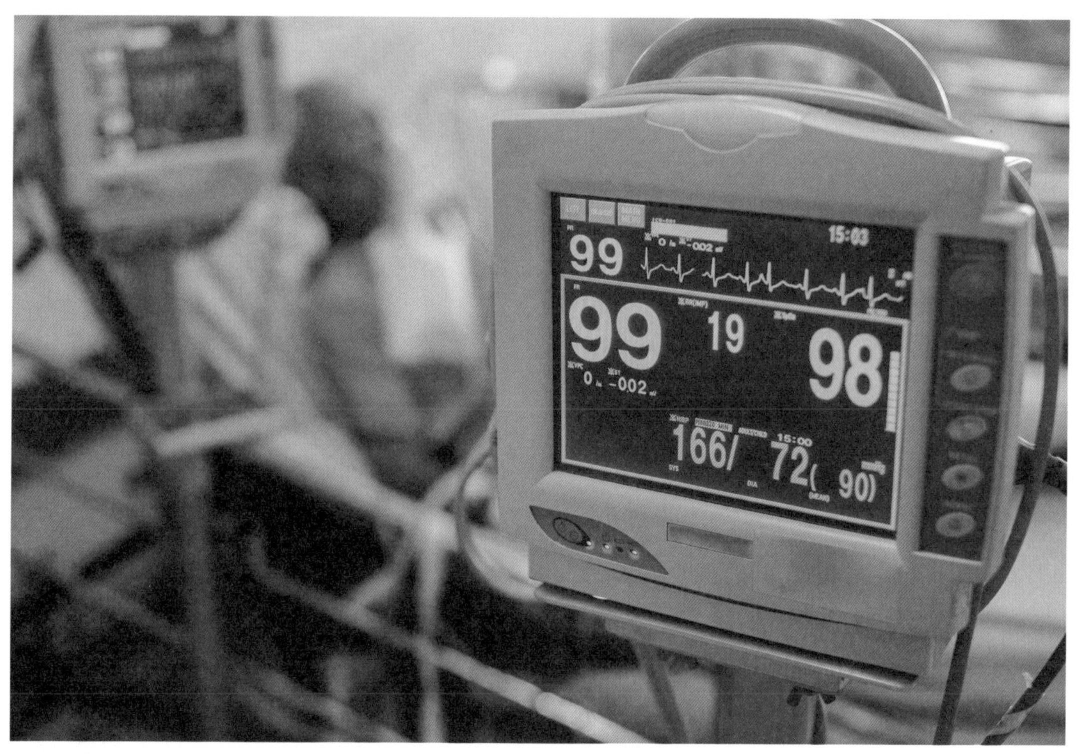


图 1-2-10　病人监护仪

## 八、呼吸、麻醉和急救器械

### （一）定义

顾名思义，本类商品仅指呼吸、麻醉和急救器械三种设备。呼吸设备和麻醉器械定义较为明确，但是急救器械并不是指所有能用在急救上的医疗设备，而是指体外除颤、心肺复苏等对濒死病人的紧急救助装置和婴儿培养箱、婴儿辐射保暖台等幼保设备。

### （二）归类建议

本类商品通俗地说是保命的而不是治病的设备。它们主要分布在税目 90.18 和 90.19 项下。

### （三）特别关注

值得注意的是，本类设备包括各种医用制氧机，用于生产富氧空气（93%氧）或医用氧，并按其临床适用范围向患者供氧。此类装置即使专用于医疗，也不属于税目 90.18 项下，应根据其制备原理归入税目 84.05、84.19 或 84.21 项下。

### （四）商品案例

#### 1. 麻醉机

麻醉机（见图 1-2-11）用于手术中患者吸入麻醉、呼吸控制或呼吸辅助，以及监控和显示患者的通气参数等指标。其通常由供气系统、流量控制系统、麻醉蒸发器、麻醉呼吸回路组成，通常配有麻醉呼吸机，可选配麻醉气体传递和收集系统，麻醉气体、氧气、二氧化碳气体监测模块等附件。

建议税号：9018.9070。

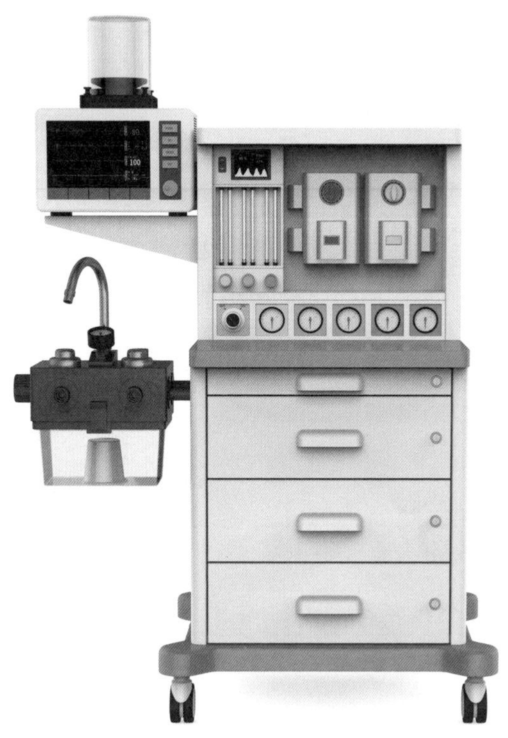

图 1-2-11　麻醉机

2. 婴儿培养箱

婴儿培养箱（见图 1-2-12）通常由主机、皮肤或空气温度传感器、氧浓度传感器、湿度传感器、罩子组成，用于为低体重婴儿、病危病弱婴儿、早产儿提供一个空气洁净、温湿度适宜的培养治疗环境，用于恒温培养、体温复苏、住院观察等。转运培养箱还可以用来安全地转运婴儿。

建议税号：9018.9099。

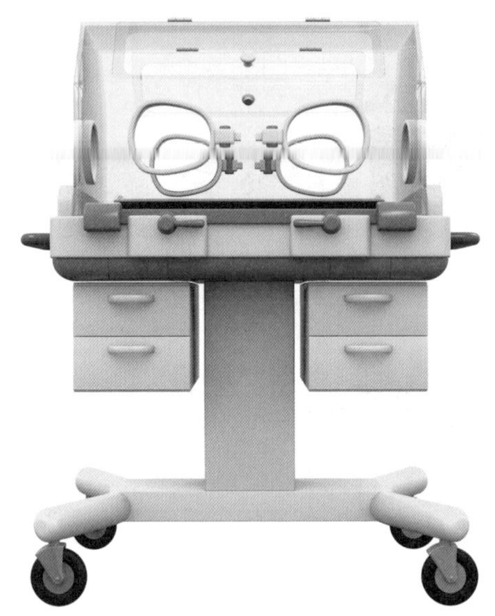

图 1-2-12　婴儿培养箱

## 九、物理治疗器械

### （一）定义

本类商品包括采用电、热、光、力、磁、声进行治疗以及其他各类物理治疗的器械，但不包括手术类的器械，也不包括属于其他专科专用的物理治疗器械。但通常被认为是理疗手段的针灸、拔罐等设备，由于具有本国特色，被单列在了第二十类，即中医器械。

### （二）归类建议

本类商品多数归入税目 90.18 项下，但是机械疗法器具应归入子目 9019.10。

### （三）商品案例

#### 紫外线治疗仪

紫外线治疗仪（见图 1-2-13）通常由特定波长的光辐射器、控制装置和电源等部分组成。它利用紫外线照射皮肤或体腔表层，与组织发生光化学作用，达到辅助治疗的目的。对部分皮肤病（例如，白癜风、银屑病、湿疹等）患者的辅助治疗很有效果。根据大小，其可以分为全身治疗仪、局部治疗仪、手持式治疗仪等。

建议税号：9018.2000。

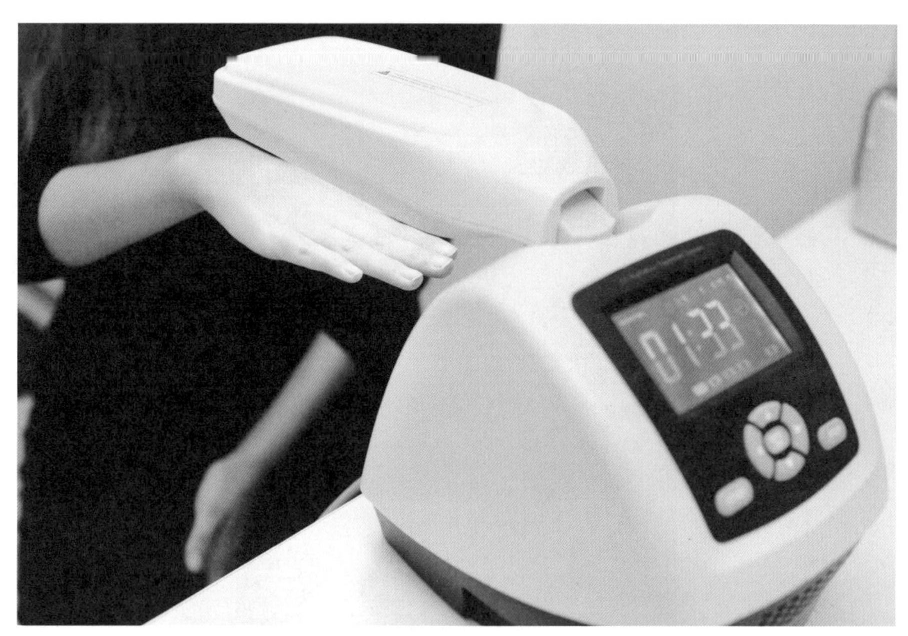

图 1-2-13　紫外线治疗仪

## 十、输血、透析和体外循环器械

### （一）定义

本类商品包括临床用于输血、透析和心肺转流领域的医疗器械，例如，血液的采血、输血、分离、处理、贮存等一系列设备。

### （二）归类建议

本类商品全部集中在税目 90.18 项下。

### （三）商品案例

**血袋**

血袋（见图 1-2-14）通常还包括配套的管路，为封闭的单袋或多联袋系统。

不同的结构使其适合于不同方式的血液或血液成分的采集、处理（例如，分离、去白细胞、光化学法除病毒等）、保存和输注过程。无菌提供，一次性使用。

建议税号：9018.9060。

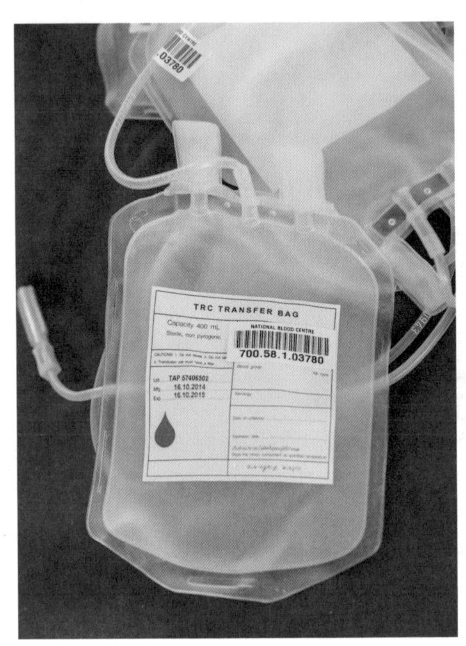


**图 1–2–14　血袋**

## 十一、医疗器械消毒灭菌器械

### （一）定义

本类商品包括非人体接触的、用于医疗器械消毒灭菌的医疗器械，但不包括“无源医疗器械或部件及化学消毒剂”的组合式消毒器械。

### （二）归类建议

主流的医疗器械消毒设备包括加热消毒、紫外辐照消毒、超声波消毒和喷淋消毒。根据工作原理，它们通常被归入税目 84.19、85.43、84.79 和 84.24 项下。化学消毒设备虽然依靠化学物质进行消毒，但其硬件上基本均能提供一个恒温、恒湿、恒压的环境，故多数属于税目 84.79 项下的商品。

### （三）商品案例

**蒸汽消毒器**

蒸汽消毒器（见图 1-2-15）通常由消毒室、控制系统、过压保护装置等组成。工作原理是利用产生的高温水蒸气作用负载于微生物上一定时间，使微生物的蛋白质变性从而导致微生物死亡，以达到消毒的目的。

建议税号：8419.2000。

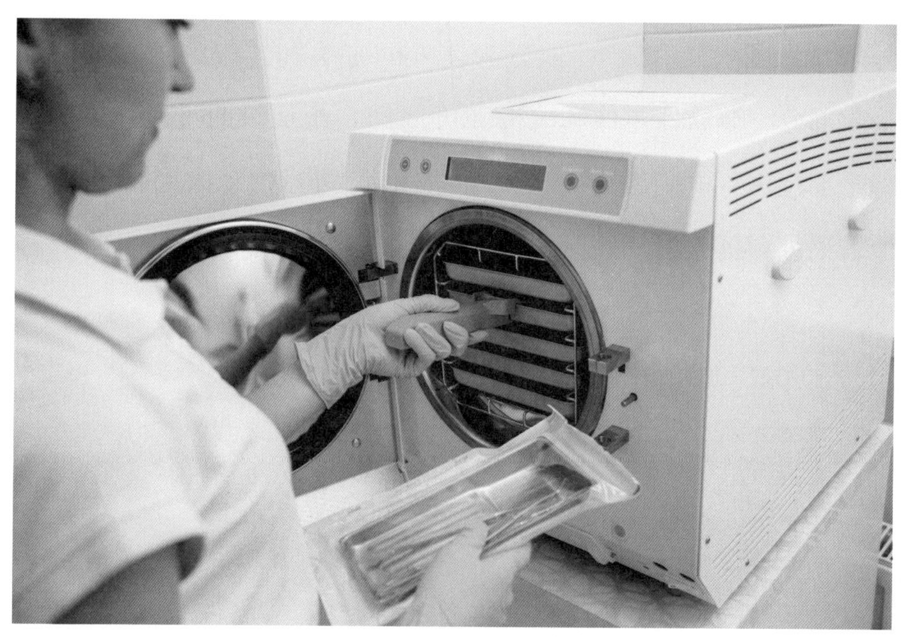

**图 1-2-15 蒸汽消毒器**

## 十二、有源植入器械

### （一）定义

本类商品包括植入人体部分和配合使用的体外部分组成的有源植入器械。

### （二）归类建议

在《税则》中，“助听器及为弥补生理缺陷或残疾而穿戴、携带或植入人体内的其他器具”归入税目 90.21，即此类商品不论有源无源，都属于税目 90.21 项下的商品。

**（三）特别关注**

需注意的是，此类商品所谓的“有源”和第一类提及的“有源”是相同的概念。

**（四）商品案例**

**人工耳蜗**

人工耳蜗（见图 1-2-16）一般分为体外的主机和体内的植入体两部分。植入体通常由接收部分、刺激器主体和电极（可选件）组成，通过对耳蜗内或蜗后听觉传导通路特定部位进行电刺激，或对中耳及骨传导进行振动来提高或恢复听觉感知。主机通常由言语处理器主机、控制器等组成，与植入体配合使用，将声音转化为电刺激或振动。

建议税号：9021.9090。

**图 1-2-16　人工耳蜗**

## 十三、无源植入器械

### （一）定义

本类商品包括无源植入类医疗器械，不包括眼科器械、口腔科器械和妇产科、辅助生育和避孕器械中的无源植入器械，也不包括可吸收缝合线。

### （二）归类建议

本类商品与第十二类相类似，也属于税目 90.21 项下的商品。

### （三）特别关注

此类商品所谓的“无源”和第二类提及的“无源”是相同的概念。

### （四）商品案例

#### 1. 骨接合板

此类骨接合板通常由一个或多个金属板及金属紧固装置（例如，螺钉、钉、螺栓、螺母、垫圈）组成（见图 1-2-17）。一般采用纯钛及钛合金、不锈钢、钴、铬、钼等材料制成，用于固定骨折之处，也可用于关节的融合及涉及截骨的外科手术等。可植入人体，也可穿过皮肤对骨骼系统施加拉力。

建议税号：9021.1000。

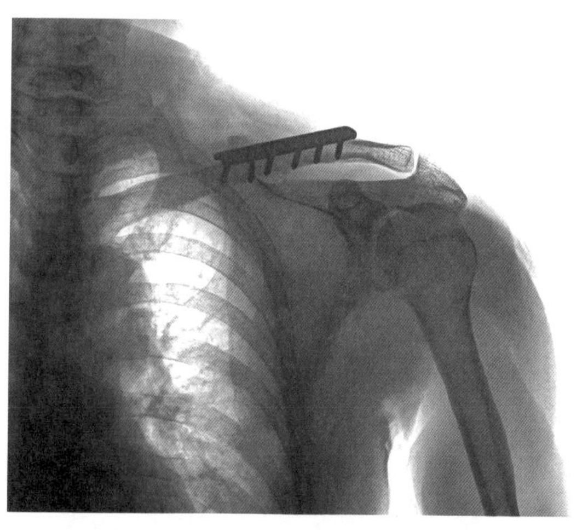

图 1-2-17 X 光下带螺钉的骨接合板

### 2. 血管支架

血管支架（见图 1-2-18）通常由支架和输送系统组成。支架一般采用金属或高分子材料制成，其结构一般呈网架状。经腔放置的植入物扩张后通过提供机械性的支撑，以维持或恢复血管管腔的完整性，保持血管管腔通畅。支架可含或不含涂层或是缓释药物。为了某些特殊用途，支架可能有覆膜结构。

建议税号：9021.9011。

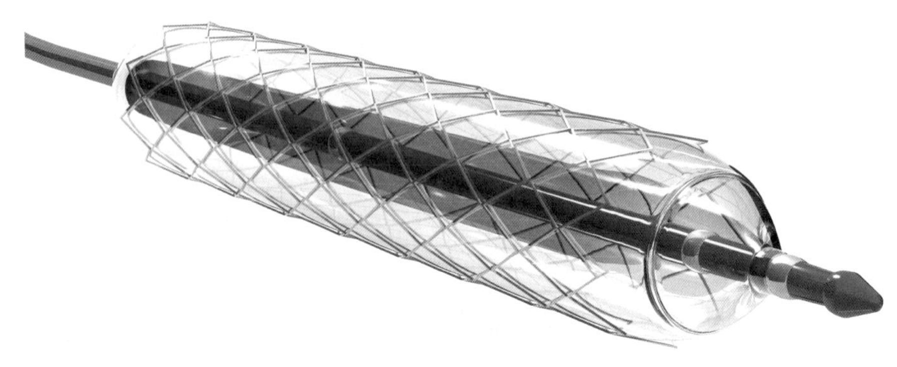

图 1-2-18　血管支架

## 十四、注输、护理和防护器械

### （一）定义

本类商品主要包括在医院普通病房内使用的注射器械，穿刺器械，输液器械，止血器具，非血管内导（插）管与配套用体外器械，清洗、灌洗、吸引、给药器械，外科敷料（材料），创面敷料，包扎敷料，造口器械，疤痕护理用品等以护理为主要目的的器械，还包括医护人员防护用品、手术室感染控制用品等控制病毒传播的医疗器械。

本类商品不包括输血器、血袋等输血器械和血样采集器械，也不包括石膏绷带等骨科病房固定肢体的器械、妇产科护理等只在专科病房中使用的护理器械，还不包括医用弹力袜等物理治疗器械和防压疮垫等患者承载器械。

### （二）归类建议

本类商品主要集中在税目 90. 18 和 30. 05 项下。

### （三）商品案例

#### 1. 注射器

注射器（见图 1-2-19）通常由器身、锥头、活塞和芯杆组成。器身一般采用高分子材料制成，活塞一般采用天然橡胶制成。无菌包装，用于抽吸液体或在注入液体后注射。

建议税号：9018. 3100。

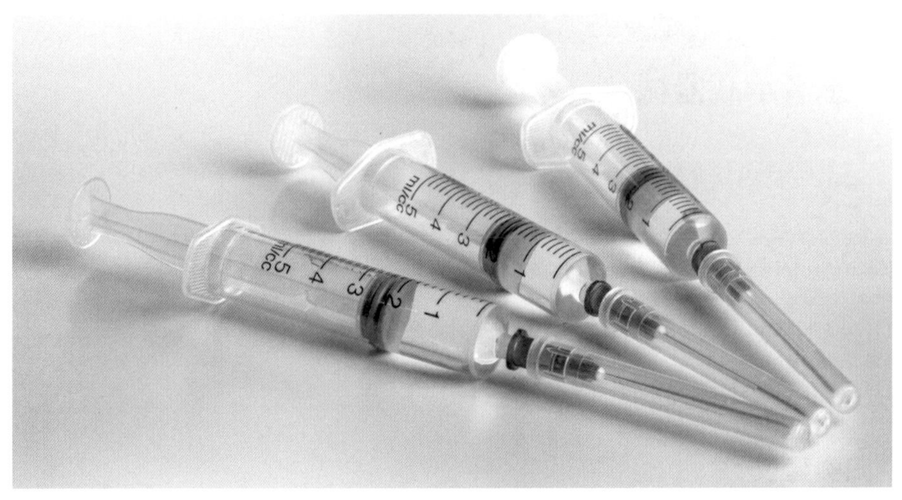

**图 1-2-19　注射器**

#### 2. 绷带

绷带（见图 1-2-20）作为一种对创面敷料或肢体提供束缚力，以起到包扎、固定作用的简单护理器械，通常为纺织加工而成的卷状、管状、三角形的材料。其形状可以通过绑扎的形式对创面敷料进行固定或限制肢体活动，以对创面愈合起到间接的辅助作用。部分具有弹力或自粘等特性。非无菌包装，一次性使用。绷带本身不与创面直接接触，接触部位为完好的皮肤而不是创口。

建议税号：3005.9010。

图 1-2-20　绷带

## 十五、患者承载器械

### （一）定义

本类商品包括具有患者承载和转运等功能的器械，不包括具有承载功能的专科器械，例如，口腔科、妇产科、骨科、医用康复器械中的承载器械。手术台、诊疗台、专业病床和担架均属此列。

### （二）归类建议

本类商品基本均在税目 94.02 项下。在《税则》中，口腔科、妇产科等专业使用的承载器械也在税目 94.02 项下。由此可以看出《目录》和《税则》分类标准上的差异之处。

### （三）商品案例

**手术台**

手术台（见图 1-2-21）通常由床体（包括支撑部分、传动部分和控制部分）和配件组成。支撑部分通常包括可调节的台面（例如，背板、臀板、腿板等各种支撑板）、升降柱和底座三部分。按传动原理可分为液压、机械和气动三种传动结构形式。其中，液压和机械式既可以电动也可以手动，而气动式多为电动。它们一般用于常规手术、外科、五官科等医疗过程的患者多体位支撑与操作，使其躺卧成不同的姿势。

建议税号：9402.9000。

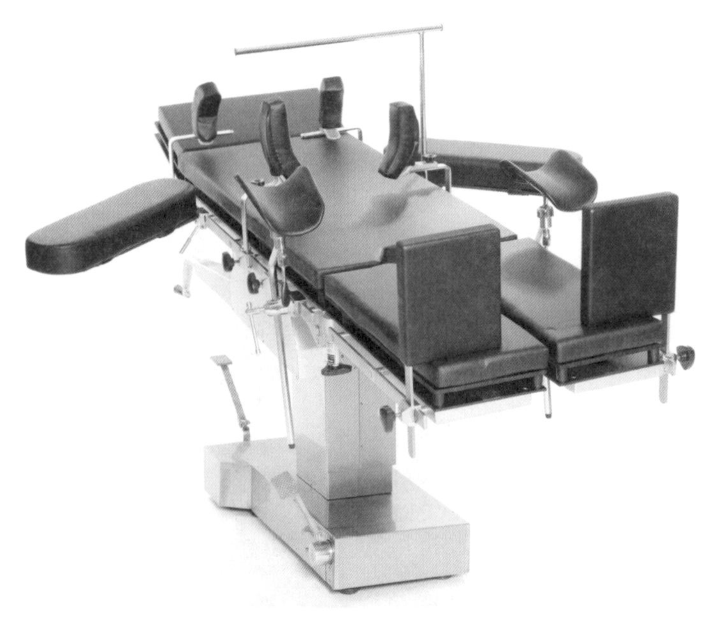

图 1-2-21 手术台

## 十六、眼科器械

### （一）定义

本类商品主要包括眼科诊察、手术、治疗、防护所使用的各类眼科器械及相关辅助器械，但不包括眼科康复训练类器械。商品范围是除了第十五类所包含的眼科手术台等承载设备以外所有的眼科器械，从最基础的机械式的眼科用刀、剪、钳，到裂隙镜、眼压仪之类的检测设备，直到激光手术设备。

### （二）归类建议

虽然税目 90.18 为眼科设备单独设置了一个子目 9018.50，但是电气诊断设备和注射器分别归入子目 9018.1 和 9018.3 项下。

### （三）商品案例

**准分子激光角膜屈光治疗机**

准分子激光角膜屈光治疗机（见图 1-2-22）又称为 LASIK，通常由激光器、冷却装置、传输装置、目标指示装置、控制装置、防护装置等部分组成，是目前常见的一种眼科视力矫正手术设备。它是利用激光与生物组织的相互作用机理，降低瞳孔区的角膜曲率，达到矫正近视的目的。

建议税号：9018.5000。

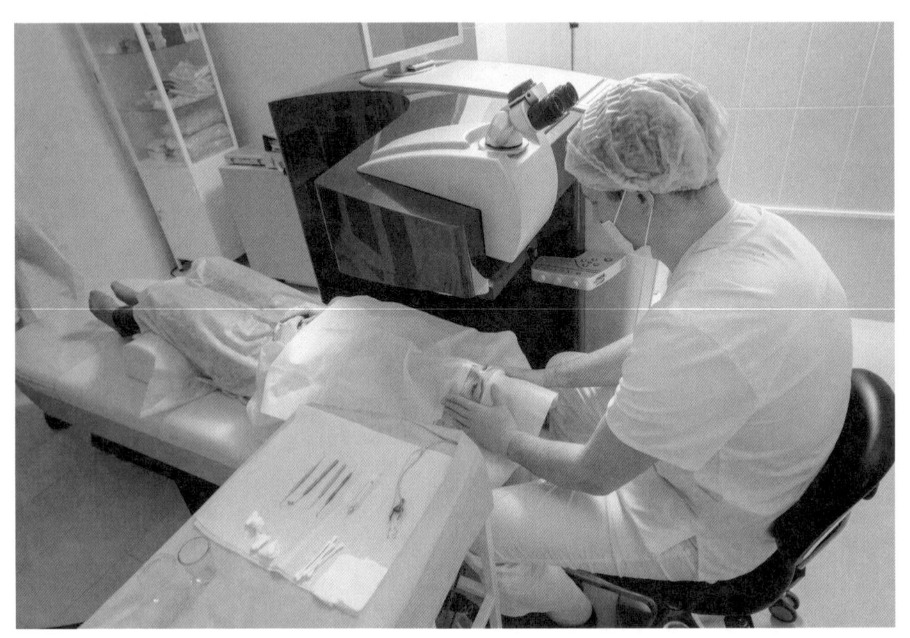

图 1-2-22　准分子激光角膜屈光治疗机

## 十七、口腔科器械

### （一）定义

本类商品包括口腔科用设备、器具、口腔科材料等医疗器械，但不包括口腔科治疗用激光、内窥镜、显微镜、射线类医疗器械。本类商品不仅包括拔牙、补牙、洗牙等诊疗设备，还包括假牙（义齿）及其制作材料。牙科用椅作为一种专科的承载器械，也属于此类。

**（二）归类建议**

税目 90.18 为牙科设备单独设置了一个子目 9018.4，但是口腔科的范围实际上比牙科要广，包含了对口腔内的炎症、外伤、肿瘤、畸形等病况进行处理的器械。

**（三）商品案例**

**牙科综合治疗机**

牙科综合治疗机（见图 1-2-23）通常由牙科治疗装置和附件组成，不论是否带有牙科用椅。牙科治疗装置通常包括侧箱、口腔灯、器械盘、漱口给水装置、三用喷枪、吸唾器、漱口盆、观片灯（目前主流的是连接服务器的显示屏）、脚踏开关等部件，它能有效满足口腔科诊断、治疗、手术等整个诊疗过程的需求。

建议税号：9018.4910。

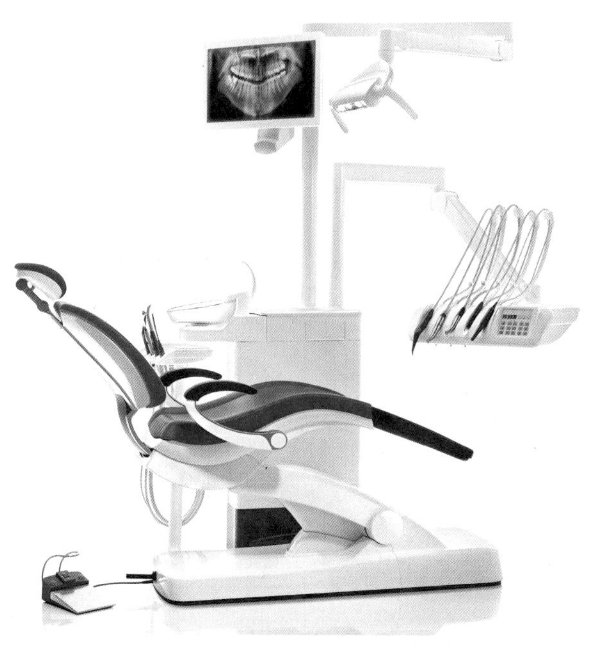

**图 1-2-23　带牙科椅的牙科综合治疗机**

## 十八、妇产科、辅助生殖和避孕器械

### （一）定义

本类商品包括专用于妇产科、计划生育和辅助生殖的医疗器械。例如，之前提及的妇产科专用手术床，以及宫内节育器、避孕套、胚胎移植设备等均属此列。

### （二）归类建议

本类商品基本上都在税目 90.18 项下。单独的手术床则遵循第十五类设备的原则归入税目 94.02 项下。

### （三）商品案例

**宫腔内窥镜**

宫腔内窥镜（见图 1-2-24）通常由物镜系统、像阵面光电传感器、A/D 转换集成模块（电子式）组成，或是由物镜系统、光学镜片或成像光纤传输系统（光学式）组成。其通过宫颈进入宫腔内，用于诊断和手术。

建议税号：9018.9030。

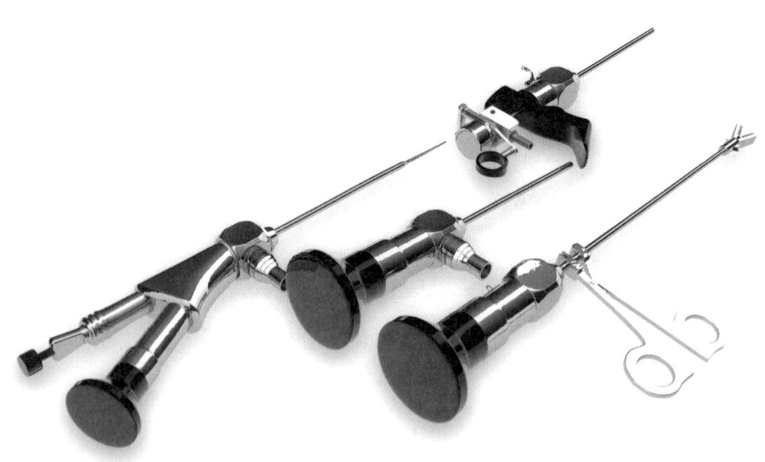

图 1-2-24　宫腔内窥镜

## 十九、医用康复器械

### （一）定义

本类商品包括医用康复器械类医疗器械，主要有认知言语视听障碍康复设备、运动康复训练器械、助行器械、矫形固定器械，但不包括骨科用器械。

### （二）归类建议

多数复健器材归入税目 90.19 项下，但是矫形器具则被单独设置在子目 9021.10 项下。

### （三）商品案例

**悬吊康复床**

悬吊康复床（见图 1-2-25）通常由床架、机械支撑部件、机械调节装置、固定保护装置等组成。通过改变体位、起立角度对患者进行训练促进康复。此类商品通常是无源产品，用于对脑中风、脑外伤等患者进行肢体运动康复训练或早期站立训练等。

建议税号：9019.1090。

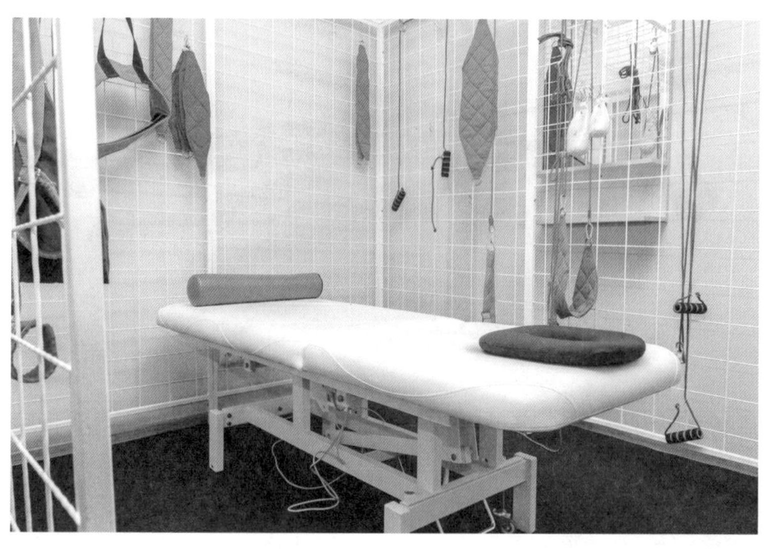

图 1-2-25　悬吊康复床

## 二十、中医器械

### （一）定义

本类商品包括基于中医医理的医疗器械，但不包括中医独立软件。中医器械不限于传统的银针、拔罐，还有大量衍生的电气诊断、治疗设备，例如，激光穴位治疗仪、脉诊仪等。即使是拔罐，也有电动拔罐器来替代人工操作。

### （二）归类建议

本类商品涉及税目 90.18 项下各个子目。

### （三）商品案例

**针灸针**

针灸针（见图 1-2-26）用于中医针刺治疗，通常由针体、针尖、针柄和（或）套管组成。针体的前端为针尖，后端设针柄，针体跟针尖都是光滑的，而针柄多有螺纹。

建议税号：9018.9090。

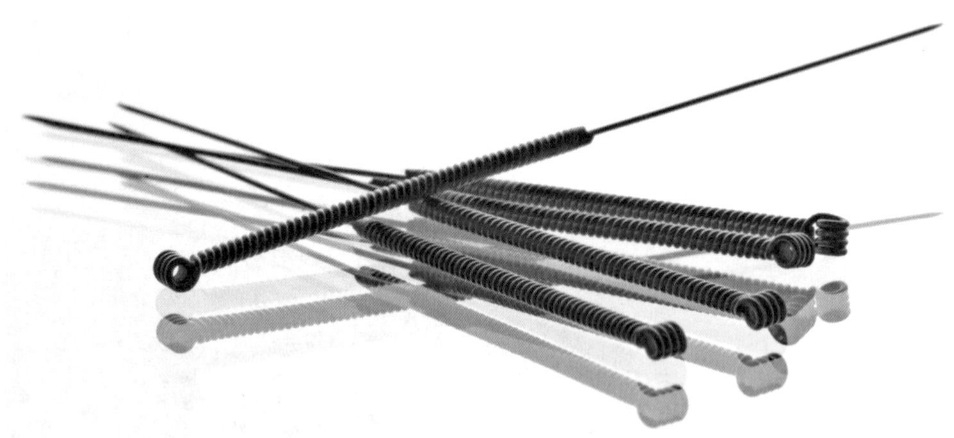

图 1-2-26　针灸针

## 二十一、医用软件

### （一）定义

本类商品包括各种医用独立软件。

### （二）归类建议

在海关的进出口监管中，软件是根据载体确定归类的，因此通常被归入税目85.23项下。

## 二十二、临床检验器械

### （一）定义

本类商品包括用于临床检验实验室的设备、仪器、辅助设备和器具及医用低温存贮设备，但不包括体外诊断试剂。

### （二）归类建议

本类商品基本与税目90.18绝缘，绝大多数的检测设备根据其检测对象、检测方法和检测指标归入相应的税号。例如，检验各种体液（血液、组织液、尿液等）的仪器设备属于税目90.27项下的理化分析仪器；而冷冻、冷藏设备则属于税目84.18项下列名的商品。

### （三）商品案例

#### 1. 血型卡离心机

血型卡离心机是一种专用于血型卡或其他试剂卡的特殊离心机，通常由控制系统、离心腔、驱动系统、转子和安全保护装置等组成，通过转动分离血液成分。血型卡离心机内腔细节见图1-2-27。

建议税号：8421.1990。

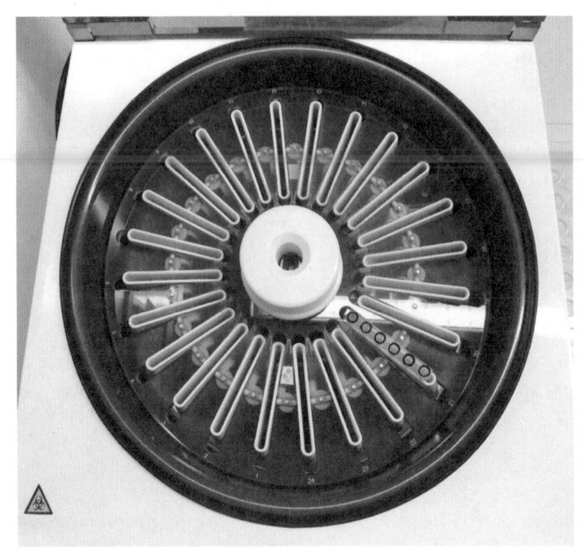

图 1-2-27　血型卡离心机内腔细节图

2. 培养箱

医用培养箱（见图 1-2-28）通常由温湿度、气体浓度控制系统、电子显示系统、箱体等组成。提供一个符合要求的恒定环境，用于人体来源样本的培养。

建议税号：8479.8999。

图 1-2-28　培养箱

综上所述，《目录》从医学的专业角度在结构、原理、用途等方面将各种医疗器械做了完整的定义，对帮助我们学习医疗器械的相关专业知识大有裨益。从中我们看到，《目录》是一套以专业为导向、以技术为基准的分类方法，这使得一些品名相同、作用类似的医疗器械由于其用途不同，性能不同，结构不同，被归入不同的类别。这与以功能为导向、以硬件为基准的海关分类方法有着根本的不同，导致了两种分类体系存在较大的差异。正是这种差异，促使我们对医疗器械的归类进行了细致的研究，从更为全面和客观的角度梳理医疗器械在进出口报验时可能遇到的困难和需要注意的问题。

# 第二章

# 医疗器械零部件图解与归类

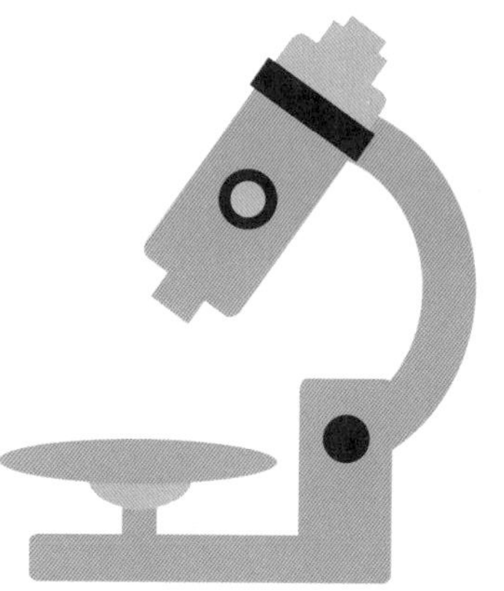

# 第一节　呼吸机

呼吸机是一个能代替病人自主通气的设备，已经普遍应用于因各种原因导致的呼吸衰竭治疗、手术中麻醉呼吸治疗、呼吸支持及急救复苏等，能够预防和治疗呼吸衰竭，减少并发症，延长病人生命，在现代医学领域中占有非常重要的作用。

从1907年第一台呼吸机的原型机问世开始，呼吸机的外形、功能结构、通气模式、监测参数等不断改进与创新。呼吸机开始是单管路，仅仅通过阀门的控制切换吸气和呼气。这样虽能满足病人最基础的通气需求，但是会出现二氧化碳的重复吸入。现代的呼吸机已经革新为带有吸气和呼气双管路或者是带有漏气阀的单管路呼吸机。从一开始仅仅通过观察病人胸廓的起伏来判断病人吸气和呼气的需求，到通过流量计和流量表来监测和设置病人的吸气和呼气，进一步发展到根据病理判断呼吸模式，决定是否需要提供智能化呼吸，再升级到如今的一体化彩色触摸屏模式。

本书介绍的是一款气动电控型的呼吸机。它以高压空气和氧气作为驱动源，经过呼吸机的内部控制系统运行，为病人提供在不同呼吸形态下的呼吸支持，同时为病人输出可控制氧浓度（21%~100%）的混合气体，以维持病人的呼吸功能，配置有有创通气模式和无创通气模式。

从产品主要结构设计来看，其可分为电路和气路两大部分。电路方面主要由数块集成电路板组成，CPU板作为整个自动控制系统的核心部件，上面搭载了独立工作的微处理器，两个外置接口，三个内置接口及连续的可擦、可编程只读存储器（EEPROM）。气动控制主板主要承担着对各类传感器包括高压传感器、气道压力传感器、流量传感器、氧传感器及电磁阀和PEEP阀的控制作用。两块高压伺服阀控制板（HPSV Controller PCB）包含以下功能：板上搭载的可擦、可编程只读存储器的控制管理，高压气源输入值的模数转换，以及回路电流的控制。

气路方面，核心的空氧混合部分采用了红宝石高压伺服阀技术，具有极高的灵敏度和反应速度，对病人吸入气体给予伺服气流。机内装有四个压力传感器，分别监测输入氧气、空气压力、吸入端和呼出端压力。流量传感器监测呼出流量，氧传感器监测输入氧浓度，同时有温度传感器监测吸入端气体温度。在保证机器稳定性、可靠性和精度的同时，使之成为可进行人机互动对话的智能型呼吸支持系统。流量控制阀灵活地控制吸入气流，开放式的阀门系统满足病人全程自主呼吸，能较好地解决人机对抗问题。

## 一、多功能呼吸机

| 序号 | 商品中文名称 | 商品英文名称/描述① | 商品编码 | 商品描述 |
|---|---|---|---|---|
| 1 | 多功能呼吸机 | INTENSIVE CARE VENTILAT | 9019200000 | 用于医院、医疗室或转运，为重症监护的成人、儿童提供呼吸通气，保证通气治疗监测，并检测患者的通气参数，辅助自主呼吸等 |

① 部分商品的英文名称/描述是为了贴合该商品的用途及税号，不从词面直译。

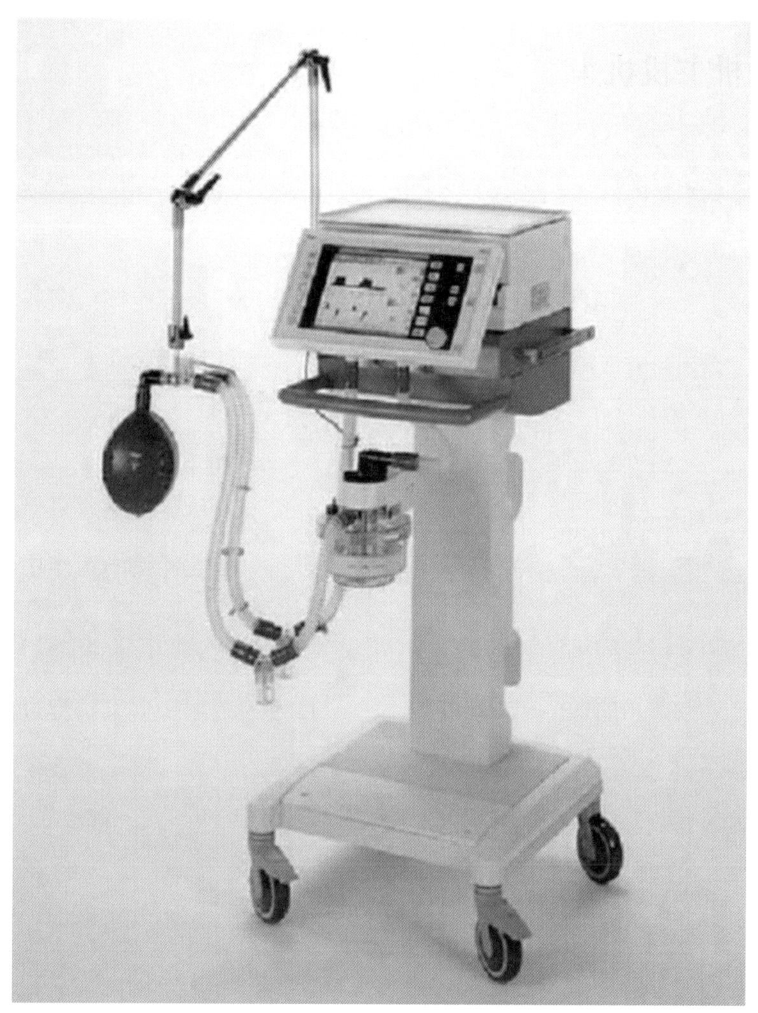

图 2-1-1　多功能呼吸机示意图

## 二、呼吸机主机机头

| 序号 | 商品中文名称 | 商品英文名称/描述 | 商品编码 | 商品描述 |
|---|---|---|---|---|
| 1 | 按钮操作器 | STRIPE | 8538900000 | 用于呼吸机界面控制操作，与主板等连接；塑料薄膜制成，不具有自黏性 |
| 2 | 塑料防尘端面 | VENT PLUG | 3926901000 | 通气口的保护盖，特制网状 |
| 3 | 塑料固定件 | SCREW | 3926901000 | 机器及仪器用塑料螺纹固定件，起连接固定作用 |
| 4 | 排气塞 | VENT PLUG | 3923500000 | 外壳防护通气口的盖子 |
| 5 | 过滤器 | FILTER，SINGLE | 8421399090 | 用于空气物理过滤，非电动 |
| 6 | 支架杆 | BAR | 7326901000 | 呼吸机壳外抓手和可固定部件用金属杆 |
| 7 | 塑料防尘端面 | VENT PLUG | 3926901000 | 封闭管子端面，塑料制 |
| 8 | 端插管 | SOCKET | 7326901900 | 用于精确安装机架和手柄的端插管，无螺纹，不锈钢制 |
| 9 | 有接头电缆 | POWER CABLE CE，3m，10A，C13L，BK | 8544422100 | 用于电源连接传输电流，有接头，250V |
| 10 | 铜制密封塞 | PARKING SUPPORT | 7419999100 | 用于密封 Y 型呼吸回路的管口 |
| 11 | 呼吸机用外壳盖板 | HOOD | 9019200000 | 呼吸机专用零件，保护作用 |

续表

| 序号 | 商品中文名称 | 商品英文名称/描述 | 商品编码 | 商品描述 |
|---|---|---|---|---|
| 12 | 塑料固定件 | PLASTIC SCREW | 3926901000 | 机器及仪器用塑料螺纹固定件，起连接固定作用；主要由塑料制成，玻璃纤维用于增强聚酰胺 |
| 13 | 有接头电缆 | CONNECTING CABLE | 8544422100 | 用于电源连接传输电流，有接头 |
| 14 | 塑料接头 | ANGULAR PORCELAIN BUSH | 3917400000 | 管子连接，塑料制 |
| 15 | 控制阀 | EXPIRATION VALVE, PATIENTSYS | 8481804090 | 用于调节和控制气体压力 |
| 16 | 呼吸机操作显示单元 | OP. DEVICE | 9019200000 | 用于呼吸机的数据显示和设置等 |
| 17 | 医疗家具用盖板 | TRAY | 9402900000 | 用于放置物品，无配置附属装置，不带医疗用具 |
| 18 | 呼吸机专用侧板 | HOOD 4H，1B | 9019200000 | 呼吸机侧面外壳专用 |

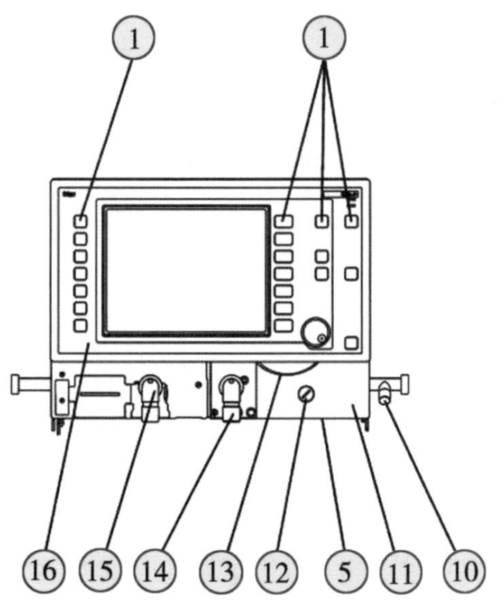


图 2-1-2　呼吸机主机机头爆炸图

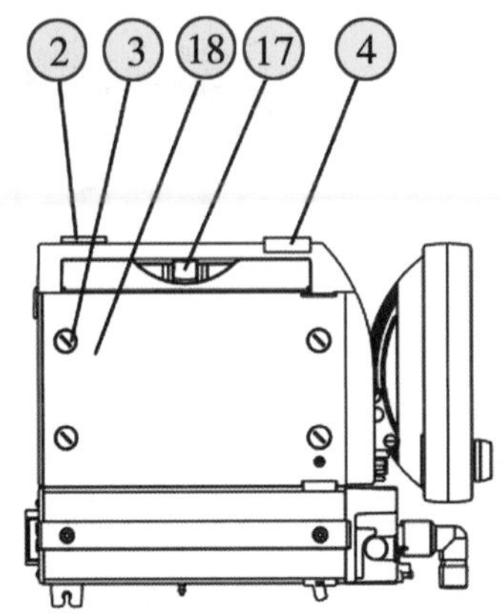


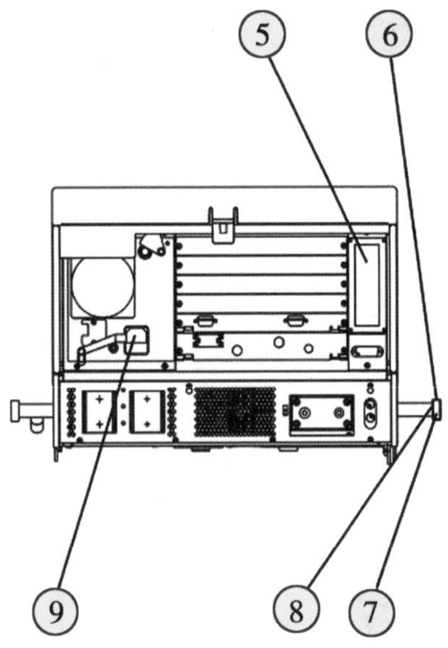


图 2-1-2　呼吸机主机机头爆炸图　续

## 三、气体流量装置

| 序号 | 商品中文名称 | 商品英文名称/描述 | 商品编码 | 商品描述 |
|---|---|---|---|---|
| 1 | 流量传感器 | NEONATAL FLOW SENSOR ISO15 | 9026801000 | 用于检测气体流量 |
| 2 | 有接头电缆 | CONNECTOR CABLE FLOW SENSOR | 8544422100 | 用于与传感器连接传输信息，有接头、额定电压为 80V~1000V |
| 3 | 气体流量装置用线路板 | PBA PAEDIATRICFLOW | 9026900000 | 用于气体流量装置信号的处理 |

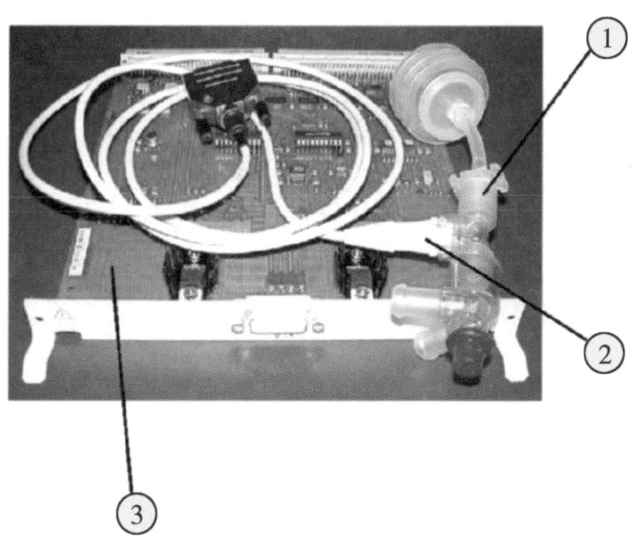


图 2-1-3 气体流量装置示意图

## 四、流量部件固定装置

| 序号 | 商品中文名称 | 商品英文名称/描述 | 商品编码 | 商品描述 |
|---|---|---|---|---|
| 1 | 呼吸机回路固定盖板 | PLATE | 9019200000 | 呼吸机呼吸回路上流量传感器的固定盖板，起固定和隔离作用 |
| 2 | 钢铁支架 | LATCH | 7326901900 | 用于支撑和安装，非合金钢制，焊接 |
| 3 | 固定插销 | PIN | 7318240000 | 不锈钢制 |
| 4 | 钢铁制固定件 | CATCH | 7326901900 | 用于定位固定。冲压，需进一步加工 |
| 5 | 呼吸机专用侧板 | SIDE PART 2H | 9019200000 | 呼吸机侧面外壳专用 |
| 6 | 有接头电缆 | CABLE HARNESS SPIROLOG SENSOR | 8544422100 | 用于电源连接，有接头，额定电压为 80V～1000V |
| 7 | 呼吸机塑料接口 | PLUG ACCOMMODATION | 9019200000 | 呼吸机外壳专用零件，固定线缆 |
| 8 | 塑料软管 | HOSE 4×1. 5-SI 50 SHA NF M27729 | 3917320000 | 塑料制，无附件，破压力小于 27. 6MPa；无合制加强软管，用于气动元件之间的气路连接 |
| 9 | 片簧 | SPRING | 7320109000 | 用于设备部件安装时与壳体的固定，不锈钢制 |
| 10 | 有接头电缆 | CABLE HARNESS FLOWSWITCHER | 8544421100 | 用于电源连接，有接头，额定电压小于 80V |
| 11 | 橡胶片 | RUBBER ELEMENT | 4008210000 | 橡胶制的橡胶板片，为垫在设备部件下防震等；较柔软（柔性） |
| 12 | 塑料密封圈 | LIP SEAL | 3926901000 | 机器仪器用密封圈，起密封作用，塑料（硅橡胶）制 |
| 13 | 钢铁固定支架 | HINGE，CPL. | 7326909000 | 用于固定和安装呼吸机；非合金钢制，焊接，须进一步加工 |
| 14 | 钢铁盖板 | SHEET METAL，CPL. | 7326901900 | 用于安装在设备机架上起固定附件的作用，不锈钢制 |

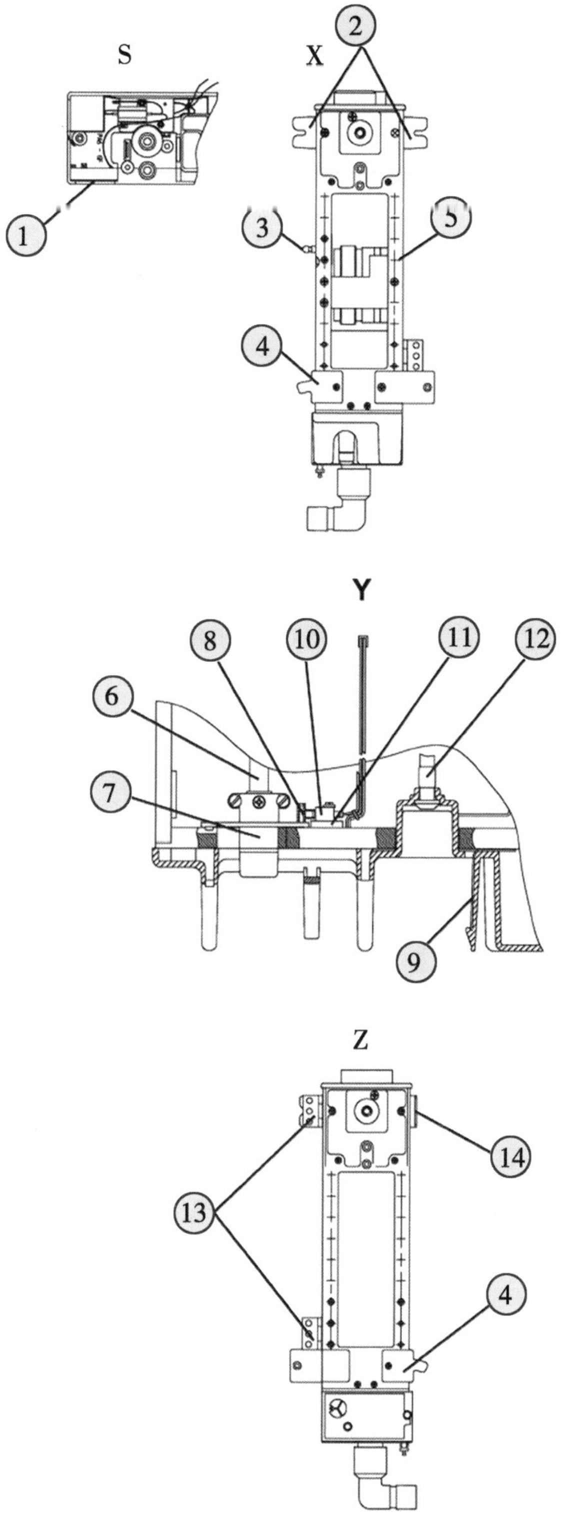


图 2-1-4 流量部件固定装置爆炸图

## 五、流量阀组模块

| 序号 | 商品中文名称 | 商品英文名称/描述 | 商品编码 | 商品描述 |
|---|---|---|---|---|
| 1 | 微电磁阀 | MICRO-ELECTROVALVE | 8481804090 | 用于控制气路，电磁式 |
| 2 | 单向阀 | NONRETURN VALVE (FOR 8411848) | 8481300000 | 用于气路中单向气流通路，并起到安全防止气体回流作用 |
| 3 | 橡胶密封圈 | O-RING FOR 8411848 | 4016931000 | 用于机器设备中部件连接密封，硫化橡胶制 |
| 4 | 呼吸机进气模块 | FAS CONNECTION BOARD，COMPLETE | 9019200000 | 呼吸机传输气体专用 |
| 5 | 过滤器 | FILTER (FOR 8411848) | 8421399090 | 用于过滤空气，属物理过滤，非电动 |
| 6 | 控制阀组件 | GAS INPUT UNIT | 8481804090 | 用于控制气体分配，电磁式 |
| 7 | 阀门凸子 | VALVE TAPPET (FOR 8411848) | 8481901000 | 用于减压阀专用，为阀的导向和固定 |
| 8 | 分隔膜 | DIAPHRAGM FPM (FOR 8411848) | 8481901000 | 用于气路模块中气路的分隔减压 |
| 9 | 减压阀 | FAS PRESSURE REGULATOR KIT | 8481100090 | 用于气体管路压力控制 |

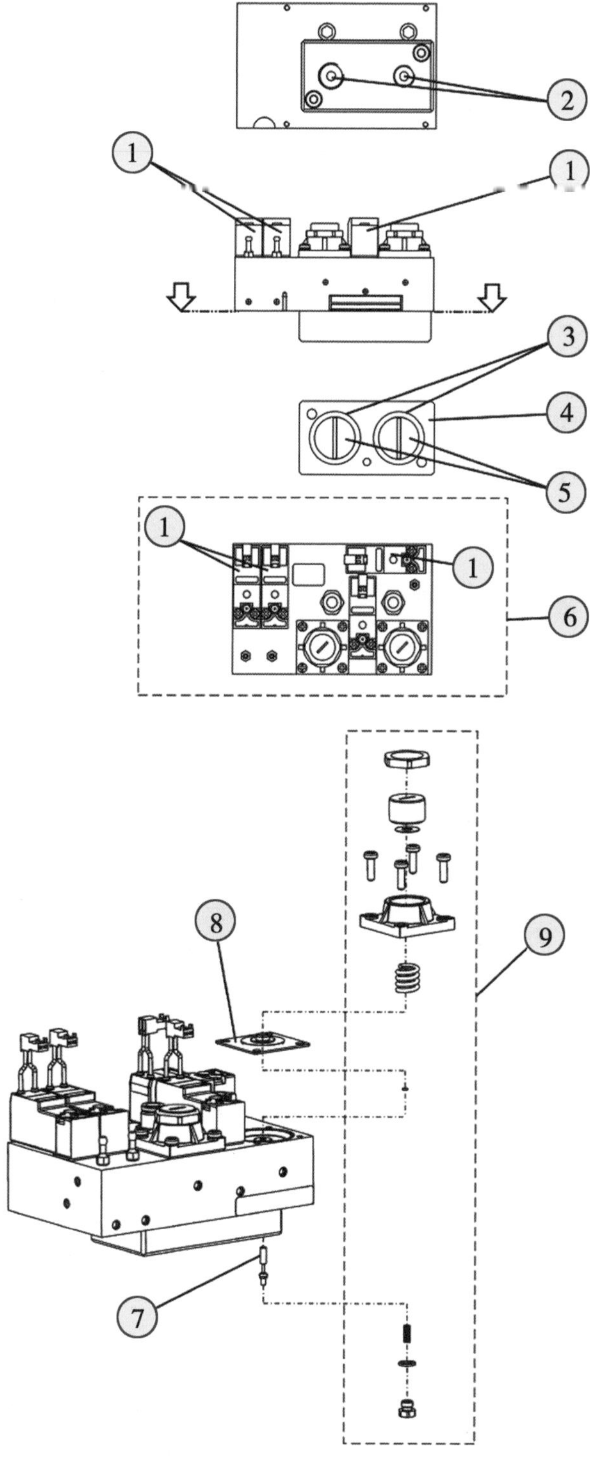


图 2-1-5　流量阀组模块爆炸图

## 六、呼出末端阀组

| 序号 | 商品中文名称 | 商品英文名称/描述 | 商品编码 | 商品描述 |
|---|---|---|---|---|
| 1 | 塑料垫圈 | GASKET | 3926901000 | 机器及仪器用塑料垫圈，起填充密封作用，塑料制 |
| 2 | 不锈钢滤网 | SIEVE | 7326901900 | 通气孔防止颗粒物通过，不锈钢制，机械加工 |
| 3 | 塑料分隔膜 | DIAPHRAGM | 3926901000 | 用于过滤装置、呼吸麻醉设备等起分隔隔离作用的膜片，塑料制 |
| 4 | 控制阀 | EXPIRATION VALVE, PATIENTSYS. | 8481804090 | 用于调节和控制气体压力 |
| 5 | 呼出阀体 | VALVE HOUSING | 8481901000 | 用于呼吸控制阀门的外壳零件 |
| 6 | 塑料密封圈 | O-RING | 3926901000 | 用于密封，塑料（硅胶）制 |
| 7 | 塑料接头 | ANGULAR PORCELAIN BUSH | 3917400000 | 用于设备部件和管子的连接，塑料制 |
| 8 | 过滤器 | KIT WATER TRAP, FOR EXP. VALVE | 8421399090 | 用于呼吸管路连接阀体的冷凝，过滤水分，非电动 |
| 9 | 积水罐 | POT | 8419909000 | 湿化器专用零件，用于积水 |
| 10 | 阀盖 | VALVE COVER | 8481901000 | 隔膜阀壳体特定部分，塑料制 |
| 11 | 塑料密封圈 | O-RING | 3926901000 | 机器及仪器用硅胶密封圈，起气体密封作用，塑料（硅胶）制 |
| 12 | 塑料垫片 | DIAPHRAGM | 3926901000 | 机器及仪器用硅胶密封垫片，起气体密封作用，塑料（硅胶）制 |
| 13 | 塑料垫圈 | SEALING WASHER | 3926901000 | 机器及仪器用硅胶密封垫圈，起气体密封作用，塑料（硅胶）制 |
| 14 | 阀片组件 | DIAPHRAGM | 8481901000 | 用于呼出阀中防止气体回流 |

续表

| 序号 | 商品中文名称 | 商品英文名称/描述 | 商品编码 | 商品描述 |
|---|---|---|---|---|
| 15 | 精炼铜弯管 | TUBE | 7411101901 | 用于通气管道内气体的流通连接，精炼铜制 |
| 16 | 塑料塞子 | CONNECTING CAP | 3923500000 | 呼吸机呼出端在未使用时或气口减小时盖住，塑料（硅胶）制 |

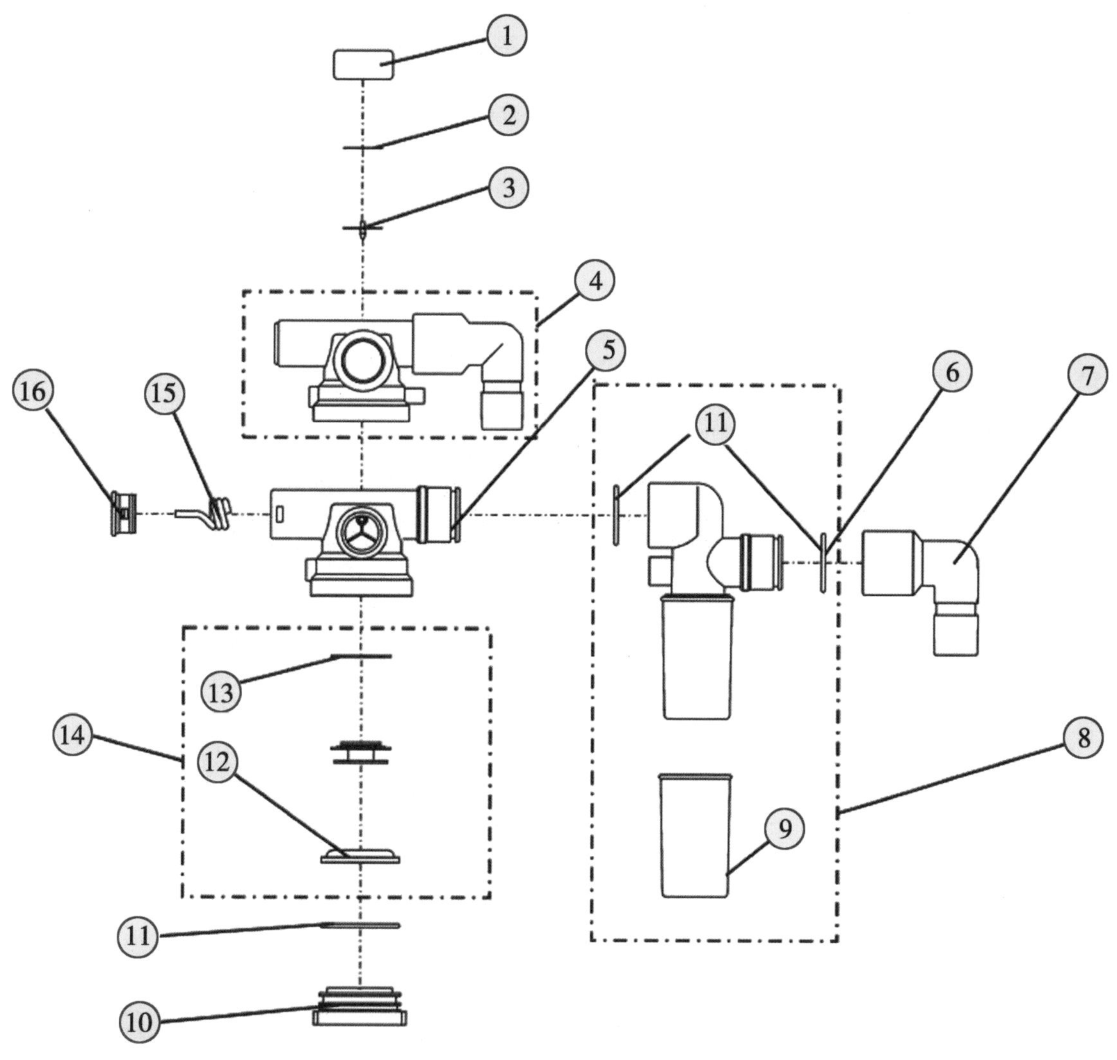


图 2-1-6 呼出末端阀组爆炸图

## 七、气体数据处理线路板

| 序号 | 商品中文名称 | 商品英文名称/描述 | 商品编码 | 商品描述 |
|---|---|---|---|---|
| 1 | 有接头电线 | WIRING HARNESS $CO_2$-POWER RS232 | 8544421900 | 为传感器线路板上提供电流或信号传输，有接头、非同轴，额定电压小于80V |
| 2 | 呼吸机用线路板 | PCB POWER | 9019200000 | 用于信号处理，无控制功能 |
| 3 | 塑料密封圈 | GASKET RING | 3926901000 | 机器及仪器用硅胶密封圈，起气体密封作用，塑料制 |
| 4 | 铜螺钉 | SPACER BOLT | 7415339000 | 铜制螺纹的钉，与锌合金化，带内螺纹的六角套筒，隔开两层间的线路板 |
| 5 | 呼吸机用线路板 | PCB SIGNAL PROCESSOR ($CO_2$-MAIN) | 9019200000 | 用于信号和信息数据处理，无控制功能 |
| 6 | 有接头电缆 | CABLE FOR $CO_2$ SENSOR | 8544421100 | 医疗设备上传感器接头和主板之间连接的信息传输，有接头、非同轴，额定电压小于80V |
| 7 | 铝电解电容 | AL. DL CAPACITOR 0. 22F 5V RoHS | 8532229000 | 铝电解电容，不可调节 |

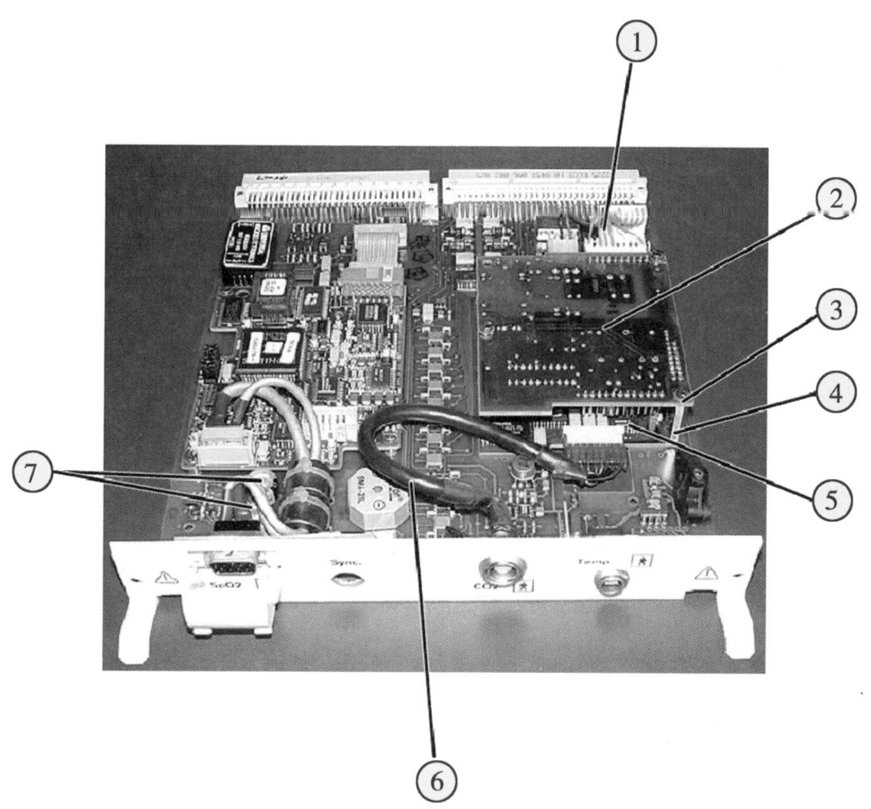


图 2-1-7 气体数据处理线路板示意图

## 八、电源模块

| 序号 | 商品中文名称 | 商品英文名称/描述 | 商品编码 | 商品描述 |
| --- | --- | --- | --- | --- |
| 1 | 不间断电源 | REPAIR KIT AC/DC POWER SUPPLY UNIT | 8504402000 | 由 AC / DC 整流器、充电器控制器、DC / DC 转换器组成的不间断电源，用于为物理结合的医疗设备提供 125W 的功率 |
| 2 | 呼吸机用塑料盖板 | KIT FLAP FOR POWER SWITCH | 9019200000 | 呼吸机专用电源开关的塑料保护盖板 |
| 3 | 铅酸电池套件 | KIT 2 BATTERIES, EVITA INTERNAL | 8507200000 | 可充电铅蓄电池，电压为 12V，容量为 3. 5Ah |

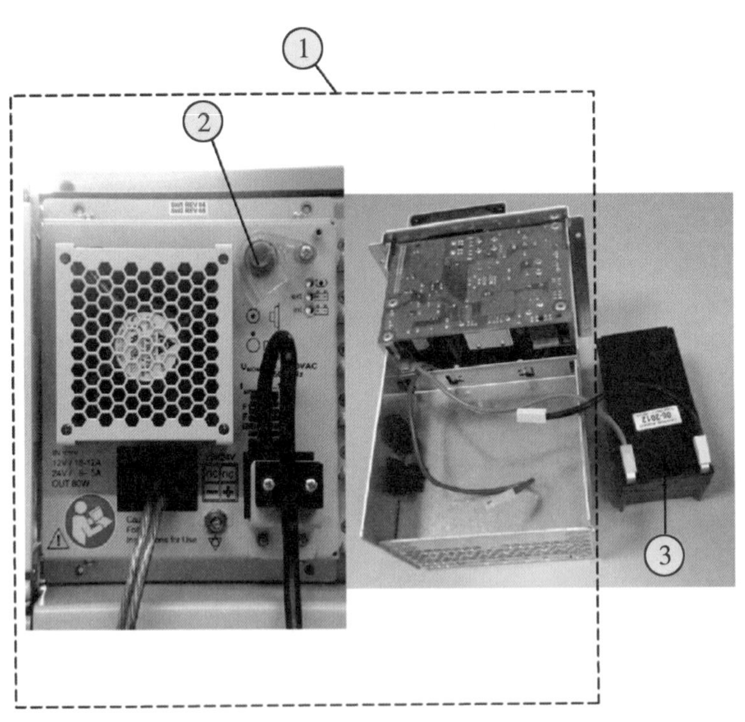


图 2-1-8　电源模块示意图

## 九、操作界面和显示设备

| 序号 | 商品中文名称 | 商品英文名称/描述 | 商品编码 | 商品描述 |
|---|---|---|---|---|
| 1 | 呼吸机操作显示单元 | OP. DEVICE EVITA 4 EDITION | 9019200000 | 用于呼吸机的数据显示和设置等 |
| 2 | 呼吸机旋钮 | CONTROL KNOB | 3926901000 | 用于医疗设备上用户界面操作的旋钮，设备通用，塑料制 |
| 3 | 钢铁片簧 | PLATE SPRING | 7320109000 | 用于支撑和安装，不锈钢制 |
| 4 | 呼吸机操作单元外框 | HOUSING，BLUE | 9019200000 | 呼吸机专用零件，起保护作用 |
| 5 | 内铜螺母 | INSERT NUT | 7415339000 | 内嵌螺母，有螺纹加工，铜锌合金制 |
| 6 | 螺旋弹簧 | SPRING | 7320209000 | 用于支撑和安装，不锈钢制 |
| 7 | 导杆 | GUIDE TAPPET | 3926901000 | 塑料制，为螺纹制品，可穿入和填充 |
| 8 | 塑料固定件 | CLAMP | 3926901000 | 固定零件，塑料制 |
| 9 | 螺钉 | PAN HEAD SCREW ISO7045 M3×6-A2-H | 7318159090 | 不锈钢制，抗拉强度为500MPa~700MPa |
| 10 | 塑料密封圈 | GASKET RING | 3926901000 | 机器及仪器用密封圈，塑料制 |
| 11 | 液晶显示板 | DISPLAY，CPL. | 8531200000 | 用于显示呼吸机的参数，LCD |
| 12 | 触摸控制屏 | TOUCHSCREEN | 8537109090 | 用于医疗设备的控制，通过触摸屏操控医疗设备的运行 |
| 13 | 呼吸机用塑料框 | TOUCHRAHMEN，KOMPL. | 9019200000 | 呼吸机专用零件，保护呼吸机屏幕 |
| 14 | 塑料垫圈 | O-RING SEAL | 3926901000 | 机器及仪器用密封垫圈，起密封作用，塑料制 |

续表

| 序号 | 商品中文名称 | 商品英文名称/描述 | 商品编码 | 商品描述 |
|---|---|---|---|---|
| 15 | 圆头螺钉 | DSUB-THREADED BOLTM3 RoHS | 7318159090 | 抗拉强度为 103MPa，不锈钢制 |
| 16 | 有接头电缆 | CONNECTING CABLE | 8544422100 | 用于电源连接，有接头，额定电压为 80V~1000V |
| 17 | 呼吸机用线路板 | REP-KIT GRAFIKCONTROLLER 4 | 9019200000 | 用于信号处理，无控制功能 |

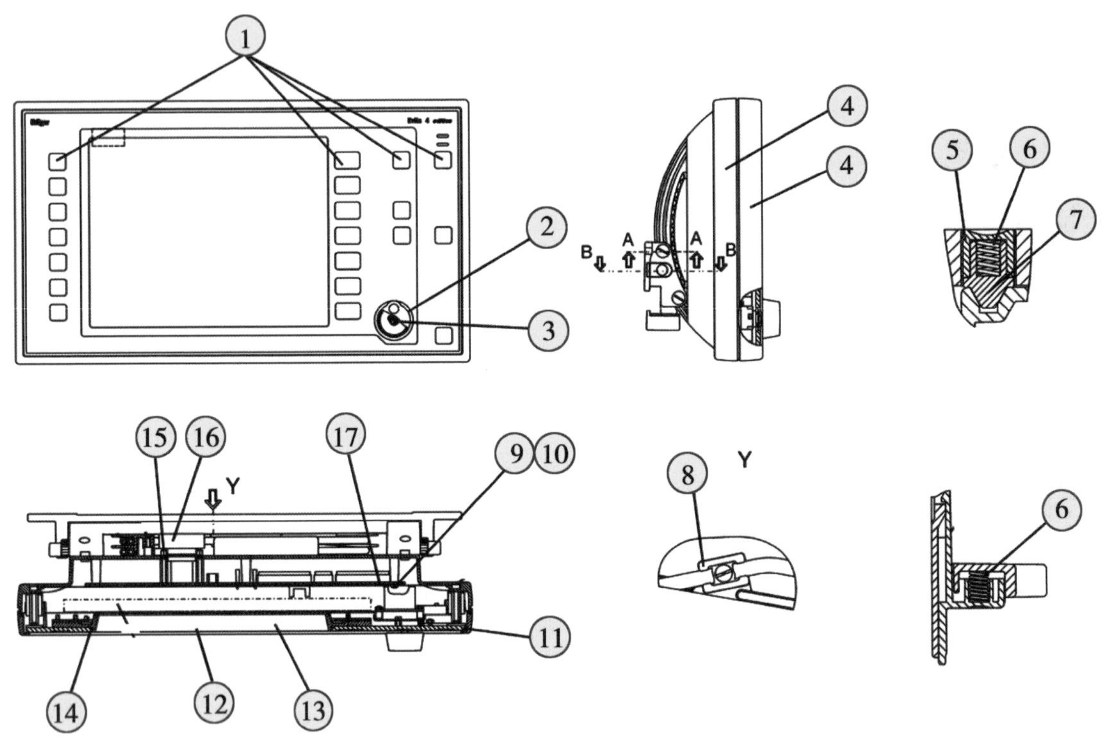


图 2-1-9　操作界面和显示设备爆炸图

## 十、流量阀组件

| 序号 | 商品中文名称 | 商品英文名称/描述 | 商品编码 | 商品描述 |
|---|---|---|---|---|
| 1 | 阀盖 | COVER | 8481901000 | 阀体外部，铝合金制 |
| 2 | 橡胶阀膜 | DIAPHRAGM CONNECTION SV | 4016991090 | 医疗技术用自动膜片阀的特殊部件；工作时在吸入阀上阻挡气流通过，产生气流压力；硫化橡胶制 |
| 3 | 橡胶密封圈 | O-RING SEAL 2. 8×1. 6 | 4016931000 | 机器及仪器用密封圈，硫化橡胶制 |
| 4 | 呼吸机吸入装置 | INSPIRATION UNIT, COMPLETE | 9019200000 | 呼吸机专用吸入接口，带有阀门和转接头组成的一个病人吸气装置 |
| 5 | 塑料分隔膜 | DIAPHRAGM | 3926901000 | 用于过滤装置、呼吸麻醉设备等，起分隔隔离作用，塑料制 |
| 6 | 呼吸回路板 | COVER, CPL. (EVITA 4) | 9019200000 | 用于呼吸回路上吸入阀的氧传感器通气的信号处理，无控制功能 |
| 7 | 有接头电缆 | PBA $O_2$-CONTACT | 8544421100 | 用于呼吸设备电磁阀门类部件上信号的传输（一端为无源电路板），有接头，非同轴，额定电压小于 80V |
| 8 | 塑料密封圈 | LIP SEAL | 3926901000 | 机器及仪器用硅胶密封圈，起气体密封作用，塑料制 |
| 9 | 塑料密封圈 | O-RING | 3926901000 | 机器及仪器用硅胶密封圈，起气体密封作用，塑料制 |
| 10 | 橡胶膜片 | DIAPHRAGM CONNECTION $O_2$ | 4016991090 | 机器及仪器上用于分隔及压力的控制，橡胶及金属制 |

续表

| 序号 | 商品中文名称 | 商品英文名称/描述 | 商品编码 | 商品描述 |
|---|---|---|---|---|
| 11 | 不锈钢阀片 | SEALING WASHER | 8481901000 | 用于安全阀组，主要起密封作用 |
| 12 | 硅胶密封圈 | O-RING 18.77mm×1.78mm | 3926901000 | 气体密封，塑料（硅胶）制 |
| 13 | 黏合胶 | UHU PLUS SELF-SETTING 300 | 3506912000 | 螺丝固定密封，零售包装中的塑料黏合剂，小于等于 1kg |

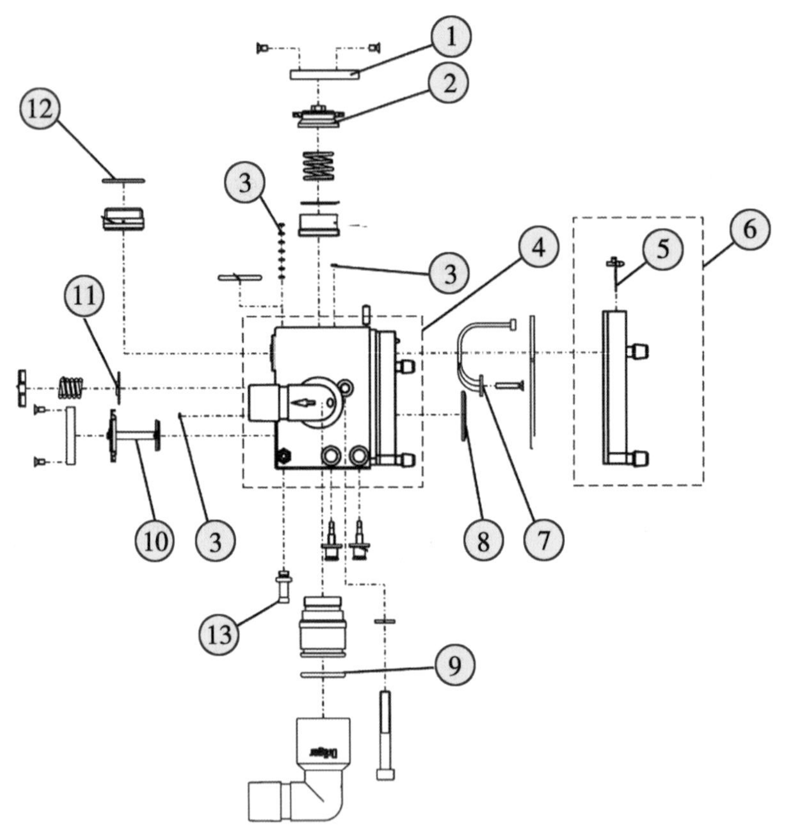


图 2-1-10　流量阀组件爆炸图

## 十一、呼吸机车架

| 序号 | 商品中文名称 | 商品英文名称/描述 | 商品编码 | 商品描述 |
|---|---|---|---|---|
| 1 | 呼吸机车架 | MOBILE TROLLEY | 9402900000 | 用于承载呼吸机的车架。安装后整体可移动，无配置附属装置，无医疗用具 |
| 2 | 拉簧 | TENSION SPRING | 7320909000 | 由合金不锈钢，冷拔、冷轧或焊接制成的条状，有弹性 |
| 3 | 顶盖 | COVER PLATE FOR TOP | 7326909000 | 钢制防护罩，用作设备的冲击防护 |
| 4 | 呼吸机专用连接扣 | SLIDE，CPL. | 901920000 | 呼吸器的连接控制按钮 |
| 5 | 螺钉 | CYLINDER SCREW ISO4762-M8×30-A2-70 | 7318159090 | 不锈钢制，M8×30 |
| 6 | 塑料手柄 | HANDLE | 3926300000 | 通用的把手，塑料制 |
| 7 | 塑料盖板 | INLET | 3926909090 | 小车上盖板，防止灰尘，塑料制 |
| 8 | 呼吸机用塑料盖板 | COVER FOR BATTERY | 9019200000 | 呼吸机专用塑料盖板，具有保护功能 |
| 9 | 塑料轮子 | CASTOR WITH FIXING | 3926909090 | 医疗设备通用的塑料轮子（带刹车）；制作材料以塑料为主，辅有金属 |
| 10 | 塑料轮子 | CASTOR | 3926909090 | 医疗设备通用的塑料轮子（带刹车）；制作材料以塑料为主，辅有金属 |
| 11 | 螺钉 | SCREW | 7318159090 | 合金钢不锈钢，艾伦内孔头 |
| 12 | 不锈钢垫圈 | WASHER ISO7089-6-200HV-A4 | 7318220090 | 不锈钢制 |

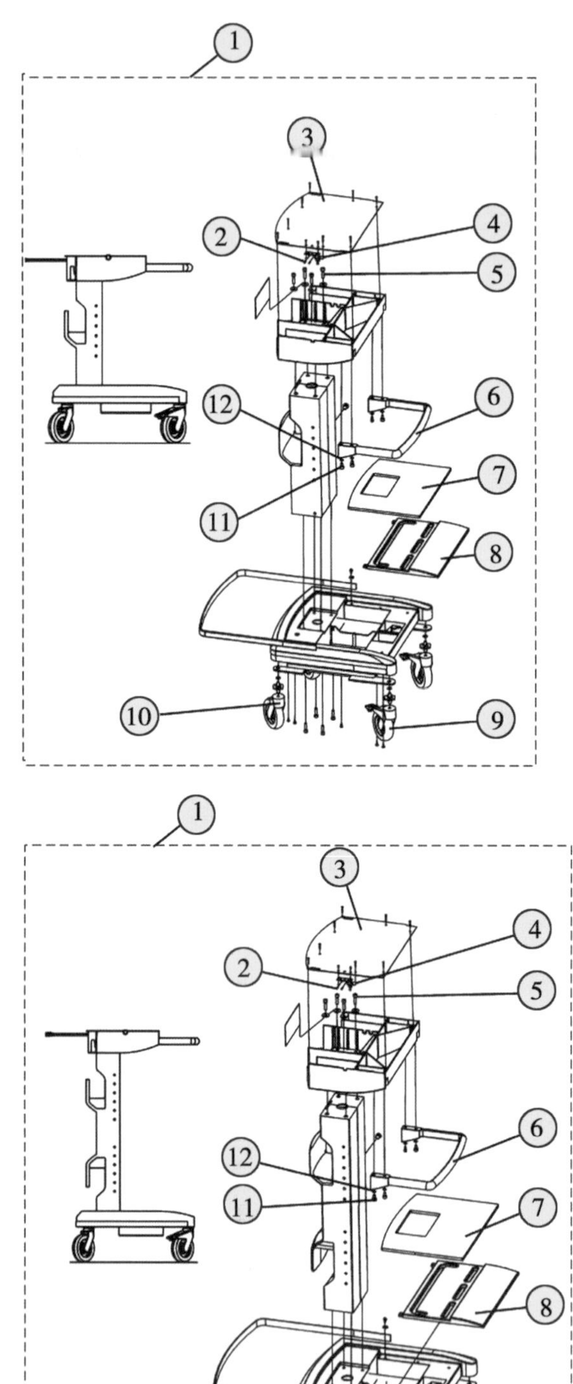


图 2-1-11　呼吸机车架爆炸图

## 十二、呼吸设备易损、易耗件

| 序号 | 商品中文名称 | 商品英文名称/描述 | 商品编码 | 商品描述 |
|---|---|---|---|---|
| 1 | 维修保养套件（分隔膜为主） | EVITA XL/4/2D GASINLET FAS 6Y | 3926901000 | 为医疗器械的维修成套产品，以分隔膜为主，包括普通零售包装中的电缆、锂电池、扁平垫片、计时器、RAM、过滤器、风扇等 |
| 2 | 塑料垫片 | DIAPHRAGM | 3926901000 | 用于设备部件之间的密封，塑料（硅胶）制 |
| 3 | 塑料垫圈 | SEALING WASHER | 3926901000 | 机器及仪器用塑料垫圈，起填充密封作用，塑料制 |
| 4 | 锂电池 | LITHIUM STOR. BATTERY 3V/1400 | 8506500000 | 设备主板上供电，1400mAh |
| 5 | 轴流风扇 | FAN PNEUMATIC, COMPL. | 8414599050 | 用于电子设备上的空气流通，起降温作用 |
| 6 | 分隔膜 | DIAPHRAGM FPM (FOR 8411848) | 8481901000 | 用于气路模块中气路的分隔减压 |
| 7 | 橡胶阀膜 | DIAPHRAGM CONNECTION SV | 4016991090 | 医疗技术用自动膜片阀的特殊部件；工作时在吸入阀上阻挡气流通过，产生气流压力；硫化橡胶制 |
| 8 | 阀门凸子 | VALVE TAPPET (FOR 8411848) | 8481901000 | 减压阀专用，用于阀的导向和固定 |
| 9 | 实时时钟芯片 | REALTIMECLOCK DIL24 | 8473309000 | 用于电子设备、医疗仪器等 |

续表

| 序号 | 商品中文名称 | 商品英文名称/描述 | 商品编码 | 商品描述 |
|---|---|---|---|---|
| 10 | 有接头电缆 | CABLE HARNESS SPIROLOG SENSOR | 8544422100 | 用于电源连接，有接头，非同轴，额定电压为80V~1000V |
| 11 | 橡胶密封圈 | O-RING FOR 8411848 | 4016931000 | 机器及仪器用密封圈，硫化橡胶制 |

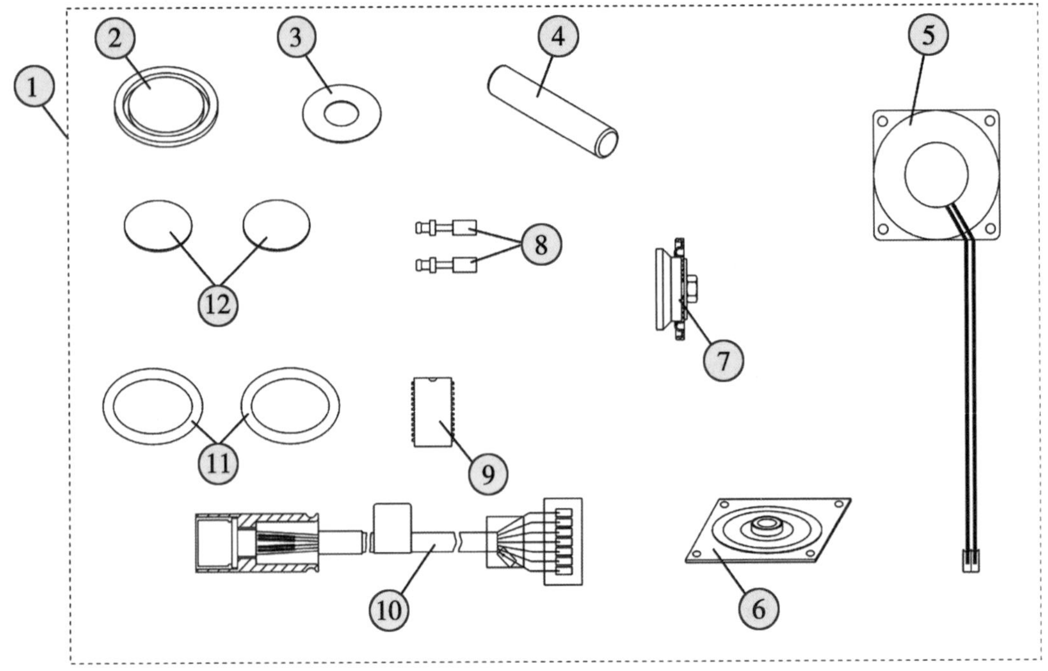


图 2-1-12　呼吸设备易损、易耗件爆炸图

## 十三、日常病人端附件

| 序号 | 商品中文名称 | 商品英文名称/描述 | 商品编码 | 商品描述 |
|---|---|---|---|---|
| 1 | 呼吸管路系统 | BLUE SET HEATED (P/A) | 9033000090 | 用于病人和设备之间的管路通气连接，是麻醉或呼吸等设备通用的、带附件（积水杯、模拟肺等装置）的管道 |
| 2 | 呼吸管路系统 | BLUE SET HEATED (N) | 9033000090 | 用于病人和设备之间的管路通气连接，是麻醉或呼吸等设备通用的、带附件（积水杯、模拟肺等装置）的管道 |
| 3 | 气体过滤器 | SET MIC. FILTER 654ST-ISO CLICK | 8421399090 | 吸入气体过滤器，微孔过滤，非电动 |
| 4 | 氧浓度传感器 | $O_2$ SENSOR (CAPSULE) | 9027809900 | 用于电化学转换计量，测量氧气浓度；气体 |
| 5 | 气体流量计 | SPIROLOG FLOW SENSOR (5×) | 9026801000 | 电子测量流量的计量装置，检测进入麻醉机和呼吸机中的气体流量；管道中的气体 |
| 6 | 压力调节阀 | SET SINGLE USE VALVE, 10 PCS. | 8481804090 | 用于病人呼吸气体的压力调节 |
| 7 | 口鼻面罩 | NIV-MASK, SE, S | 9019200000 | 呼吸用医疗器械连接用面罩，提供有效的非侵入性通气呼吸治疗，使病人保持通气 |
| 8 | 口鼻面罩 | MASK CLASSICSTAR, NIV, SE, M | 9019200000 | 呼吸设备上盖住病人口鼻为病人连接通气呼吸 |

续表

| 序号 | 商品中文名称 | 商品英文名称/描述 | 商品编码 | 商品描述 |
|---|---|---|---|---|
| 9 | 口鼻面罩 | MASK CLASSICSTAR NASAL NV, L | 9019200000 | 呼吸设备上盖住病人口鼻为病人连接通气呼吸 |
| 10 | 气体传感器适配器 | DISPOSABLE $CO_2$ CUVETTE, ADULT | 9027900000 | 用于二氧化碳传感器检测的安装固定 |
| 11 | 呼吸管路系统 | HOSE KIT FOR MR850, RT 212 | 9019200000 | 病人和设备之间的管路通气连接，是麻醉或呼吸等设备通用的、带附件（积水杯、模拟肺等装置）的管道 |

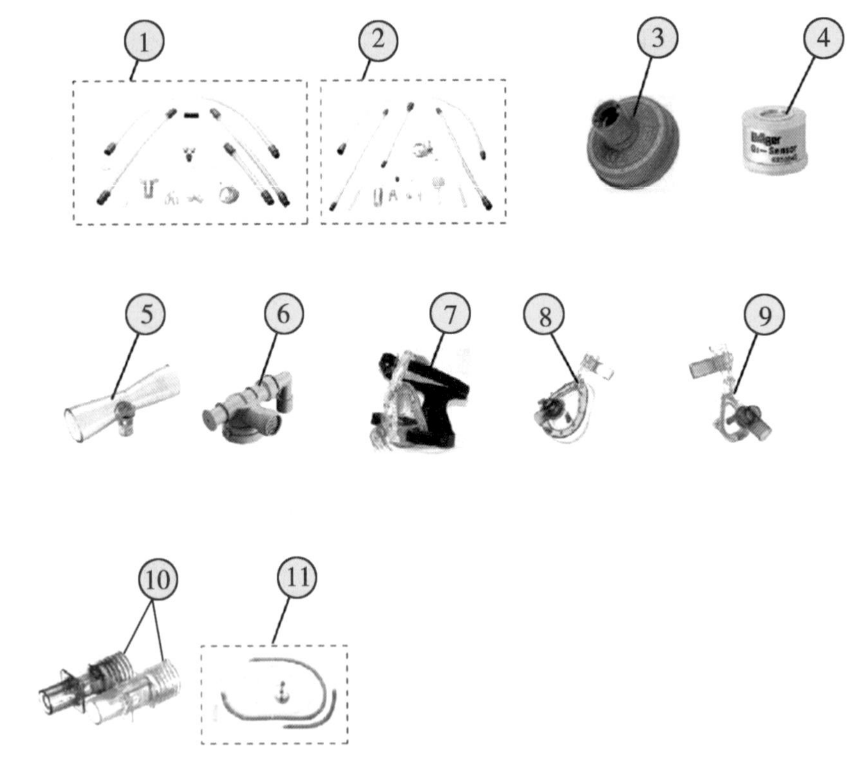


图 2-1-13　日常病人端附件爆炸图

# 第二节　经济型麻醉机

经济型麻醉机是中国改革开放后，在国内生产出的第一批与国外技术同步的麻醉机。通过不断推陈出新，已经经历了五代产品，目前还在继续生产中。

其产品特点是结构紧凑、经济实用、符合中国国情、性价比高。内置式的电子呼吸机（器），有中央监控操作系统；一体化的气道呼吸监护，有中文警报，内置高性能蓄电池，保证机器脱离电源的情况下，能正常运行1.5小时以上；配备有进口麻醉蒸发器，并扩展气体流量和浓度范围检测，完全符合低（微）流量麻醉的要求；集成呼吸回路。

## 一、麻醉机

| 序号 | 商品中文名称 | 商品英文名称/描述 | 商品编码 | 商品描述 |
| --- | --- | --- | --- | --- |
| 1 | 麻醉机 | ANESTHESIA WORKSTATION | 9018907010 | 用于手术麻醉通气和病人呼吸等信息的监测控制 |

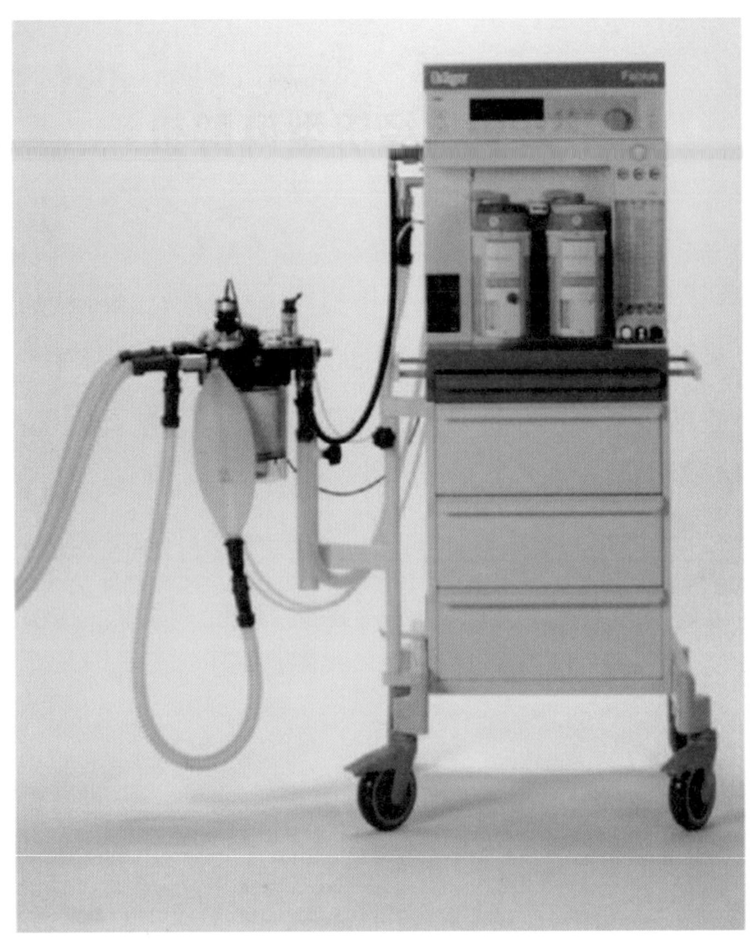

图 2-2-1　麻醉机示意图

## 二、麻醉呼吸回路（一）

| 序号 | 商品中文名称 | 商品英文名称/描述 | 商品编码 | 商品描述 |
|---|---|---|---|---|
| 1 | 麻醉机集成呼吸回路 | COSY | 9018907010 | 用于麻醉机，通过吸入新鲜气体和麻醉药输送到病人的呼吸道内并将病人呼出的气体排出体外的呼吸循环装置 |
| 2 | 麻醉机集成呼吸回路 | CIRCLE SYSTEM | 9018907010 | 用于麻醉机，通过吸入新鲜气体和麻醉药输送到病人的呼吸道内并将病人呼出的气体排出体外的呼吸循环装置 |

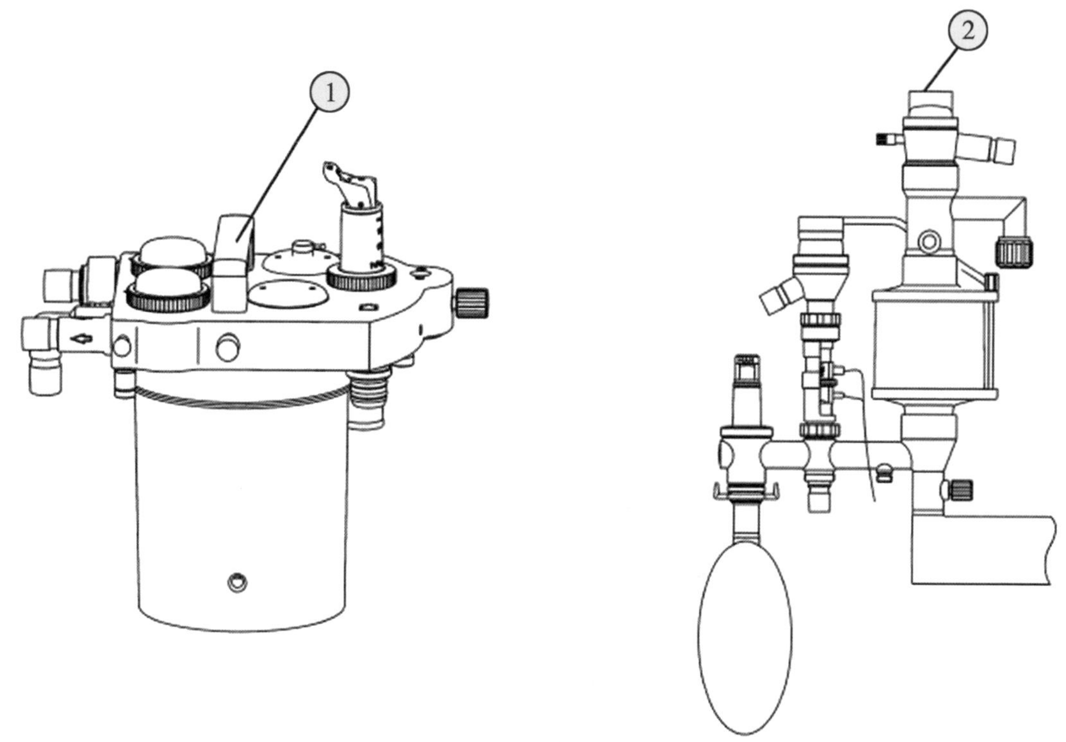


图 2-2-2 麻醉呼吸回路爆炸图（一）

## 三、麻醉呼吸回路（二）

| 序号 | 商品中文名称 | 商品英文名称/描述 | 商品编码 | 商品描述 |
|---|---|---|---|---|
| 1 | 铜制螺母 | UNION NUT | 7415339000 | 铜合金制螺母，车削，孔径为55mm，用作不可拆卸的紧固件 |
| 2 | 塑料防护罩 | CONTROL GLASS | 9018907010 | 用于观察电子式麻醉机内部零件的运动 |
| 3 | 塑料密封圈 | PACKING RING | 3926901000 | 气体管道中的密封圈，起气体密封作用，塑料制 |
| 4 | 陶瓷阀片 | VALVE PLATE | 6909190000 | 阀门用，陶瓷，莫氏硬度小于9 |
| 5 | 阀片座 | VALVE CRATER | 8481901000 | 用于流量阀上托住阀片 |
| 6 | 塑料盖 | CAP | 3923500000 | 气体回路的塑料盖，聚醚砜(PES)，无螺纹 |
| 7 | 阀盖 | CAP OF ASM-BYPASS-BREATHING SYS | 8481901000 | 用于阀门的专用阀盖，隔膜阀的特定部分 |
| 8 | 铜制密封环 | SOCKET | 7419999100 | 呼吸回路中阀门和部件盖板间精确安装的管道密封环，铜合金制；车加工和表面电镀 |
| 9 | 塑料垫片 | DIAPHRAGM | 3926901000 | 起气体密封作用，塑料（硅胶）制 |
| 10 | 阀板 | PLATE | 8481901000 | 用于气流调节的膜片阀零件，铝合金制 |
| 11 | 塑料垫圈 | SEALING WASHER | 3926901000 | 起填充密封作用的塑料垫圈 |
| 12 | 塑料垫片 | O-RING | 3926901000 | 用于密封，塑料（氟橡胶）制 |
| 13 | 活接头 | UNION NUT APL VALVE | 7412209000 | 阀门固定连接用，铜锌合金制成，带螺纹 |

续表

| 序号 | 商品中文名称 | 商品英文名称/描述 | 商品编码 | 商品描述 |
|---|---|---|---|---|
| 14 | 溢流阀 | APL-VALVE COSY | 8481400000 | 用于集成呼吸回路中管路压力过高导致的气体释放 |
| 15 | 限压阀操作轮 | APL-VALVE | 8481901000 | 调整限压值的限压阀专用零件，塑料手轮，有刻度 |
| 16 | 铜制螺栓 | CRATER SCREW | 7415339000 | 铜镍锌合金制成的环形坑式螺栓 |
| 17 | 阀盖 | LOCKING SCREW | 8481901000 | 阀门专用特定部分，由铜锌合金加工制成 |
| 18 | 阀片顶片座 | SPRING CROSS | 8481901000 | 阀门上顶住阀片，铜锌合金制 |
| 19 | 阀片 | VALVE DISK | 8481901000 | 止回阀用，用于气体接头中防止气体回流 |

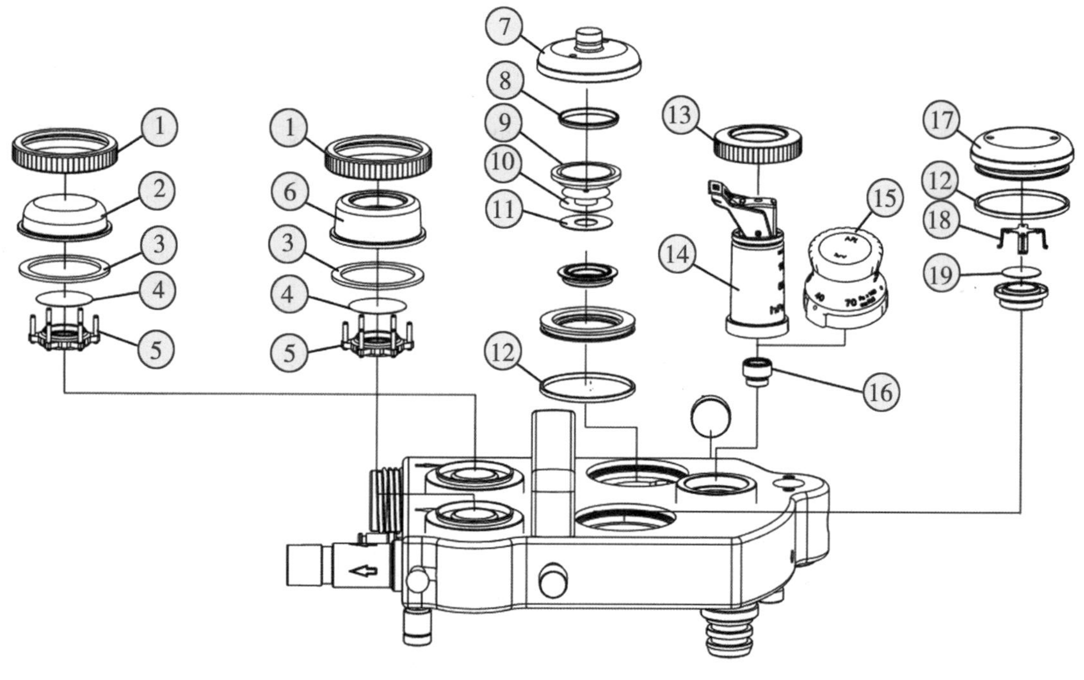


图 2-2-3　麻醉呼吸回路爆炸图（二）

## 四、麻醉呼吸回路（三）

| 序号 | 商品中文名称 | 商品英文名称/描述 | 商品编码 | 商品描述 |
|---|---|---|---|---|
| 1 | 塑料接头 | ELBOW FITTING ASM | 3917400000 | 软管连接件，塑料（聚酰胺）制，无螺纹 |
| 2 | 塑料制O型圈 | O-RING SEAL | 3926901000 | 用于密封，硅胶制 |
| 3 | 塑料垫圈 | PACKING RING | 3926901000 | 机器及仪器用塑料垫圈，起填充密封作用，塑料（硅树脂）制 |
| 4 | 夹紧螺栓 | CLAMPING SCREW | 7415339000 | 铜锌合金制，为阀接口夹紧，带滚花头 |
| 5 | 止回阀 | NONRETURN VALVE | 8481300000 | 用于单向通气，防止气体倒流，钢制 |
| 6 | 接头盖 | CAP | 3926901000 | 回路中接头外部的保护盖 |
| 7 | 回路顶盖 | ABSORBER TOP, CPL. | 9018907010 | 呼吸回路中通气连接部件 |
| 8 | 呼吸回路吸收罐 | ABSORBER ASM | 9019200000 | 在呼吸回路中填装钠钙石灰容器的通气吸收回路，用于承装和通气 |
| 9 | 塑料垫圈 | DISC WITH SEALING LIP | 3926901000 | 为螺栓紧固，塑料（氟橡胶）制 |
| 10 | 铜接头 | COUPLING | 7412209000 | 连接管道，铜锌合金制 |
| 11 | 塑料密封圈 | O-RING | 3926901000 | 机器及仪器用硅胶密封圈，起气体密封作用，塑料（硅胶）制 |
| 12 | 塑料接头 | BAG ELBOW FITTING OUTER CONE ASM | 3917400000 | 软管连接件，塑料（聚酰胺）制，无螺纹 |

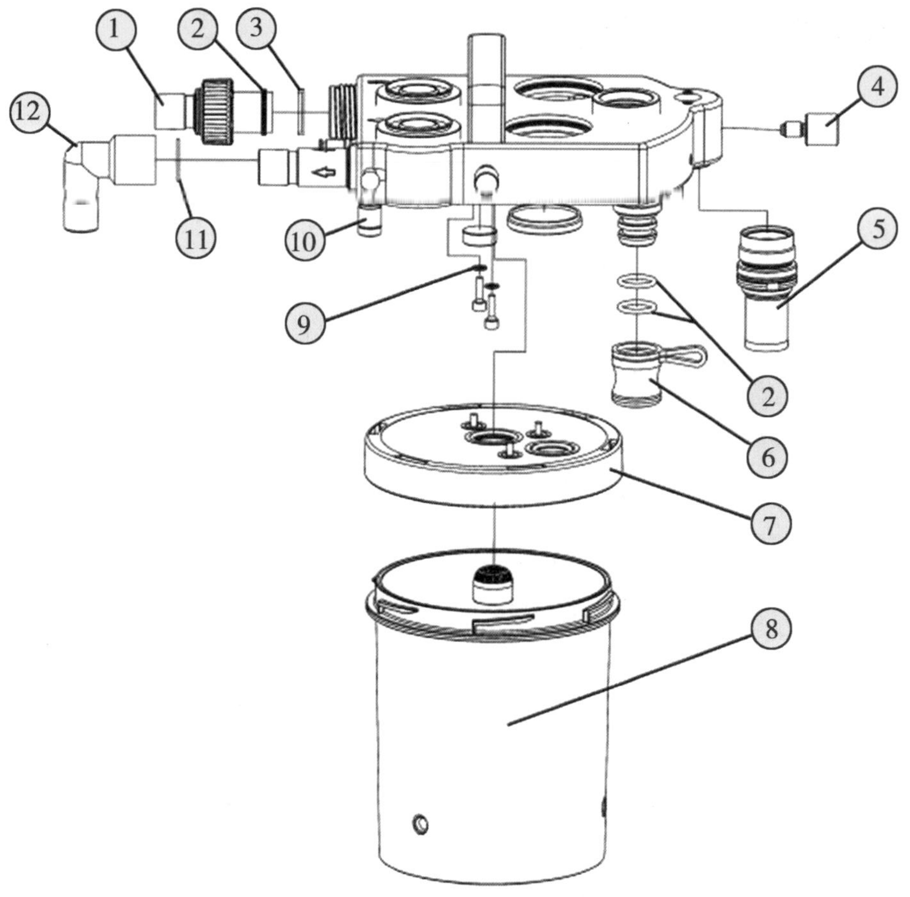


图 2-2-4　麻醉呼吸回路爆炸图（三）

## 五、麻醉蒸发器固定和连接通气装置

| 序号 | 商品中文名称 | 商品英文名称/描述 | 商品编码 | 商品描述 |
|---|---|---|---|---|
| 1 | 铜固定块 | SUPPORT | 7419999100 | 用于麻醉机机架上支撑固定各种设备，铜合金制 |
| 2 | 塑料自粘标签 | WARNING LABEL | 3919909090 | 用于医疗设备的警示标签，非成卷，单面自粘，塑料膜 |
| 3 | 铜固定块 | CAM-LOCK | 7419999100 | 铜合金制，用于麻醉蒸发器固定架上支撑固定设备部件，机械加工 |
| 4 | 螺口塞 | SOCKET PIN | 8309900000 | 圆形，铜合金塞子 |
| 5 | 黏合剂 | ELASTOSIL E41 90ml RoHS | 3506100090 | 用于零件黏合，包装小于1kg |
| 6 | 阀门顶块 | TAPPET | 8481901000 | 阀门零件，单向阀顶块，铜合金制 |
| 7 | 阀座圈 | VALVE SEAT RING | 8481901000 | 用于阀芯固定和密封 |
| 8 | 不锈钢珠 | BALL 8.0 G20 DIN5401 | 8482910000 | 麻醉蒸发器固定支架的旋塞开关零件，直径50.8mm |
| 9 | 塑料密封圈 | O-RING | 3926901000 | 机器及仪器用硅胶密封圈，起气体密封作用 |
| 10 | 铜接头 | SCREW CONNECT | 7412209000 | 用于设备和气管的连接，黄铜制 |
| 11 | 钢铁制螺旋弹簧 | SPRING | 7320209000 | 合金钢，阀门用螺旋弹簧 |
| 12 | 滚珠 | BALL 4mm III DIN5401-X45CR13 | 8482910000 | 插销上顶住弹簧用并使插销顺利移动卡位，直径4mm |
| 13 | 不锈钢插销柄 | PIN | 8302420000 | 与家具等通用，不锈钢制 |
| 14 | 麻醉机挥发罐选择插销 | PIN | 9018907010 | 用于电子式麻醉机 |

续表

| 序号 | 商品中文名称 | 商品英文名称/描述 | 商品编码 | 商品描述 |
|---|---|---|---|---|
| 15 | 螺钉 | SCREW AM2×4 DIN963-A4 | 7318159090 | 不锈钢制，冷拔开槽，柄直径2mm，长度4mm，抗拉强度小于500MPa |
| 16 | 塑料自粘标签 | LABLE | 3919909090 | 蒸发罐连接支架上的标识和提示用，非成卷，单面自粘 |
| 17 | 麻醉机挥发罐支架 | DOUBLE PLUG-IN CONNECTOR | 9018907010 | 用于电子式麻醉机 |

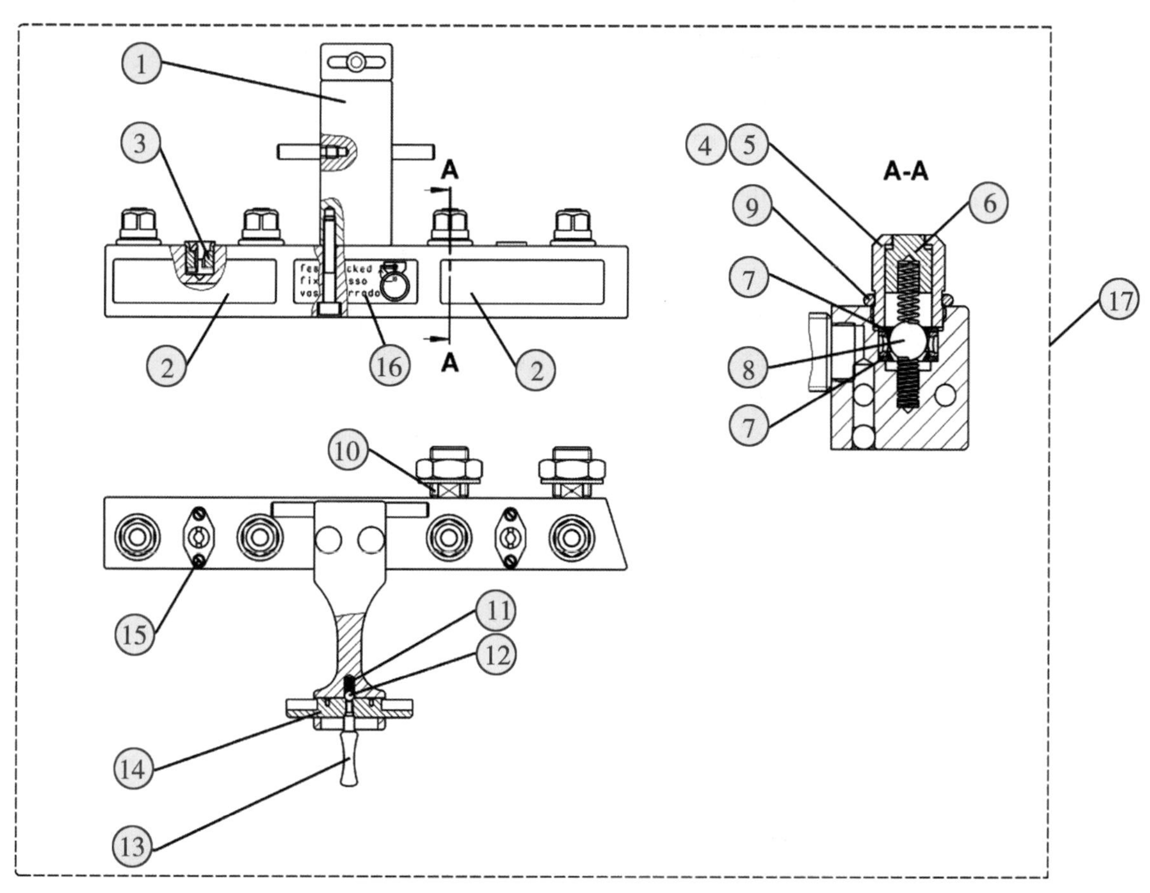


图 2-2-5　麻醉蒸发器固定和连接通气装置爆炸图

## 六、控制阀和气体过滤套件装置

| 序号 | 商品中文名称 | 商品英文名称/描述 | 商品编码 | 商品描述 |
|---|---|---|---|---|
| 1 | 气体过滤器 | BACTERIA FILTER | 8421399090 | 用于气体物理过滤，非电动 |
| 2 | 有接头电缆 | CABLE ASM-PNEUCONTROL | 8544421100 | 为电池阀、泵等提供电流及传感信息传递用，低于80V |
| 3 | 气压控制阀 | PEEP-VALVE ASSEMBLY | 8481202000 | 用于调节和控制气体压力，用于气动传动系统 |
| 4 | 麻醉机用空气泵 | PUMP ASSEMBLY | 8414809090 | 输送管路中气体 |
| 5 | 自攻螺丝 | CHEESE HEAD SCREW AM3×10 | 7318140090 | 自攻螺钉，不锈钢制，柄直径3mm，内六角头 |
| 6 | 橡胶固定件 | DAMPERDEVICE | 4016991090 | 泵下避震，橡胶制 |
| 7 | 阀围框 | MUFFLER | 8481901000 | 塑料制成的电动阀的特定外壳部分 |
| 8 | 塑料垫片 | GASKET | 3926901000 | 用于密封，塑料（硅胶）制 |

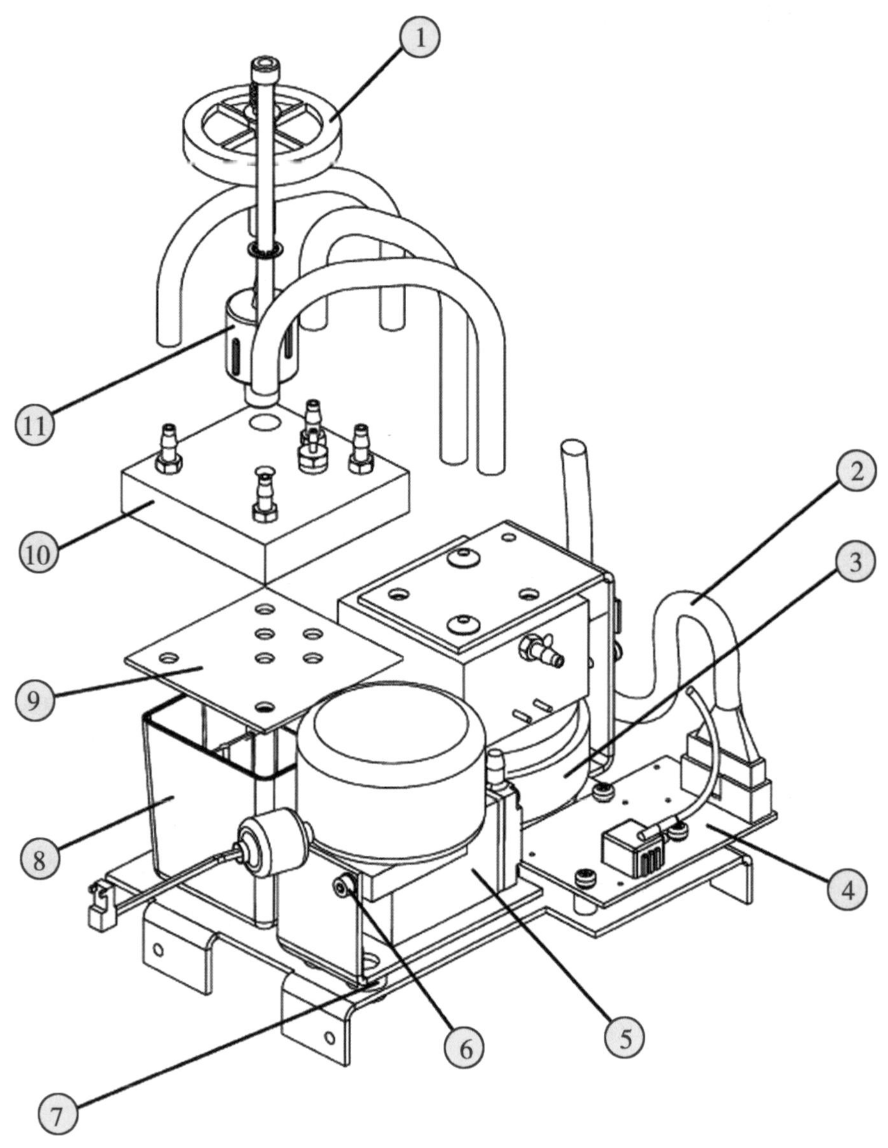


图 2-2-6 控制阀和气体过滤套件装置爆炸图

## 七、麻醉新鲜气体流量计和阀门

| 序号 | 商品中文名称 | 商品英文名称/描述 | 商品编码 | 商品描述 |
|---|---|---|---|---|
| 1 | 压力表 | PRESSURE GAUGE | 9026209090 | 用于医疗设备通气管路对气压的显示 |
| 2 | 流量计用测量管 | MEASURING TUBE $N_2O$（0.02 TO 0.5L/MIN） | 9026900000 | 流量计中显示气体的测量管，带有刻度 |
| 3 | 流量计用测量管 | MEASURING TUBE $N_2O$（0.55 TO 10L/MIN） | 9026900000 | 流量计中显示气体的测量管，带有刻度 |
| 4 | 旋钮标识盖板 | CAP, BLUE | 3926901000 | 机器及仪器用，卡在旋钮上显示其标识作用的盖板，塑料制 |
| 5 | 旋钮标识盖板 | CAP, BLACK/WHITE | 3926901000 | 机器及仪器用，卡在旋钮上显示其标识作用的盖板，塑料制 |
| 6 | 塑料旋钮 | CONTROL KNOP ISO, WITHOUT CAP | 3926901000 | 机器及仪器用，起调节阀门的作用 |
| 7 | 旋钮标识盖板 | CAP, WHITE | 3926901000 | 机器及仪器用，卡在旋钮上显示其标识作用的盖板，塑料制 |
| 8 | 流量计用测量管 | MEASURING TUBE $O_2$（0.02 TO 0.5L/MIN） | 9026900000 | 流量计中显示气体的测量管，带有刻度 |
| 9 | 流量计用测量管 | MEASURING TUBE $O_2$（0.55 TO 12L/MIN） | 9026900000 | 流量计中显示气体的测量管，带有刻度 |
| 10 | 流量计用测量管 | MEASURING TUBE AIR（0.2 TO 12L/MIN） | 9026900000 | 流量计中显示气体的测量管，带有刻度 |

续表

| 序号 | 商品中文名称 | 商品英文名称/描述 | 商品编码 | 商品描述 |
|---|---|---|---|---|
| 11 | 塑料密封圈 | O-RING SEAL | 3926901000 | 机器及仪器用塑料密封圈，起气体密封作用，塑料（硅胶）制 |
| 12 | 螺旋弹簧 | SPRING | 7320209000 | 流量计中气流变小后使膜片复位，不锈钢制 |
| 13 | 玻璃片 | PANE | 7007290000 | 用于麻醉机流量计的盖板，层压 |
| 14 | 流量调节阀用阀针组件 | SLOW MOTION VALVE COMPONENT | 8481901000 | 用于麻醉机流量计流量调节阀 |
| 15 | 铜接头 | ANGLE CONNECTION | 7412209000 | 软管连接件，由加工过的铜与锌合金制成，带螺纹 |
| 16 | 塑料环 | THRUST COLLAR 4, BLUE | 3926901000 | 接头外颜色标识，机器及仪器用，塑料制 |
| 17 | 气体比例控制阀 | S-ORC | 8481804090 | 用于两种气体混合并以一定浓度比例输出 |
| 18 | 塑料制O型圈 | O-RING | 3926901000 | 用于密封，硅胶制 |
| 19 | 铜接头 | PLUG-TYPE CONNECTION | 7412209000 | 为固定在气路上连接通气，黄铜接头 |
| 20 | 塑料垫片 | THRUST COLLAR 6, WHITE | 3926901000 | 机器及仪器用塑料接头垫片，起保护作用 |
| 21 | 塑料旋钮 | CONTROL KNOB A 1 WITHOUT CAP | 3926901000 | 机器及仪器通用，起调节阀门的作用 |
| 22 | 安全阀 | SAFETY VALVE | 8481400000 | 用于医疗设备中气体管路压力过高的自动操作控制，直径10mm |

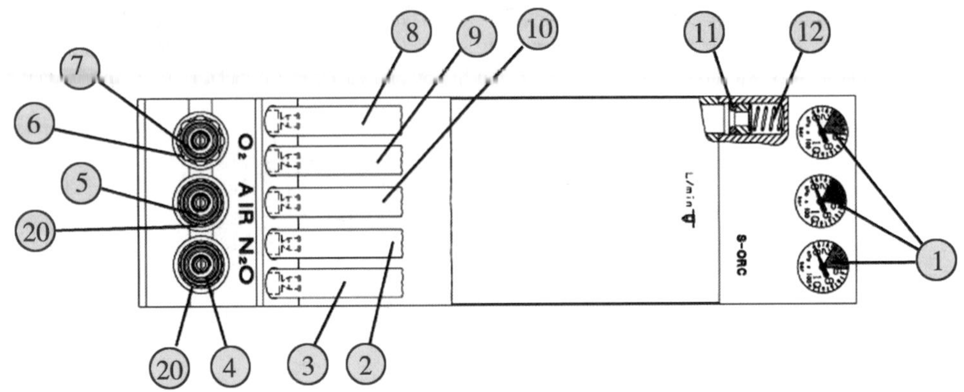


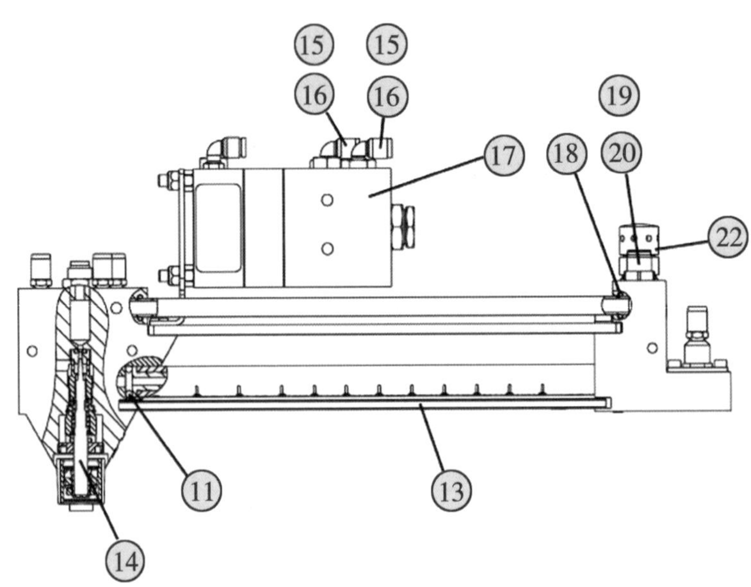


图 2-2-7　麻醉新鲜气体流量计和阀门爆炸图

## 八、电源与机壳相关的连接

| 序号 | 商品中文名称 | 商品英文名称/描述 | 商品编码 | 商品描述 |
| --- | --- | --- | --- | --- |
| 1 | 麻醉机顶盖 | TOP COVER ASM | 9018907010 | 麻醉机外壳的一部分 |
| 2 | 锂电池 | BATTERY, LI., 3V/300mAa RoHS | 8506500000 | 用于医疗设备线路板上低电源供应，容量 300mAh |
| 3 | 麻醉机专用线路板 | PBA CONTROL II | 9018907010 | 带有电子元件的麻醉机专用线路板，用于麻醉机的运行管理，无控制功能 |
| 4 | 铝电解电容组 | CHARGE CAPACITORS CABLE | 8532229000 | 铝质非片式 |
| 5 | 麻醉机专用线路板 | PBA AUX RS232 | 9018907010 | 用于麻醉机上信号的处理与传输 |
| 6 | 麻醉机用气动装置 | PMEUMATIC | 9018907010 | 用于麻醉机上气路通气和传感器信息连接的部件 |
| 7 | 麻醉机专用线路板 | PBA COM FILTER | 9018907010 | 电子式麻醉机上带有电子元件滤除杂波信号，共模被动滤波 |
| 8 | 开关 | POWER SWITCH CABLE | 8536500000 | 设备电源开关 |
| 9 | 有接头电缆 | FLOW SENSOR CABLE 1.7m | 8544422100 | 用于连接传感器提供信息，有接头、非同轴，大于 80V 小于等于 1000V |
| 10 | 铜接头 | HOSE FITTING | 7412209000 | 用于管道连接，黄铜接头 |
| 11 | 有接头电缆 | $O_2$ INTERFACE CABLE | 8544422100 | 传输电力和数据，有接头，大于 80V 小于等于 1000V |

续表

| 序号 | 商品中文名称 | 商品英文名称/描述 | 商品编码 | 商品描述 |
|---|---|---|---|---|
| 12 | 电源组件 | REAR PANEL | 8504401400 | 以为设备提供稳压电源为主，带有通气接口等；稳压电源由插座、开关、AC/DC 变流器、滤波器、充电器等组成，功率120W，精度±2% |
| 13 | 铅酸电池 | BATTERY SET | 8507200000 | 用于供电，铅酸材质，容量为3Ah，额定电压为12V |
| 14 | 麻醉机操作面板套件 | OPERATING DEVICE | 8537109090 | 用于麻醉机，通过显示和面板输入与设备线路板等控制连接的操作 |
| 15 | 铜接头 | FITTING | 7412209000 | 用于连接气管，黄铜接头 |

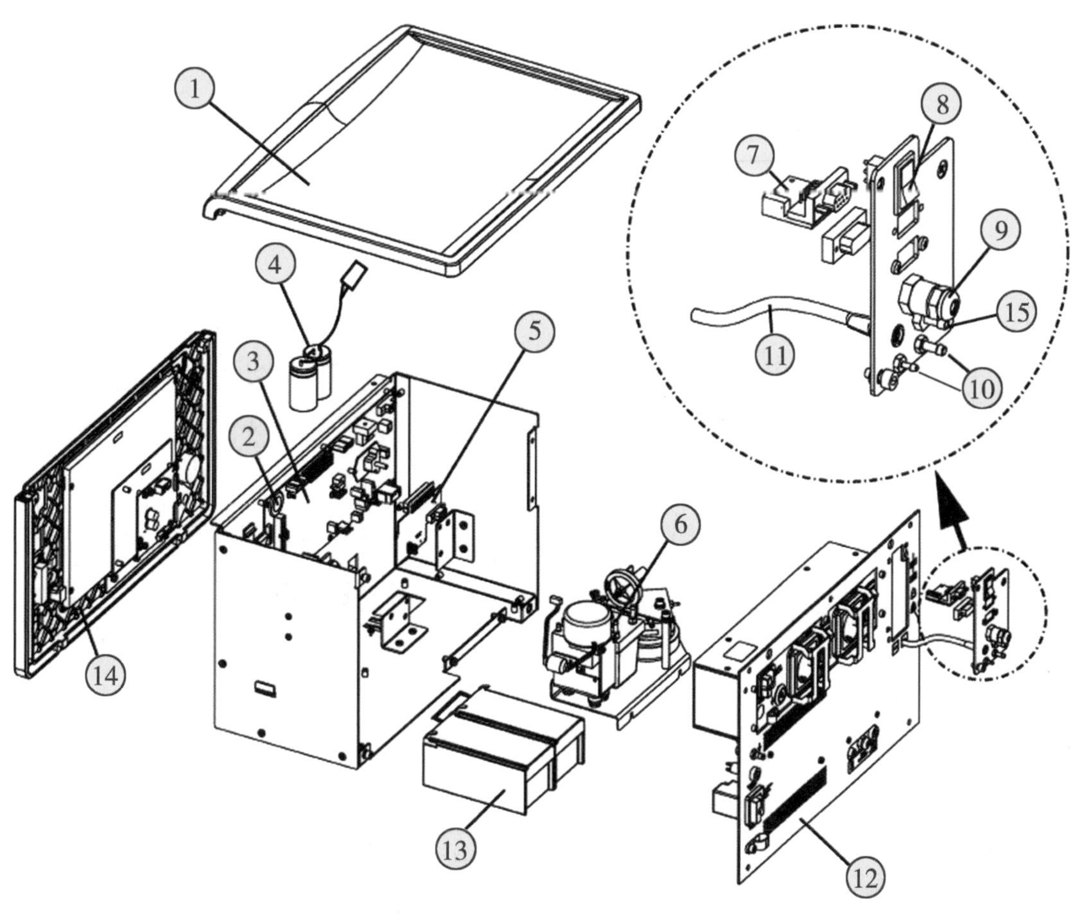


图 2-2-8 电源与机壳相关连接的爆炸图

## 九、操作和显示设备

| 序号 | 商品中文名称 | 商品英文名称/描述 | 商品编码 | 商品描述 |
|---|---|---|---|---|
| 1 | 麻醉机控制面板 | FRONT FRAME ASM | 8537109090 | 用于麻醉机，通过面板上键盘输入外部指令 |
| 2 | 液晶面板 | SPARE PART FOR AUO LCD | 9013803020 | 用于麻醉机，液晶、10.4 英寸，带有背光模组的液晶面板 |
| 3 | 有接头电线 | LUCY 2 XL LVDSCABLE | 8544421900 | 传输电力和数据，有接头、非同轴，小于 80V |
| 4 | 麻醉机用线路板 | PBA LUCY 2XL | 9018907010 | 麻醉设备的有源组件印刷电路板，用于信息和数据的处理 |
| 5 | 连接线 | LUCY 2XL TO AUOPOWER CABLE | 8544421900 | 用于医疗设备显示屏线路板的电源传输，有接头，额定电压小于 80V |
| 6 | 模数转换器 | OPT. ENCODER W. BUTTON 24POS 500V | 8543709990 | 用于医疗设备控制面板光电信号的转换 |
| 7 | 塑料垫圈 | COLOR RING MOBIPRIMUS IE | 3926901000 | 用于结构支撑 |
| 8 | 塑料旋钮 | ROTARY KNOB | 3926901000 | 通用于机器及仪器的旋钮，复合塑料 ASA-PC 制 |

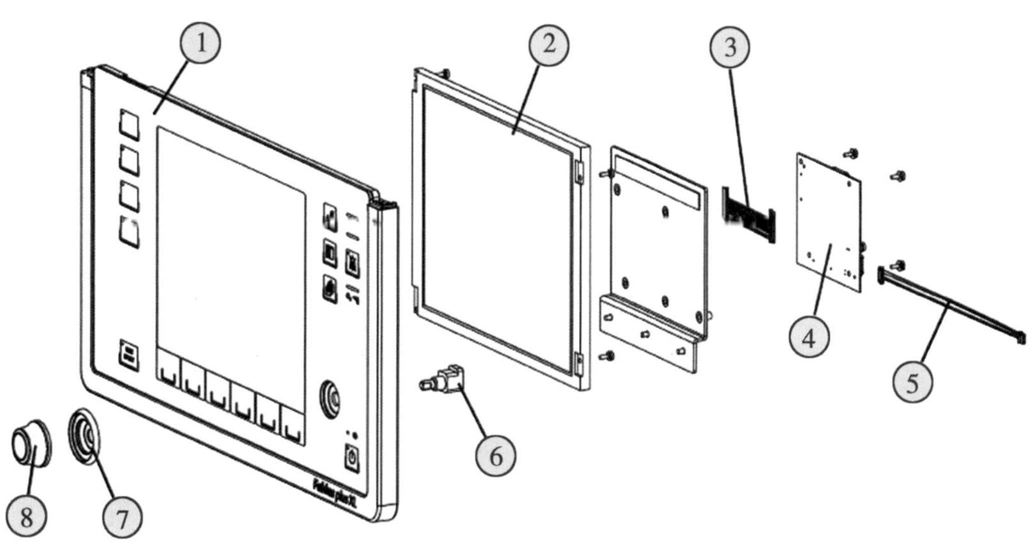


图 2-2-9　操作和显示设备爆炸图

## 十、麻醉设备机架

| 序号 | 商品中文名称 | 商品英文名称/描述 | 商品编码 | 商品描述 |
|---|---|---|---|---|
| 1 | 封盖 | PLUG | 3923500000 | 机架框管口的封盖，塑料（乙烯聚合物）制 |
| 2 | 抽屉导轨 | SLIDEDRAWER-FAB TIRO | 8302420000 | 钢铁制 |
| 3 | 塑料轮子 | CASTOR WITH FIXING | 8302200000 | 用贱金属做支架的小脚轮 |
| 4 | 抽屉导轨 | DRAWERSLIDER | 8302420000 | 用于医疗家具抽屉的安装，机架用钢铁导轨 |
| 5 | 麻醉机机架抽屉 | WELDASM DRAWER FAB | 9402900000 | 麻醉机机架的抽屉，无附属装置，不带医疗用具 |

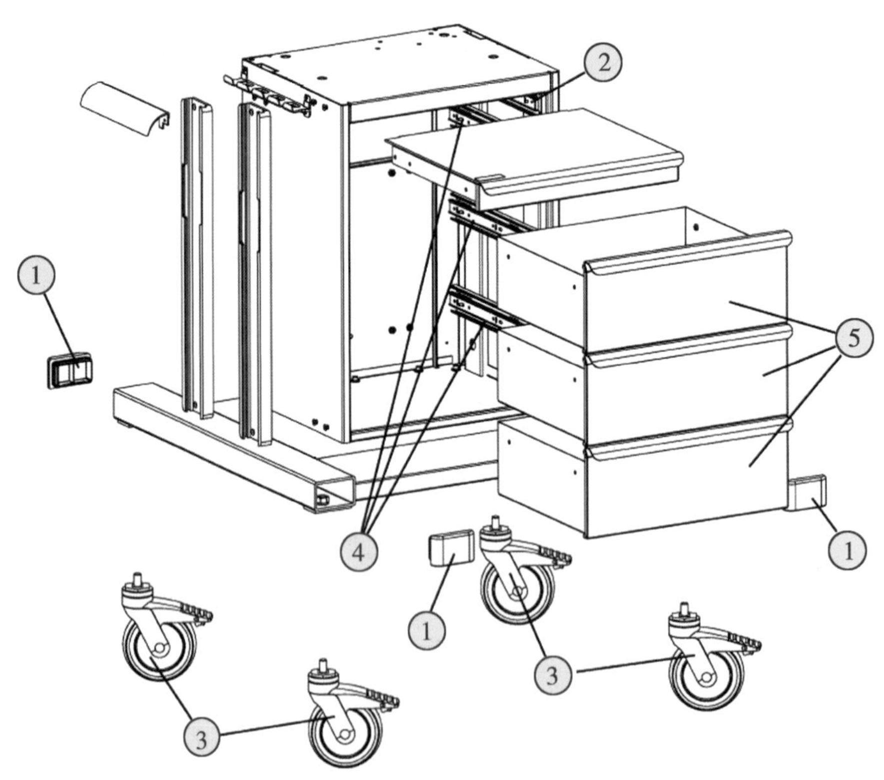


图 2-2-10　麻醉设备机架爆炸图

## 十一、麻醉设备易耗件

| 序号 | 商品中文名称 | 商品英文名称/描述 | 商品编码 | 商品描述 |
|---|---|---|---|---|
| 1 | 以电池为主的保养套件 | FABIUS GS SERVSET (3 YEARS) | 8507200000 | 用于麻醉机保养的套件，以铅酸电池为主；容量为3.5Ah，额定电压为12V |
| 2 | 活塞上滚膜 | PISTON DIAPHRAGM, CAP | 4016991090 | 起密封作用，硫化橡胶制 |
| 3 | 气体过滤器 | BACTERIA FILTER | 8421399090 | 物理过滤气体，非电动 |
| 4 | 塑料密封圈 | O-RING 105×4 | 3926901000 | 机器及仪器用密封圈，起密封作用 |
| 5 | 锂电池 | BATTERY, LI., 3V/300mAh RoHS | 8506500000 | 用于医疗设备线路板上低电源供应，容量300mAh |
| 6 | 塑料垫圈 | GASKET | 3926901000 | 机器及仪器用塑料垫圈，起填充密封作用 |
| 7 | 塑料密封圈 | O-RING | 3926901000 | 机器及仪器用硅胶密封圈，起气体密封作用 |
| 8 | 铅酸电池 | BATTERY SET FABIUS | 8507200000 | 用于供电，容量为3Ah，额定电压为12V |
| 9 | 橡胶活塞下滚膜 | DIAPHRAGM, PISTEN | 4016991090 | 起密封作用，硫化橡胶制 |

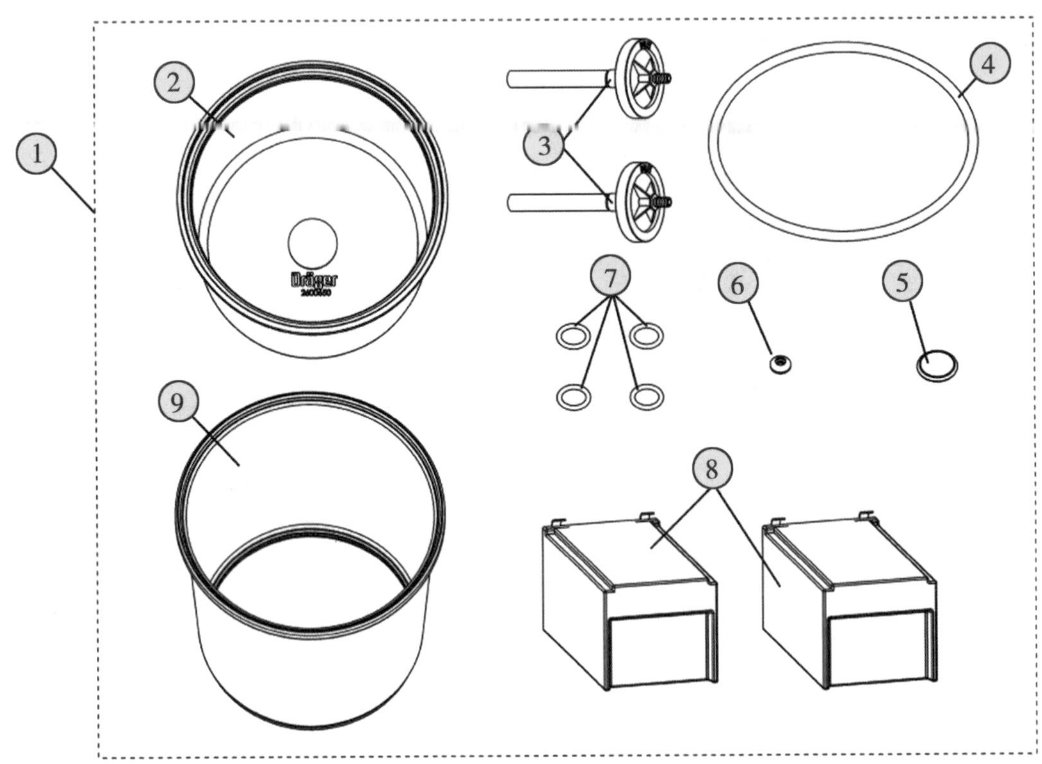


图 2-2-11　麻醉设备易耗件爆炸图

## 十二、病人端消耗附件

| 序号 | 商品中文名称 | 商品英文名称/描述 | 商品编码 | 商品描述 |
|---|---|---|---|---|
| 1 | 麻醉机用呼吸管路组件 | BLUE SET ANESTHESIA（P/A） | 9018907010 | 用于麻醉类设备与患者之间输送呼吸气体的连接，带皮囊接头等，用于电子麻醉机 |
| 2 | 麻醉机用呼吸管路组件 | BLUE SET ANESTHESIA（N） | 9018907010 | 用于麻醉类设备与患者之间输送呼吸气体的连接，带皮囊接头等，用于电子麻醉机 |
| 3 | 过滤器 | MECHANICAL FILTER SAFESTAR 55 | 8421399090 | 麻醉和呼吸机用，带纤维滤膜的过滤器。在呼吸管路系统中用于过滤水分，有助于呼吸清洁的空气 |
| 4 | 麻醉机用面罩 | MASKSILICONE INF SMALL 0 REUS | 9018907010 | 将麻醉机提供的医疗气体引入患者的上气道 |
| 5 | 麻醉机用面罩 | MASKSILICONE INF LARGE 1 REUS | 9018907010 | 将麻醉机提供的医疗气体引入患者的上气道 |
| 6 | 麻醉机用面罩 | MASKSILICONE CHILD SM 2 REUS | 9018907010 | 将麻醉机提供的医疗气体引入患者的上气道；电子式麻醉机上使用 |
| 7 | 麻醉机用面罩 | MASKSILICONE CHILD LG 3 REUS | 9018907010 | 将麻醉机提供的医疗气体引入患者的上气道；电子式麻醉机上使用 |
| 8 | 麻醉机用面罩 | MASKSILICONE ADULT SM 4 REUS | 9018907010 | 将麻醉机提供的医疗气体引入患者的上气道；电子式麻醉机上使用 |
| 9 | 麻醉机用面罩 | MASKSILICONE ADULT LG 5 REUS | 9018907010 | 将麻醉机提供的医疗气体引入患者的上气道；电子式麻醉机上使用 |

续表1

| 序号 | 商品中文名称 | 商品英文名称/描述 | 商品编码 | 商品描述 |
| --- | --- | --- | --- | --- |
| 10 | 钠石灰 | DRACER SORB 800 PLUS（5L） | 3824999990 | 用于吸收麻醉装置中的二氧化碳、氢氧化钙等，包装规格为5L |
| 11 | 气体流量计 | FLOW SENSOR（5X） | 9026801000 | 电子检测进入麻醉机和呼吸机中的气体流量 |
| 12 | 氧浓度传感器 | $O_2$ SENSOR（CAPSULE） | 9027809900 | 用于电化学转换计量，测量氧气浓度 |
| 13 | 麻醉机吸收罐接口 | CLIC ADAPTER | 9018907010 | 用于电子式麻醉机吸收罐专用的连接口 |
| 14 | 过滤器 | FILTER CARE STAR 45A | 8421399090 | 连接呼吸管道，过滤水分、细菌等 |
| 15 | 过滤器 | FILTER CARE STAR 30A | 8421399090 | 连接呼吸管道，过滤水分、细菌等 |
| 16 | 过滤器 | FILTER CARE STAR 40A | 8421399090 | 连接呼吸管道，过滤水分、细菌等 |
| 17 | 过滤器 | FILTER SAFE STAR 80A | 8421399090 | 连接呼吸管道，过滤水分、细菌等 |
| 18 | 过滤器 | FILTER SAFE STAR 55A | 8421399090 | 连接呼吸管道，过滤水分、细菌等 |
| 19 | 过滤器 | FILTER SAFE STAR 60A | 8421399090 | 连接呼吸管道，过滤水分、细菌等 |
| 20 | 呼吸系统过滤器和热湿交换器 | FILTER/HME TWIN STAR 65A | 8479899990 | 用于麻醉和呼吸系统中细菌等的过滤，以及为患者提供润湿呼吸气体，起过滤和增湿作用 |

续表2

| 序号 | 商品中文名称 | 商品英文名称/描述 | 商品编码 | 商品描述 |
|---|---|---|---|---|
| 21 | 呼吸系统过滤器和热湿交换器 | FILTER/HME TWIN STAR 90A | 8479899990 | 用于麻醉和呼吸系统中细菌等的过滤，以及为患者提供润湿呼吸气体，起过滤和增湿作用 |
| 22 | 呼吸系统过滤器和热湿交换器 | FILTER/HME TWIN STAR 10A | 8479899990 | 用于麻醉和呼吸系统中细菌等的过滤，以及为患者提供润湿呼吸气体，起过滤和增湿作用 |
| 23 | 呼吸系统过滤器和热湿交换器 | FILTER/HME TWIN STAR 8A | 8479899990 | 用于麻醉和呼吸系统中细菌等的过滤，以及为患者提供润湿呼吸气体，起过滤和增湿作用 |
| 24 | 呼吸系统过滤器和热湿交换器 | FILTER/HME TWIN STAR 25A | 8479899990 | 用于麻醉和呼吸系统中细菌等的过滤，以及为患者提供润湿呼吸气体，起过滤和增湿作用 |
| 25 | 呼吸系统过滤器和热湿交换器 | FILTER/HME TWIN STAR HEPA | 8479899990 | 用于麻醉和呼吸系统中细菌等的过滤，以及为患者提供润湿呼吸气体，起过滤和增湿作用 |
| 26 | 呼吸系统过滤器和热湿交换器 | FILTER/HME TWIN STAR 55A | 8479899990 | 用于麻醉和呼吸系统中细菌等的过滤，以及为患者提供润湿呼吸气体，起过滤和增湿作用 |
| 27 | 钠石灰过滤器 | CLIC ABSORBER 800+ | 8421399090 | 用于吸收呼吸气体中的二氧化碳、水汽，起化学反应，非电动 |
| 28 | 积水杯 | WATER LOCK | 8421399090 | 用于吸收呼吸气体中的二氧化碳、水汽 |
| 29 | 有接头塑料软管 | SAMPLE LINE SET (10 PCS.) | 3917330000 | 气体采样管，塑料（乙烯）制，有附件，爆破压力小于27.6MPa |

续表3

| 序号 | 商品中文名称 | 商品英文名称/描述 | 商品编码 | 商品描述 |
|---|---|---|---|---|
| 30 | 呼吸回路系统 | VENTSET BASIC | 9033000090 | 用于麻醉设备或呼吸器的传导，控制呼吸气体的呼吸软管系统 |
| 31 | 呼吸回路系统 | ANESTHESIASET BASIC LATEXFREE | 9033000090 | 用于麻醉设备或呼吸器的传导，控制呼吸气体的呼吸软管系统 |

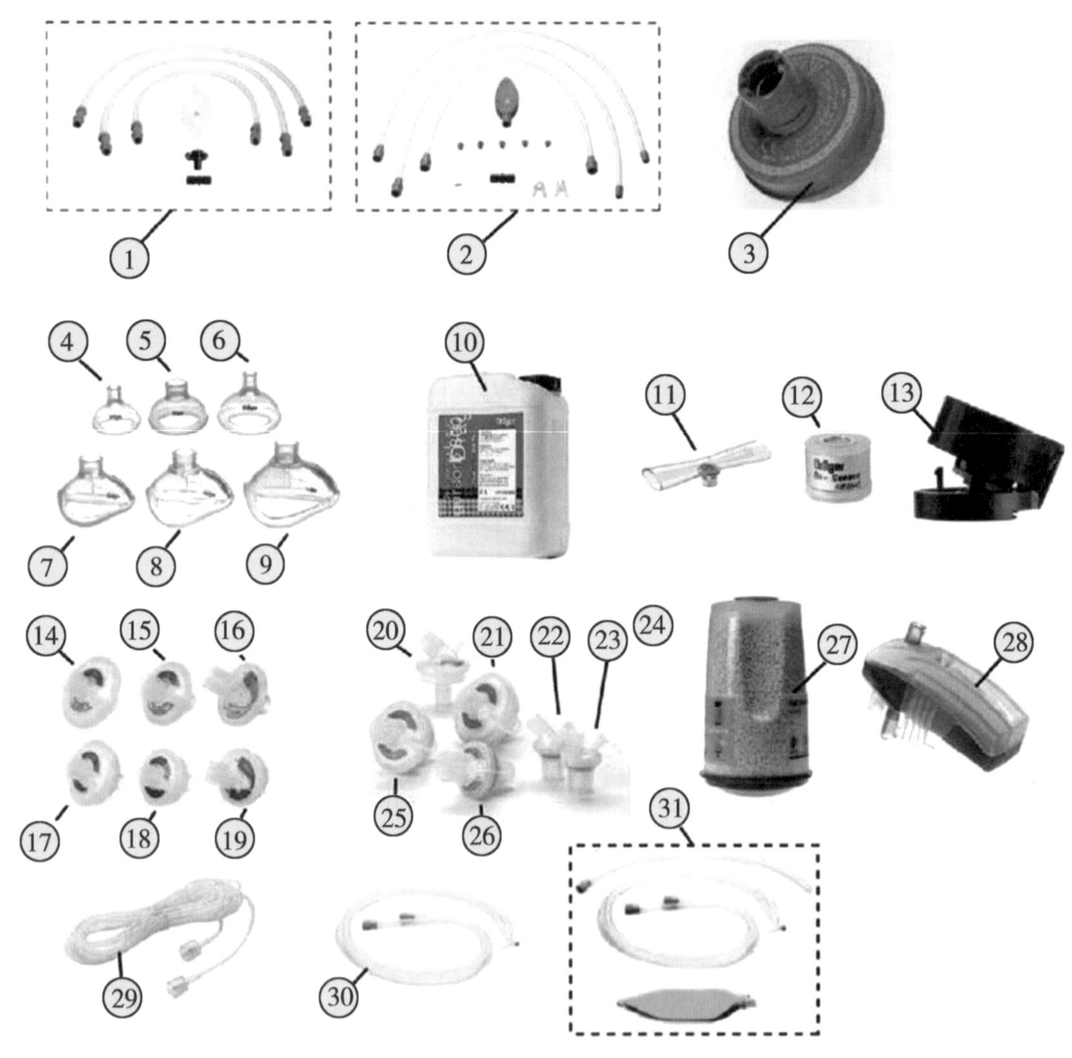


图 2-2-12　病人端消耗附件爆炸图

# 第三节　急救呼吸机

急救呼吸机是具备时间控制、容量恒定、流速切换的便携式急救呼吸机，保障通气治疗并监测患者的通气参数。它有多种通气模式：间歇正压通气（IPPV），同步间歇正压通气（SIPPV），同步间歇指令通气（SIMV）等。它的产品特点是内置监测、快速简易设定、广泛适用于成人及儿童、完全无须电源（100% 气动）、极端坚固的设计，适用于现场伤员急救，陆地、海上及空中伤员或患者转运，院内病人急诊室等场合。

该产品成功通过电击、震动、撞击、高空坠落测试，通过抗雷达、电台及副机干扰，集合了坚固耐用及出众的通气表现。目前，该产品也已成为国际社会推荐的急救呼吸装备。

进入 21 世纪，随着产品生产技术的成熟、监测技术的更新、急救和临床需求的不断提升，二氧化碳监测、数据传输（如无线传输）、远程维护等功能也将日臻完善。

## 一、急救呼吸机

| 序号 | 商品中文名称 | 商品英文名称/描述 | 商品编码 | 商品描述 |
|---|---|---|---|---|
| 1 | 急救呼吸机 | EMERGENCY VENTILATOR | 901920000 | 主要用于紧急救护车、事故发生地、医院急诊及转运，维持病人的呼吸 |

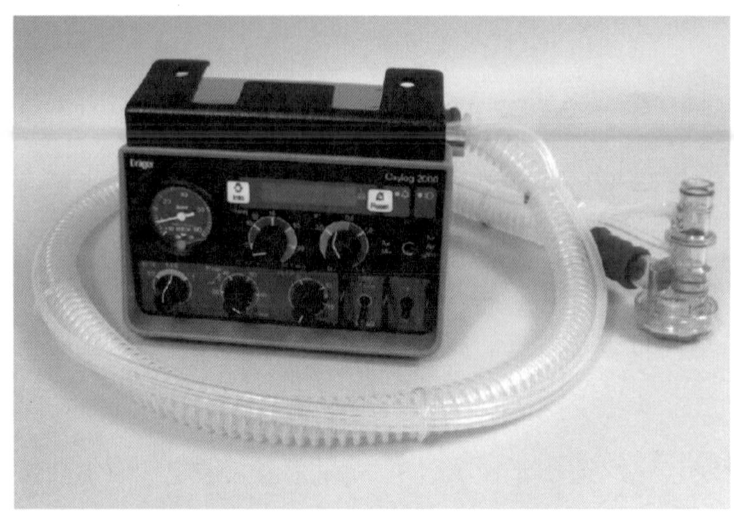

图 2-3-1　急救呼吸机示意图

## 二、急救呼吸机操作面板装置

| 序号 | 商品中文名称 | 商品英文名称/描述 | 商品编码 | 商品描述 |
|---|---|---|---|---|
| 1 | 开关 | BOW | 8536500000 | 设备电源开启用 |
| 2 | 塑料密封圈 | O-RING SEAL | 3926901000 | 设备部件间连接密封用 |
| 3 | 不锈钢螺钉 | COUNTERS SCREW ISO7046-2-M3×8-A4 | 7318159090 | 不锈钢螺钉，压制而成，直径3mm，长度8mm，抗拉强度700MPa |
| 4 | 铜螺栓 | BOLT | 7415339000 | 铜与镍合金制成的螺栓 |
| 5 | 铝制安装垫片 | SLEEVE | 7616100000 | 铝合金制的安装件，固定旋钮开关和操作面板 |
| 6 | 螺旋弹簧 | SPRING | 7320209000 | 不锈钢制，螺旋压缩弹簧 |
| 7 | 呼吸机用显示面板 | LC-DISPLAY，CPL. | 9019200000 | 用于显示呼吸机的数据和信息，LCD |
| 8 | 螺母 | HEXAGON NUT ISO4032-M2-A4 | 7318160000 | 不锈钢六角螺母，压制而成，可调节紧固件，孔直径为2mm |
| 9 | 呼吸机专用面板 | FRONT PANEL FRAME | 9019200000 | 呼吸机专用外壳面板，用于固定和显示并与设备部件连接等 |
| 10 | 螺母 | HEXAGON NUT ISO4032-M4-A4 | 7318160000 | 不锈钢六角螺母，压制而成，可调节紧固件，孔直径为3.24mm |
| 11 | 铝制凸垫圈 | CAM PLATE | 7616100000 | 铝合金（AL<99%），挤压成型 |
| 12 | 塑料旋钮 | COVER F. CONTROL KNOB | 3926901000 | 通用于机器及仪器的旋钮，复合塑料制 |
| 13 | 塑料旋钮 | CONTROL KNOB | 3926901000 | 通用于机器及仪器的旋钮，复合塑料制 |
| 14 | 塑料旋钮 | COVER | 3926901000 | 通用于机器及仪器的旋钮，复合塑料制 |

续表1

| 序号 | 商品中文名称 | 商品英文名称/描述 | 商品编码 | 商品描述 |
|---|---|---|---|---|
| 15 | 塑料旋钮 | CAP | 3926901000 | 通用于机器及仪器的旋钮，复合塑料 |
| 16 | 呼吸机专用面板 | FRONT PANEL | 9019200000 | 呼吸机专用外壳面板，用于固定和显示并与设备部件连接等 |
| 17 | 塑料垫片 | GASKET | 3926901000 | 部件间连接起密封和保护作用，塑料制 |
| 18 | 钢铁制管夹 | HOSE CLIP | 7326909000 | 用于固定管子，不锈钢 |
| 19 | 橡胶保护垫套 | CUFF | 4016939000 | 柔性橡胶制成的垫片，非多孔橡胶，氯丁橡胶 |
| 20 | PEEP 控制阀 | PEEP VALVE | 8481804090 | 控制通气条件下，呼气相压力保持正值 |
| 21 | 铜接头 | ANGULAR PORCELAIN BUSH M5 | 7412209000 | 固定在气路上，连接通气，铜锌合金制 |
| 22 | 塑料接头 | ANGLE CONNECTION | 3917400000 | 连接管子，塑料制 |
| 23 | 控制阀 | 3/2-WAY VALVE | 8481804090 | 用手动控制的换向阀 |
| 24 | 铝制角弯接头 | ANGULAR PORCELAIN BUSH M5 | 7409000000 | 铝合金制角弯接头，带螺纹挤压 |
| 25 | 铜接头 | SOCKET M3 | 7412209000 | 固定在气路上，连接通气，铜锌合金制 |
| 26 | 压力表 | PRESSURE GAUGE INT | 9026209090 | 用于测量设备管路中气体压力的金属弹簧机械压力表 |

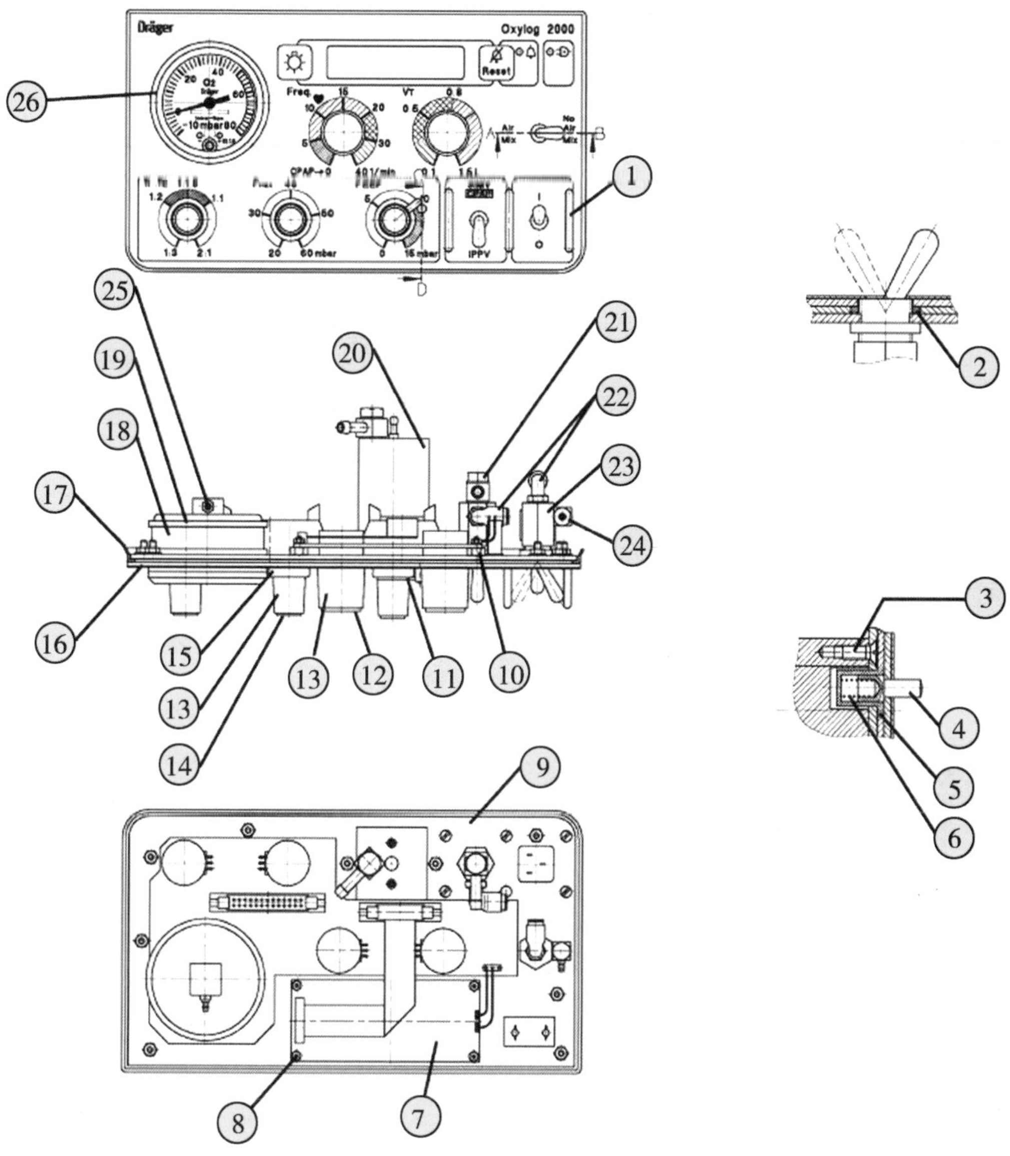


图 2-3-2　急救呼吸机操作面板装置爆炸图

## 三、呼吸通气组件

| 序号 | 商品中文名称 | 商品英文名称/描述 | 商品编码 | 商品描述 |
|---|---|---|---|---|
| 1 | 阀盖 | CAP | 8481901000 | 自动呼吸止回阀上的气盖，不可调节，塑料制 |
| 2 | 塑料分隔膜 | DIAPHRAGM | 8481901000 | 用于止回阀装置中起气体流通过大缓冲作用分隔的膜片，塑料制 |
| 3 | 塑料垫圈 | PACKING RING | 3926901000 | 机器及仪器用密封圈，起密封作用，塑料制 |
| 4 | 塑料密封圈 | O-RING 18. 77mm×1. 78mm | 3926901000 | 连接气体的设备部件，起密封作用 |
| 5 | 塑料分隔膜 | DIAPHRAGM | 8481901000 | 用于过滤装置、呼吸麻醉等设备，起分隔隔离作用的膜片 |
| 6 | 流量传感器 | FLOW SENSOR | 9026801000 | 用于监测气体流量 |

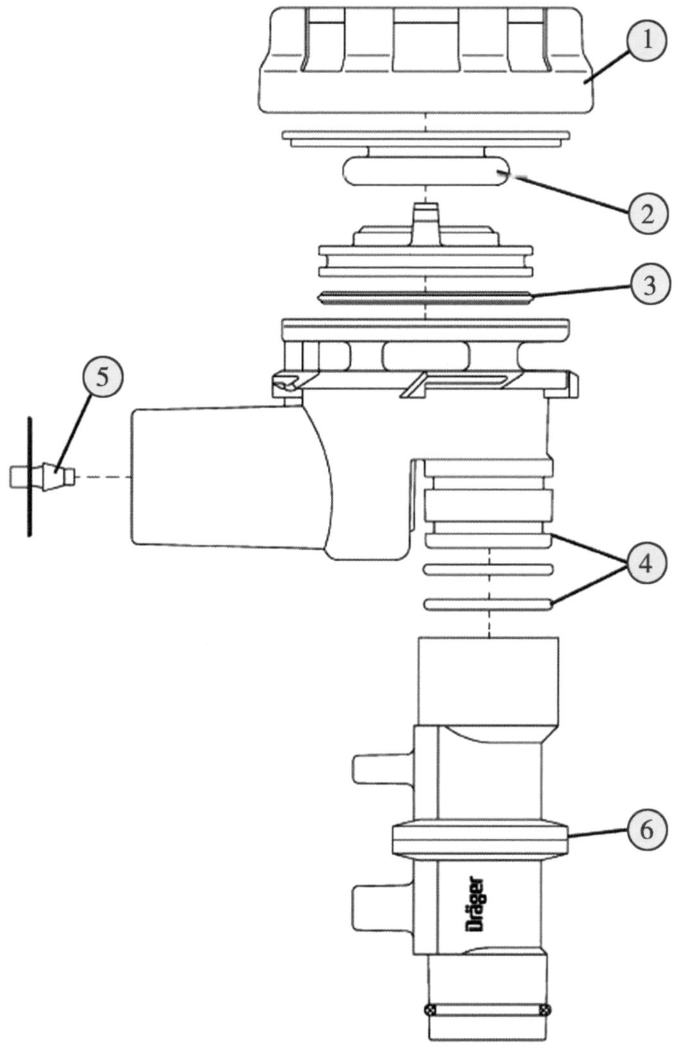


图 2-3-3　呼吸通气组件爆炸图

## 四、各式气源连接用管道

| 序号 | 商品中文名称 | 商品英文名称/描述 | 商品编码 | 商品描述 |
|---|---|---|---|---|
| 1 | 有接头塑料软管 | HOSE 0. 52m DIN/NIST | 3917390000 | 设备上与供气气源连接的、有接头的塑料软管，有合成织物增强，爆破压力小于27. 6MPa |
| 2 | 止回阀 | DIN OXYPLATE | 8481300000 | 塑料软管和气源连接中带有止回阀的接头，单向通气 |
| 3 | 有接头塑料软管 | O2-CONNECTOR TUBE 0. 5m | 3917390000 | 设备上与供气气源连接的、有接头的塑料软管，有合成织物增强，爆破压力小于27. 6MPa |
| 4 | 有接头塑料软管 | ZV-TUBE OXYPLATTE | 3917390000 | 设备上与供气气源连接的、有接头的塑料软管，有合成织物增强，爆破压力小于27. 6MPa |

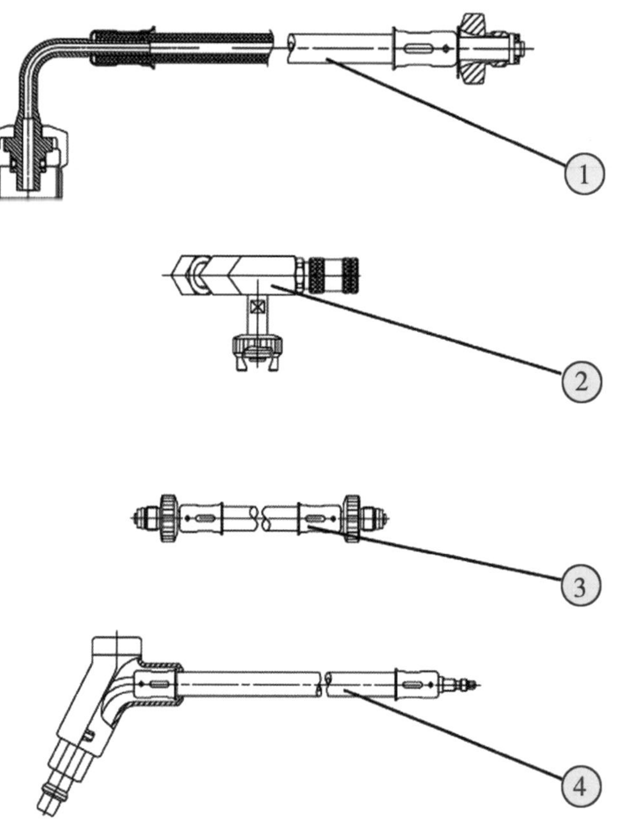


图 2-3-4　各式气源连接用管道爆炸图

## 五、机械通气流量和阀门控制

| 序号 | 商品中文名称 | 商品英文名称/描述 | 商品编码 | 商品描述 |
|---|---|---|---|---|
| 1 | 铜制螺栓 | BOLT | 7415339000 | 铜锌合制的无头螺栓 |
| 2 | 塑料垫圈 | WASHER | 3926901000 | 机器及仪器用塑料垫圈，起填充密封作用，塑料（聚酰胺）制 |
| 3 | 铜制螺栓 | SCREW | 7415339000 | 铜锌合金制，六角，抗拉强度小于 800MPa |
| 4 | 塑料垫圈 | RING | 3926901000 | 机器及仪器用塑料垫圈，起填充密封作用，塑料（聚酰胺）制 |
| 5 | 塑料垫圈 | THRUST COLLAR 6, WHITE | 3926901000 | 机器及仪器用塑料接头垫片，起保护作用，塑料制 |
| 6 | 铜接头 | ANGLE CONNECTION | 7412209000 | 用于连接软管的连接件，黄铜制 |
| 7 | 橡胶密封圈 | PACKING RING | 4016931000 | 橡胶制成的 O 形圈，柔软（柔性），非多孔橡胶 |
| 8 | 气道压力调节片 | E-SET PRESSURE REGULATOR | 8481901000 | 用于气路模块中气路的分隔减压，内径为 6. 15 mm，黄铜制成 |
| 9 | 减压阀 | PRESSURE REGULATOR | 8481100090 | 用于调整输出压力 |
| 10 | 不锈钢螺钉 | COUNTERS. SCREW ISO2009-M3×6-A4 | 7318159090 | 柄直径 3mm，长度 6mm，抗拉强度小于 700MPa |
| 11 | 不锈钢螺钉 | COUNTERS. SCR. AM3×20 DIN963-A2 | 7318159090 | 抗拉强度小于 800MPa |
| 12 | 止回阀 | I：E-VALVE, CPL.（OXYLOG 2000） | 8481300000 | 用于控制气体单向流通 |

续表

| 序号 | 商品中文名称 | 商品英文名称/描述 | 商品编码 | 商品描述 |
|---|---|---|---|---|
| 13 | 控制阀 | I：E-VALVE | 8481804090 | 用于方向控制的歧管电磁阀，由黄铜（合金铜）制成，内径为1.1mm |
| 14 | 电磁流量阀 | MICRO-ELECTROVALVE | 8481803190 | 用于控制管道通气流量 |
| 15 | 设备固定板 | SHEET METAL SUPPORT | 9019200000 | 呼吸机专用的，用于安装部件与壳体，可固定的 |
| 16 | 不锈钢螺钉 | CHEESE HEAD SCREW M3×12 | 7318159090 | 带槽或十字头的不锈钢螺钉，抗拉强度小于800MPa |
| 17 | 不锈钢螺钉 | SCREW 4×6 | 7318159090 | 带槽或十字头的不锈钢螺钉，直径小于4mm，长度小于6mm，抗拉强度小于800MPa |
| 18 | 铜接头 | SOCKET | 7412209000 | 固定在气路或阀门接口上连接通气，铜锌合金制 |
| 19 | 铜连接套件 | ANGULAR PORCELAIN BUSH M 6×0.5 | 7412209000 | 以接头管栓为主的铜锌合金制，由连接头、管栓、密封垫圈等组成 |

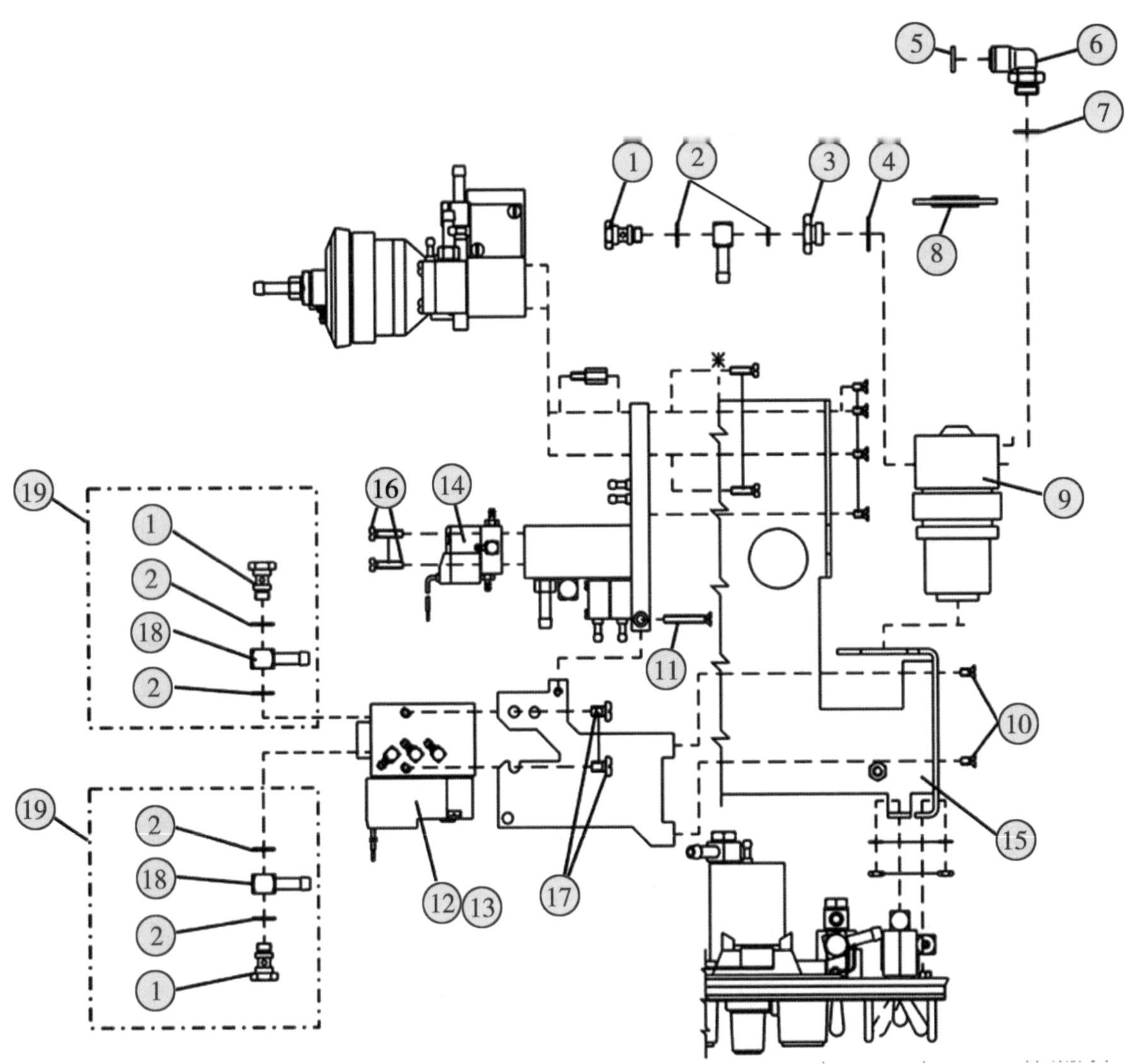


图 2-3-5　机械通气流量和阀门控制结构爆炸图

## 六、流量和阀门控制

| 序号 | 商品中文名称 | 商品英文名称/描述 | 商品编码 | 商品描述 |
|---|---|---|---|---|
| 1 | 特制螺钉 | SCREW | 7415339000 | 铜锌合金制，无头，用于封住气口 |
| 2 | 螺旋弹簧 | SPRING | 7320209000 | 不锈钢制螺旋压缩弹簧 |
| 3 | 垫圈片 | SEALING PLATE | 7318220090 | 不锈钢制成的扁平垫圈 |
| 4 | 阀内箍 | CRATER | 8481901000 | 用于气流模块阀门中阀片和阀体的连接固定 |
| 5 | 塑料密封圈 | O-RING 12×1 | 3926901000 | 用于医疗设备部件内起密封作用；塑料（丙烯聚合物）制 |
| 6 | 止回阀 | NON-RETURN VALVE | 8481300000 | 用于呼吸回路中气体流向的控制，防止气体倒流 |
| 7 | 塑料密封圈 | O-RING 15. 6mm×1. 7mm | 3926901000 | 用于医疗设备部件内，起密封作用；塑料（硅胶）制 |
| 8 | 铜接头 | PLUG-TYPE CONNECTION | 7412209000 | 固定在气路上连接通气用，黄铜制 |
| 9 | 铜接头 | SOCKET M3 | 7412209000 | 固定在气路上连接通气用，铜锌合金制 |
| 10 | 铜滤芯 | SINTERED FILTER G 1/8 SW5 | 8421999090 | 用于呼吸设备气口上气体的过滤，铜合金制 |
| 11 | 塑料垫片 | TOROIDAL SEALING RING | 3926901000 | 阀门和气座间的连接，起密封和保护作用，塑料（氟橡胶）制 |
| 12 | 减压阀 | PRESSURE REGULATOR | 8481100090 | 调整输出压力 |

续表

| 序号 | 商品中文名称 | 商品英文名称/描述 | 商品编码 | 商品描述 |
|---|---|---|---|---|
| 13 | 气动执行器 | PV CPL. | 8479899990 | 由 PEEP（呼末正压单向）阀门和流量传感器组成，整合气路中线性执行的装置，功率为 13.3W，电压为 19V，轮毂为 3mm |
| 14 | 过滤防护圈 | PROTECTIVE FILTER | 8421999090 | 由不锈钢制成的筛网嵌片，清洁气体 |
| 15 | 塑料密封圈 | O-RING | 3926901000 | 气动执行器与气座间的连接，起密封和保护作用，塑料（氟橡胶）制 |
| 16 | 电磁比例阀 | VALVE SRS | 8481804090 | 用于控制通气量，电磁式 |
| 17 | 铜接头 | GAS OUTLET | 7412209000 | 固定在气路上连接通气，铜锌合金制 |
| 18 | 密封连接垫片 | SEAL GAS CONNECTOR | 3926901000 | 用于部件的密封；塑料异形连接垫片，塑料制 |
| 19 | 塑料密封圈 | O-RING SEAL | 3926901000 | 用于医疗设备部件内密封，塑料（硅胶）制 |

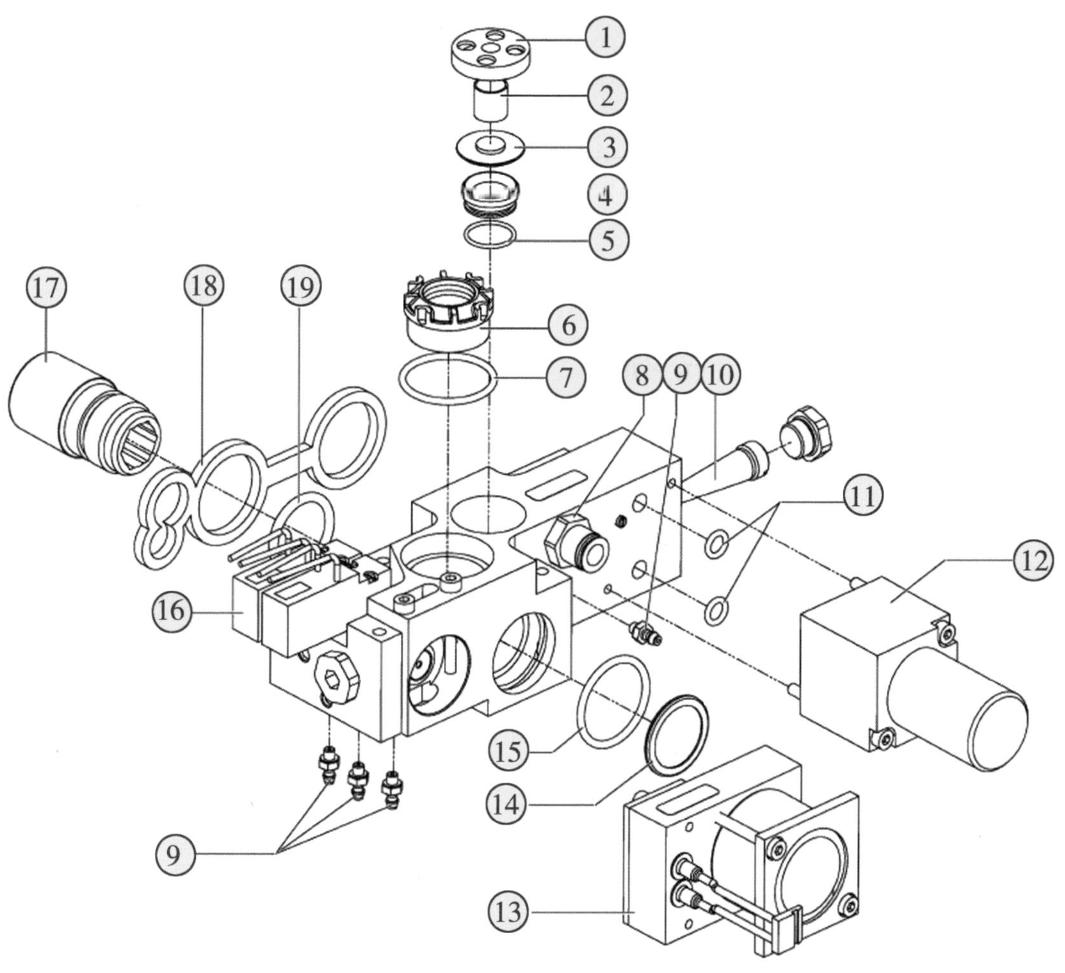


图 2-3-6　流量和阀门控制爆炸图

## 七、急救呼吸机易耗部件

| 序号 | 商品中文名称 | 商品英文名称/描述 | 商品编码 | 商品描述 |
|---|---|---|---|---|
| 1 | 呼吸机用线路板 | PCB SENSOR | 9019200000 | 带有电子元器件的呼吸机上传感器的信号处理专用线路板，无控制功能 |
| 2 | 层流座 | CHAMBER FOR LAMINAR FLOW | 8421999090 | 不锈钢制成气管，有筛子，用作医疗设备中过滤空气的过滤器件 |
| 3 | 进气歧管 | AIR INTAKE MANIFOLD | 9026900000 | 进气口，用于使流量传感器呼吸气流的分层 |
| 4 | 有接头电线 | CABLE LP RRC | 8544421900 | 用于线路板间信号和电源的连接传输，有接头，非同轴，额定电压小于 80V |
| 5 | 呼吸机专用线路板 | PCB CHARGER | 9019200000 | 呼吸器专用零件，用于气体输送的信号收集和信号处理，无控制功能 |
| 6 | 熔断器 | FUSE T 4A 125V SMD RoHS | 8536100000 | 电压小于 1000V、电流 4A 的安全陶瓷保险丝 |
| 7 | 有接头电缆 | CONNECTOR ASSY | 8544422100 | 用于电源连接，有接头，额定电压为 80V～1000V |
| 8 | 调节圈 | ADJUSTING WASHER 12×18×1 GALZN5 DIN988 | 7326901900 | 固定在机架上的电源接头，有螺纹 |
| 9 | 气体流量计 | SPIROLOG FLOW SENSOR（5X） | 9026801000 | 流量计量装置；电子检测进入呼吸管道中的气体流量 |

续表

| 序号 | 商品中文名称 | 商品英文名称/描述 | 商品编码 | 商品描述 |
| --- | --- | --- | --- | --- |
| 10 | 塑料软管 | HOSE 2×1.5 SI NF 8403323 | 3917320000 | 气路之间的气路连接塑料（硅胶）软管，无附件，爆破压力小于27.6MPa，未经加强或与其他材料合制 |
| 11 | 流量传感器 | SPIROLIFE | 9026801000 | 为带电子部件的组合式流经管路气体加温和测量呼吸系统内气体流量 |
| 12 | 柔性电路条 | FLEXCABLE SPIROLOG OXYLOG | 8534009000 | 软性，4层以下，带接插头 |
| 13 | 塑料自粘标签 | SELF-ADHESIVE PLATE 30mm×60mm | 3919909090 | 乙烯聚合物，单面自粘，30mm×60mm |

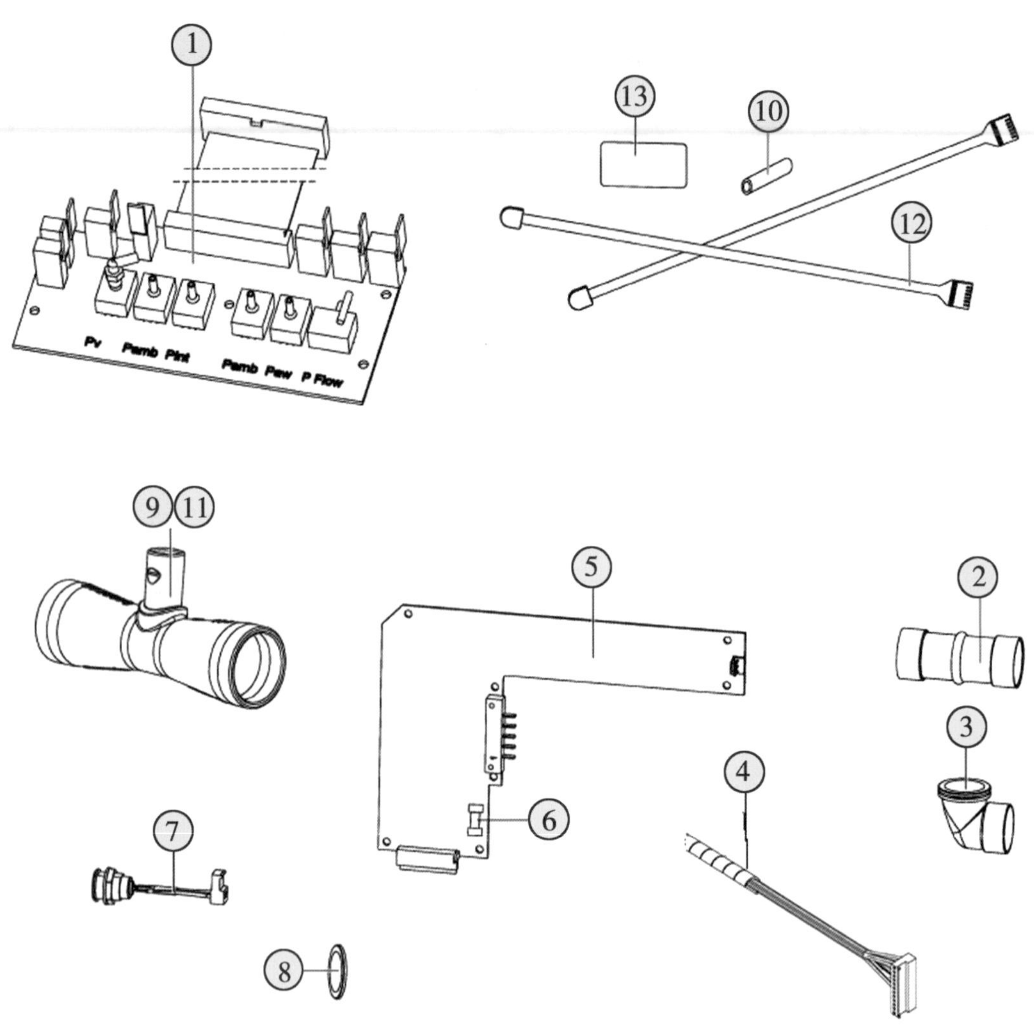


图 2-3-7　急救呼吸机易耗部件爆炸图

## 八、机械通气流量和阀门控制

| 序号 | 商品中文名称 | 商品英文名称/描述 | 商品编码 | 商品描述 |
| --- | --- | --- | --- | --- |
| 1 | 电磁比例阀 | VALVE VSONC 3S11 | 8481804090 | 用于控制通气量，电磁式 |
| 2 | 电磁阀 | VSO VALVE | 8481804090 | 控制气路中气体流动方向，电磁式 |
| 3 | 橡胶密封圈 | O-RING 4×1.2 | 4016931000 | 橡胶制成的 O 形圈，柔软（柔性），非多孔橡胶 |
| 4 | 铜接头 | PLUG-TYPE CONNECTION | 7412209000 | 固定在气路上连接通气，黄铜制 |
| 6 | 塑料密封圈 | O-RING | 3926901000 | 机器及仪器用密封圈，起密封作用 |
| 7 | 闷接头 | DUMMY PLUG M5 | 7412209000 | 管道连接口堵头连接件，由加工过的铜制成，与锌合金制成，带螺纹 |
| 8 | 膜片 | DIAPHRAGM | 3926901000 | 气路中气流调节，塑料（硅胶）制 |
| 9 | 螺钉 | HEX SOCK HEAD CAP SCREW M3×6 | 7318159090 | 不锈钢制，柄直径 3mm，长度 6mm，拉伸强度为 500MPa ~ 700MPa |
| 10 | 塑料密封圈 | TOROIDAL SEALING RING | 3926901000 | 用于流量计中部件密封，塑料（氟橡胶）制 |
| 11 | 橡胶密封圈 | O-RING | 4016931000 | 用于流量计中部件密封，丁腈橡胶制 |
| 12 | 呼吸气动模块 | SPARE PART DOSAGE BLOCK | 9019200000 | 呼吸机中通气分配和流量调节的特定设备组件 |

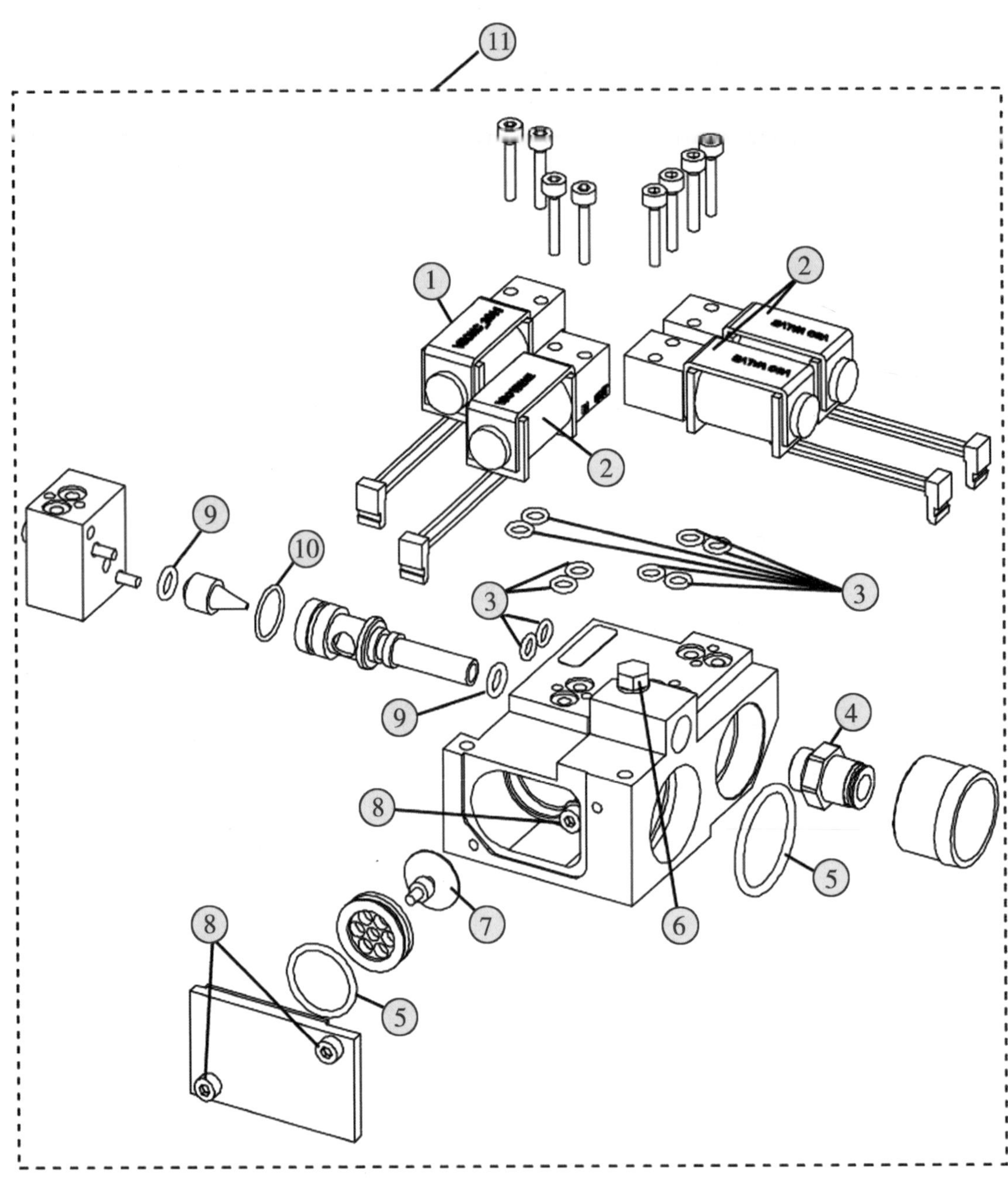


图 2-3-8　机械通气流量和阀门控制结构爆炸图

## 九、呼吸机墙式固定架

| 序号 | 商品中文名称 | 商品英文名称/描述 | 商品编码 | 商品描述 |
|---|---|---|---|---|
| 1 | 铝制支架 | EQUIPMENT HOLDER | 7616999000 | 用于将设备安装在墙壁等固定物上，可以挂起急救呼吸机及相关附件，铝合金制 |
| 2 | 钢铁固定件 | WALL HOLDER ADAPTATION PLATE | 7326909000 | 用于将设备安装在墙壁上为固定支架，非合金钢制 |
| 3 | 钢铁固定支架 | ALL-ROUND WALL HOLDER | 7326909000 | 用于固定和安装呼吸机，非合金钢制 |
| 4 | 电源连接器 | QUICK POWER CONNECTOR | 8536909000 | 医疗设备上可快速连接通电的特定插座 |

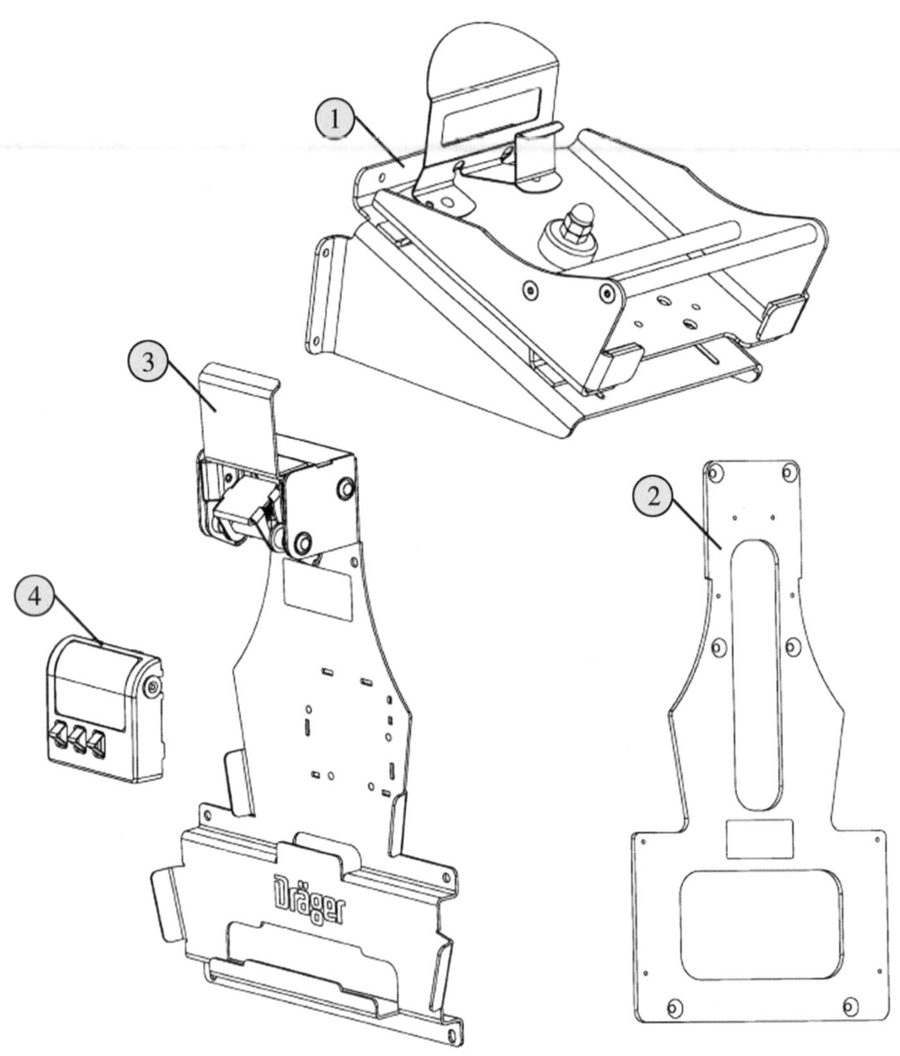


图 2-3-9　呼吸机墙式固定架爆炸图

## 十、气瓶固定架

| 序号 | 商品中文名称 | 商品英文名称/描述 | 商品编码 | 商品描述 |
| --- | --- | --- | --- | --- |
| 1 | 急救包 | FRONT ACCESSORY BAG CS | 4202920000 | 可重复使用的手提包，由塑料编织或纺制（聚氨酯制） |
| 2 | 塑料垫 | GUIDING RAIL CS 3000 | 3926909090 | 聚缩醛制成的气瓶架的导轨垫 |
| 3 | 钢铁制支架 | CYLINDER BRACKET LONG CS | 7326901900 | 用于固定急救呼吸机气源瓶和急救包等 |
| 4 | 铝制支架 | CYLINDER BRACKET STD CS | 7616999000 | 用于安装急救呼吸机急救包和固定气瓶等 |
| 5 | 塑料自粘板 | SELF-ADHESIVE PLATE 30mm×60mm | 3919909090 | 设备操作提示等的印刷信息，乙烯聚合物，厚度为1mm |
| 6 | 气瓶底座 | RETROFIT KIT CYLINDER FIXATION | 7326999000 | 为固定气瓶，不锈钢制 |

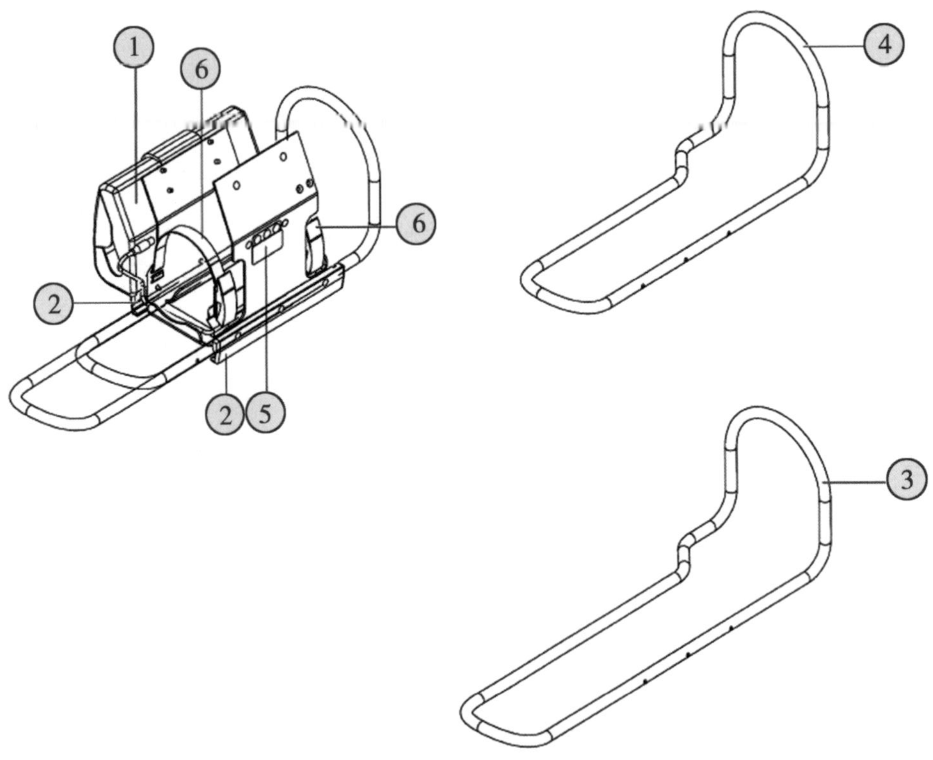


图 2-3-10　气瓶固定架爆炸图

## 十一、模拟肺

| 序号 | 商品中文名称 | 商品英文名称/描述 | 商品编码 | 商品描述 |
|---|---|---|---|---|
| 1 | 模拟肺 | TEST LUNG | 9033000090 | 通用于麻醉机、呼吸机，模拟病人肺的膨胀和收缩，从而帮助麻醉机或者呼吸机进行测试和校准 |
| 2 | 塑料接头 | MASK ELBOW | 3917400000 | 连接设备和皮囊接头，塑料制 |
| 3 | 不锈钢接头 | CATHETER SOCKET | 7307290000 | 用于管道和皮囊连通 |
| 4 | 硅胶制皮囊 | BREATHING BAG 1. 5L ISO-SILICONE | 9033000090 | 通用于麻醉机、呼吸机，模拟病人肺的膨胀和收缩，无附件不能直接使用 |

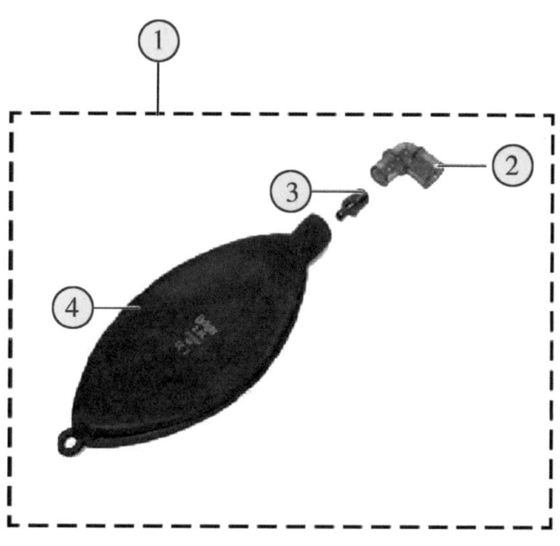


图 2-3-11 模拟肺爆炸图

# 十二、气源自动切换旋塞装置

| 序号 | 商品中文名称 | 商品英文名称/描述 | 商品编码 | 商品描述 |
|---|---|---|---|---|
| 1 | 旋塞装置 | AGSS AFNOR $O_2$ | 8481809000 | 呼吸设备根据气体压力调节气流通道开关 |
| 2 | 有接头塑料软管 | HOSE AOS-QRC DIN, NEUTR | 3917390000 | 呼吸机上与气源连接有合成纤维增强塑料（氯乙烯聚合物）的软管，有附件，爆破压力小于27.6MPa |
| 3 | 有接头塑料软管 | HOSE AGSS-DEV. NIST $O_2$, WHITE | 3917390000 | 连接旋塞装置和气源的压力通气，与合成纤维合制加强塑料（氯乙烯聚合物+合成纤维）的软管，有金属接头，爆破压力小于27.6MPa |

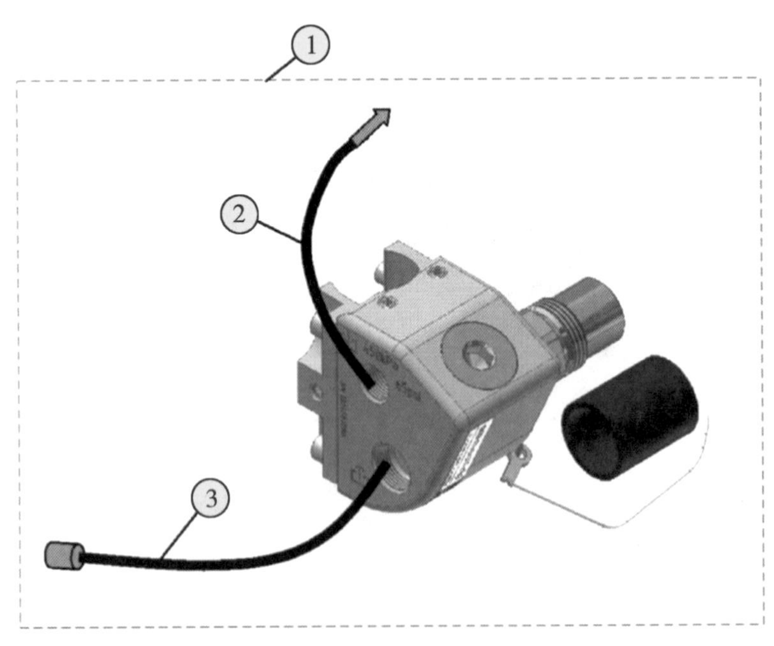


图 2-3-12　气源自动切换旋塞装置爆炸图

# 第四节　婴儿呼吸机

早产儿是一类特殊的患者，由于胎儿的先天因素或母亲的原因不得不在37周前被分娩出来，这时身体各个脏器功能都没有发育完全，其中对早产儿存活非常重要的一点就是肺部发育不成熟，肺泡个数少而且缺乏保持肺泡稳定的肺泡表面活性物质。相当一部分早产儿如果给予合适的通气支持治疗，能够在出生后的一段时间内慢慢跟上足月儿的发育，但如果呼吸治疗技术不过关或使用成人机型，会对早产儿的肺部发育造成不可逆的损害。而婴儿呼吸机的以下特点就能解决上述问题。

（1）持续气流（吸气相、呼气相均有可调气流通过），减少病儿做功，气流抵触。

（2）开放的呼吸系统，不产生人机对抗，吸气相可自由的呼气。

（3）容量触发反应时间仅为40毫秒左右，敏感性高，减少患儿自主呼吸做功；在极高的灵敏度下同时又引入容量的概念，避免误触发。

（4）压力控制下的容量保证：在患儿肺顺应性，气道阻力，气管插管泄漏量不同及呼吸不规则时，确保治疗安全性及有效性，机器自动调整以最低的压力保证预设的潮气量，配合肺表面活性物质的治疗。

（5）泄漏补偿功能的压力支持：根据泄漏量的改变，随时、自动调节触发灵敏度，防止误触发吸气终止，过渡到呼气相。

## 一、新生儿重症监护呼吸机

| 序号 | 商品中文名称 | 商品英文名称/描述 | 商品编码 | 商品描述 |
| --- | --- | --- | --- | --- |
| 1 | 新生儿重症监护呼吸机 | INTENSIVE CARE VENTILATOR FOR NEONATES | 9019200000 | 给早产儿、婴幼儿提供呼吸通气，辅助呼吸。保证提供通气治疗的监测，以及检测患者的通气参数等 |

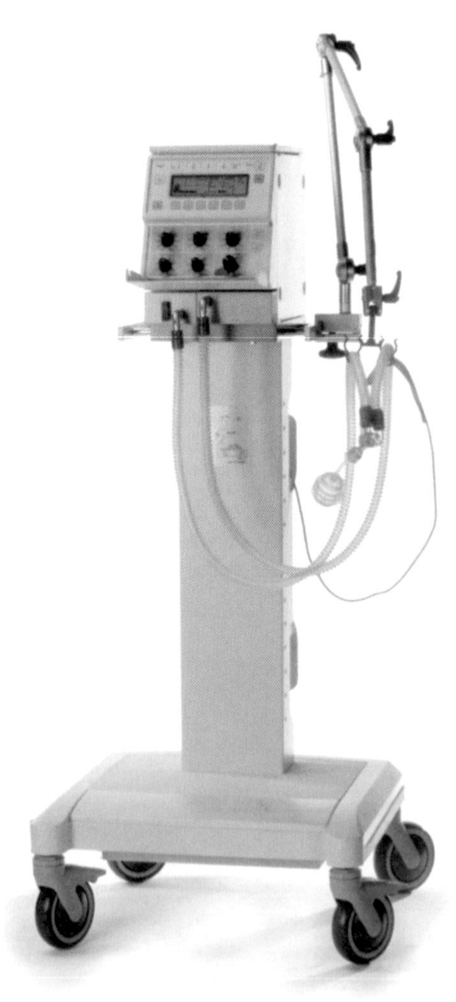

图 2-4-1　新生儿重症监护呼吸机示意图

## 二、婴儿呼吸机头线路板

| 序号 | 商品中文名称 | 商品英文名称/描述 | 商品编码 | 商品描述 |
|---|---|---|---|---|
| 1 | 呼吸机用线路板 | PBA IO-BOARD | 9019200000 | 用于婴儿呼吸机上信号或数据的处理，带有有源组件，无控制功能 |
| 2 | 呼吸机用线路板 | PBA FLOW | 9019200000 | 用于婴儿呼吸机上信号或数据的处理，带有有源组件，无控制功能 |
| 3 | 呼吸机用线路板 | PBA CONTROL | 9019200000 | 用于婴儿呼吸机上信号或数据的处理，带有有源组件，无控制功能 |
| 4 | 呼吸机用线路板 | PBA COMMUNICATION | 9019200000 | 用于婴儿呼吸机上信号或数据的处理，带有有源组件，无控制功能 |
| 5 | 呼吸机用线路板 | PBA CPU 16MHz | 9019200000 | 用于婴儿呼吸机上信号或数据的处理，无控制功能 |
| 6 | 呼吸机用线路板 | PCB MOTHERBOARD (BABYLOG) | 9019200000 | 呼吸机上用的信号和数据处理主板，无控制功能 |
| 7 | 呼吸机用线路板 | PBA FRONT ADAPTER | 9019200000 | 用于婴儿呼吸机上信号或数据的处理，带有有源组件，无控制功能 |
| 8 | 电源模块 | POWER SUPPLY (BABYLOG 8000) | 8504401400 | 用于提供直流稳压电源，功率为48.6W |

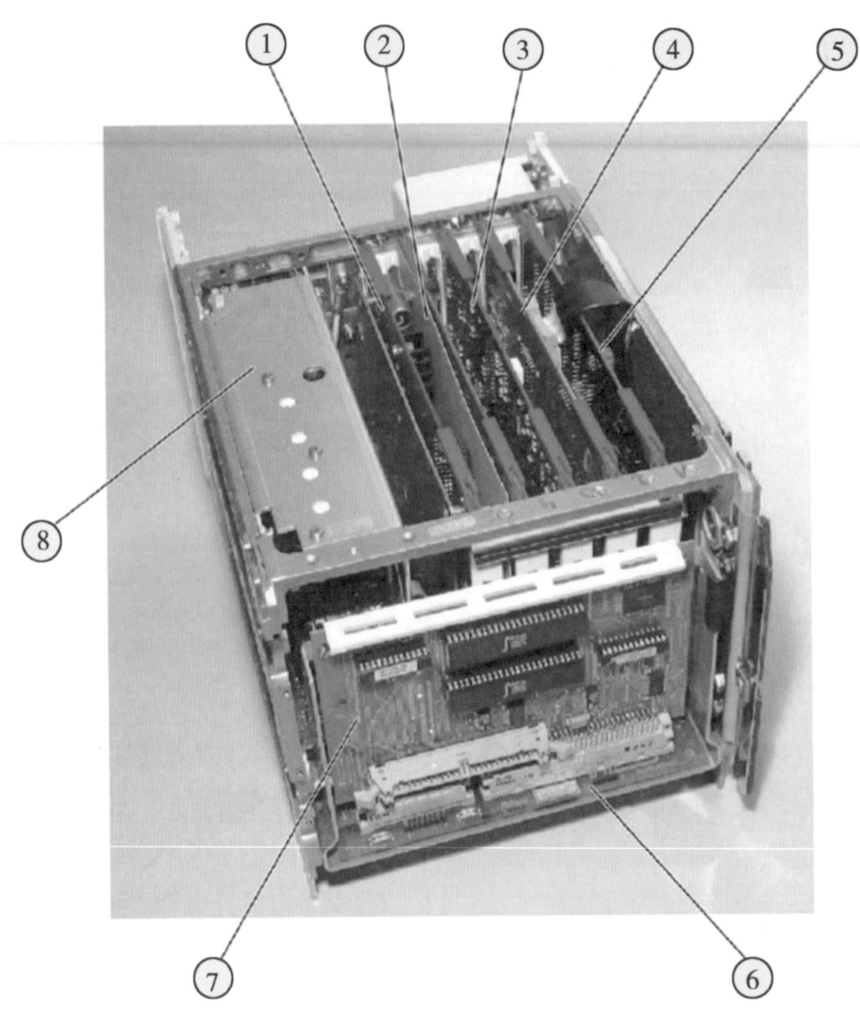


图 2-4-2　婴儿呼吸机头线路板装置图

## 三、婴儿呼吸机后背

| 序号 | 商品中文名称 | 商品英文名称/描述 | 商品编码 | 商品描述 |
|---|---|---|---|---|
| 1 | 轴流风扇 | FAN | 8414599050 | 用于呼吸机头电子设备上的空气流通，起降温作用，输出功率小于125W |
| 2 | 适配接口 | PCB INTERFACE ADAPTER BO8000 | 8534009000 | 带无源元件的印刷电路装置 |
| 3 | 内置扬声器 | LOUDSPEAKER (1827790) | 8518290000 | 用于医疗设备内对设置报警进行声音提示，无箱体 |
| 4 | 机壳 | HOOD (BABYLOG 8000) | 9019200000 | 呼吸机专用的特定部位的壳体 |

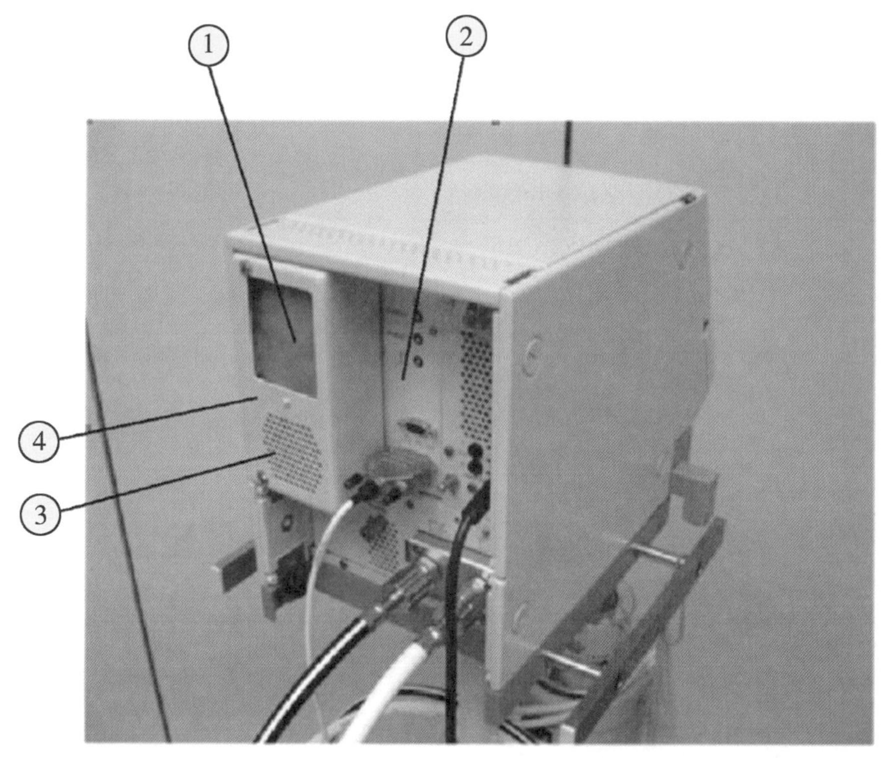


图 2-4-3　婴儿呼吸机后背结构爆炸图

## 四、设备的易耗件

| 序号 | 商品中文名称 | 商品英文名称/描述 | 商品编码 | 商品描述 |
|---|---|---|---|---|
| 1 | 轴流风扇 | FAN | 8414599050 | 用于呼吸机头电子设备上的空气流通，起到降温作用的轴流风扇，输出功率小于125W |
| 2 | 内置扬声器 | LOUDSPEAKER (1827790) | 8518290000 | 用于医疗设备内对设置报警进行声音提示，无箱体 |
| 3 | 呼吸机外壳 | HOOD (BABYLOG 8000) | 9019200000 | 呼吸机上专用部件 |
| 4 | 进气板 | BOARD-LEAD | 9019200000 | 呼吸机上专用部件 |
| 5 | 螺母 | HEXAGON NUT ISO4032-M4-A4 | 7318160000 | 不锈钢六角螺母，孔径为3.24mm，可释放的紧固件 |
| 6 | 垫圈 | LOCK WASHER B4×10 CRNI18-8 (DIN127) | 7318220090 | 不锈钢制的平垫圈，内直径为4.1mm |
| 7 | 弹簧垫圈 | SPLIT WASHER B3 DIN127-X12 CRNI | 7318210090 | 不锈钢弹簧垫圈，内直径为3.1mm |
| 8 | 螺钉 | SUB-D LOCK BOLT 4-40 UNC | 7318159090 | 不锈钢制，柄直径4mm，长度为10mm，抗拉强度为700MPa |
| 9 | 螺钉 | SCREW AM4×10 DIN84 | 7318159090 | 不锈钢制，柄直径4mm，长度为10mm，抗拉强度为700MPa |
| 10 | 不锈钢螺钉 | COUNTERSUNK SCREEW M3×10 DIN921 | 7318159090 | 不锈钢制成的平头螺钉，带槽头，尺寸3mm×10mm |
| 11 | 钢铁制连接件 | LINK | 7326909000 | 非合金制，安装固定的连接件 |
| 12 | 不锈钢螺钉 | SCREW AM3×6 DIN84 | 7318159090 | 不锈钢制，开槽直柄直径3mm，长度6mm，抗拉强度500MPa |

续表

| 序号 | 商品中文名称 | 商品英文名称/描述 | 商品编码 | 商品描述 |
|---|---|---|---|---|
| 13 | 固定片 | SHEET METAL | 7326909000 | 呼吸机上专用固定部件 |
| 14 | 塑料保护头 | HEADER PROFIL | 3926909090 | 边缘塑料保护层 |
| 15 | 尼龙扎带 | CABLETIE | 3926909090 | 用于设备内电线、电缆捆扎，带有锯齿形表面，一端具有锁定头 |
| 16 | 镍氢电池 | NIMH-BATTERY 9V 200mAh | 8507500000 | 镍氢供电用，可充电，容量为200mAh，额定电压为9V |
| 17 | 塑料制绝缘条 | EMI SEALING | 8547200000 | 医疗电气设备部件在固定到保护壳体或连接件间的绝缘条，塑料（表面镀银尼龙+内部聚氨酯泡沫）制 |
| 18 | 化纤制滤棉 | FILTER MAT | 5603149000 | 聚烯烃纤维长丝经热黏合制成，每平方米克重为300g，用于空气过滤 |
| 19 | 有接头电缆 | BATTERY CONNECTOR CABLE BABYLOG 8000PLUS | 8544422100 | 用于电源连接，额定电压为80V~1000V |

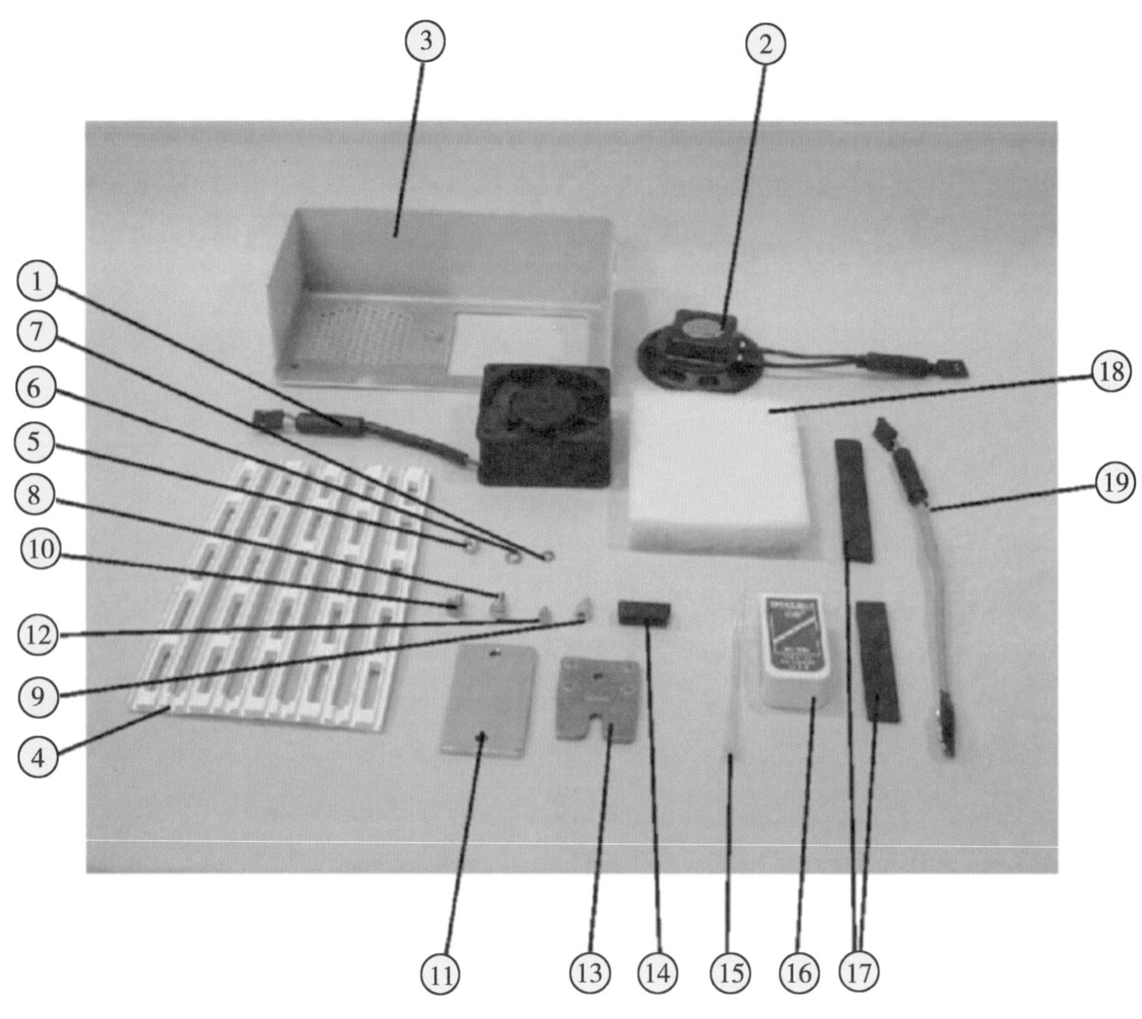


图 2-4-4　设备的易耗件示意图

## 五、呼吸机流量监测套组

| 序号 | 商品中文名称 | 商品英文名称/描述 | 商品编码 | 商品描述 |
| --- | --- | --- | --- | --- |
| 1 | 呼吸机用线路板 | PBA FLOW | 9019200000 | 用于呼吸机上信号和数据的处理，无控制功能 |
| 2 | 流量传感器 | NEONATAL FLOW SENSOR Y-PIECE | 9026801000 | 具有电测量功能的、不带电子元件的检测呼吸管道中混合型气体的流量传感器 |
| 3 | 流量传感器 | NEONATAL FLOW SENSOR ISO15 | 9026801000 | 具有电测量功能的、不带电子元件的检测呼吸管道中混合型气体的流量传感器 |
| 4 | 流量传感器 | NEONAT. FLOW SENS. INSERT（5X） | 9026801000 | 具有电测量功能的、不带电子元件的检测呼吸管道中混合型气体的流量传感器 |
| 5 | 有接头电缆 | CONNECTOR CABLE FLOW SENSOR | 8544422100 | 用于设备数据连接，有接头，额定电压 80V～1000V |
| 6 | 呼吸机用线路板 | PCB INTERFACE ADAPTER BO8000 | 9019200000 | 用于呼吸机上信号和数据的处理，无控制功能 |

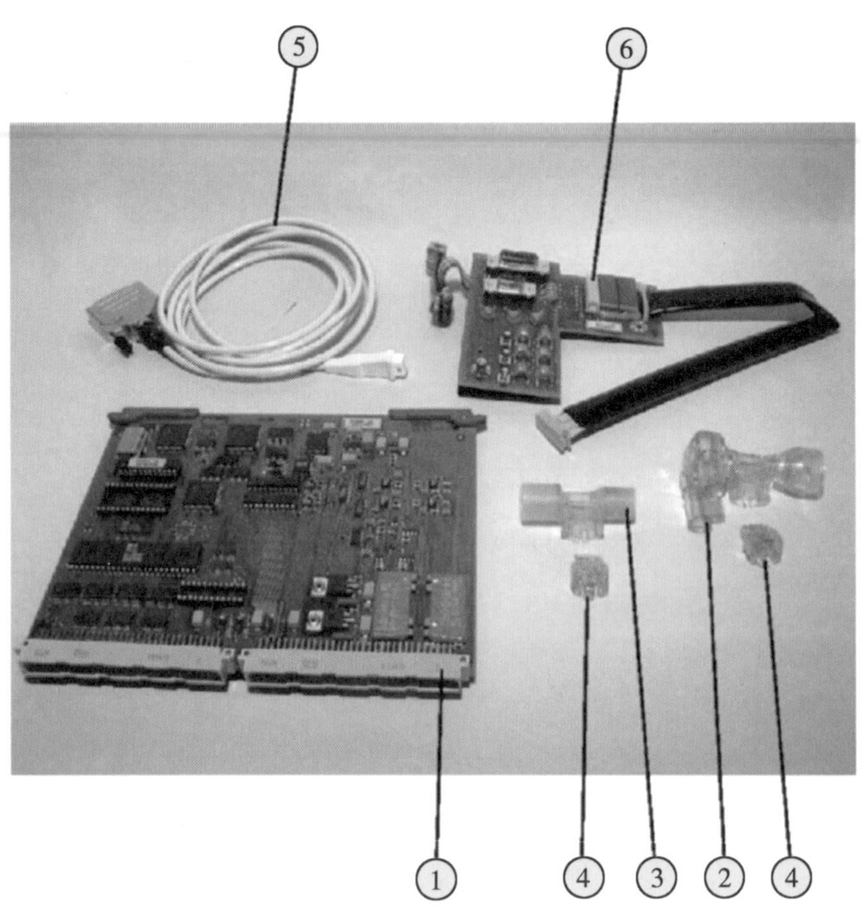


图 2-4-5　呼吸机流量监测套组爆炸图

## 六、通气阀组模型

| 序号 | 商品中文名称 | 商品英文名称/描述 | 商品编码 | 商品描述 |
| --- | --- | --- | --- | --- |
| 1 | 插座 | CODING PLUG RoHS | 8536690000 | 电源插座，电压低于 1000V |
| 2 | 铜接头 | ANGLE CONNECTION | 7412209000 | 用于连接软管的黄铜连接头 |
| 3 | 橡胶减震器 | BUBBER METAL CONNECTION | 4016991090 | 橡胶软金属制成的减振器 |
| 4 | 压环 | THRUST COLLAR 6, BLUE | 3926901000 | 压力环 6mm，蓝色，塑料（聚丙烯）制，连接插管 |
| 5 | 压环 | THRUST COLLAR 6, YELLOW | 3926901000 | 压力环 6mm，黄色，塑料（聚丙烯）制，连接插管 |
| 6 | 铝接头 | SPACER | 7609000000 | 铝合金制软管接头，带螺纹 |
| 7 | 铜接头 | SOCKET M6×0.5 | 7412209000 | 用于连接软管的黄铜连接头 |
| 8 | 流量控制阀 | METERING VALVE 40 | 8481804090 | 电磁驱动活塞的流量阀，由黄铜制成，内径为 1.2mm，为气路通气流量 |
| 9 | 流量控制阀 | METERING VALVE 55 | 8481804090 | 电磁驱动活塞的流量阀，由黄铜制成，内径为 1.2mm，为气路通气流量 |
| 10 | 流量控制阀 | METERING VALVE 75 | 8481804090 | 电磁驱动活塞的流量阀，由黄铜制成，内径为 1.2mm，为气路通气流量 |
| 11 | 流量控制阀 | METERING VALVE 105 | 8481804090 | 电磁驱动活塞的流量阀，由黄铜制成，内径为 1.2mm，为气路通气流量 |

续表

| 序号 | 商品中文名称 | 商品英文名称/描述 | 商品编码 | 商品描述 |
|---|---|---|---|---|
| 12 | 流量控制阀 | METERING VALVE 150 | 8481804090 | 电磁驱动活塞的流量阀，由黄铜制成，内径为1.2mm，为气路通气流量 |
| 13 | 流量控制阀 | METERING VALVE 210 | 8481804090 | 电磁驱动活塞的流量阀，由黄铜制成，内径为1.2mm，为气路通气流量 |
| 14 | 流量控制阀 | METERING VALVE 300 | 8481804090 | 电磁驱动活塞的流量阀，由黄铜制成，内径为1.2mm，为气路通气流量 |
| 15 | 流量控制阀 | METERING VALVE 420 | 8481804090 | 电磁驱动活塞的流量阀，由黄铜制成，内径为1.2mm，为气路通气流量 |
| 16 | 流量控制阀 | METERING VALVE 600 | 8481804090 | 电磁驱动活塞的流量阀，由黄铜制成，内径为1.2mm，为气路通气流量 |
| 17 | 流量控制阀 | METERING VALVE 860 | 8481804090 | 电磁驱动活塞的流量阀，由黄铜制成，内径为1.2mm，为气路通气流量 |
| 18 | 不锈钢螺钉 | CHEESE HEAD SCREW M4×10 DIN912 | 7318159090 | 不锈钢制成螺钉，柄直径4mm，长度为10mm，抗拉强度为700MPa。 |
| 19 | 铜制密封圈 | SEALING RING | 7415210000 | 阀门与气体区块固定连接间的密封 |
| 20 | 流量控制阀组 | VALVEARRAY | 8481804090 | 用于医疗设备，气路中气体流量控制的装置，带连接头和软管头，不带过滤器 |

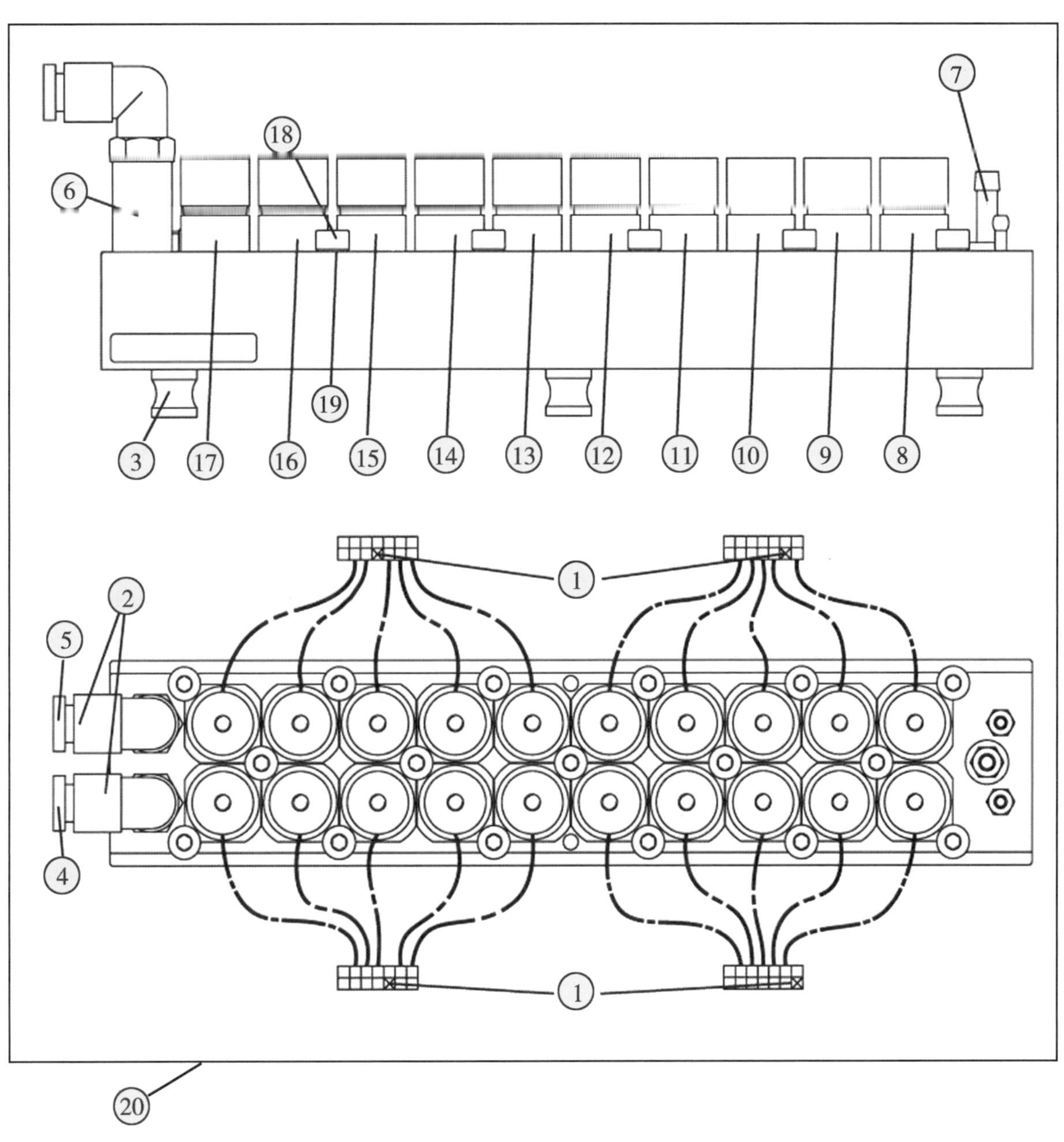


图 2-4-6 通气阀组爆炸图

## 七、呼吸设备通气易耗件

| 序号 | 商品中文名称 | 商品英文名称/描述 | 商品编码 | 商品描述 |
|---|---|---|---|---|
| 1 | 钢铁制卡簧 | LOCK WASHER 3.2 DIN6799 | 7318290000 | 不锈钢制 |
| 2 | 不锈钢螺钉 | COUNTERS SCREW ISO7046-2-M3×8-A4 | 7318159090 | 不锈钢制，柄直径 3mm，长度 8mm，抗拉强度 700MPa |
| 3 | 不锈钢螺钉 | HEX SOCK HEAD CAP SCREW M3×6 | 7318159090 | 不锈钢制，柄直径 3mm，长度 6mm，拉伸强度为 500MPa ~ 700MPa |
| 4 | 弹簧垫圈 | SPLIT WASHER B3 DIN127-X12 CRNI | 7318210090 | 弹簧垫圈，不锈钢制 |
| 5 | 销 | PARALLEL PIN 2M6×10 DIN7 | 7318240000 | 不带螺纹的销，不锈钢制，柄直径为 6mm |
| 6 | 销 | PARALLEL PIN M3×10 | 7318240000 | 不锈钢制成的无头螺纹销 |
| 7 | 滚珠 | BALL 3mm III DIN5401 | 8482910000 | 麻醉或呼吸气体回路中阻挡和开放气路口用，直径为 3mm |
| 8 | 塑料密封圈 | O-RING 14×2 | 3926901000 | 机器及仪器用硅胶密封圈，起气体密封作用，塑料（硅胶）制 |
| 9 | 滚珠槽 | BALL RETAINER | 7326901900 | 不锈钢的支撑槽，为滚珠在槽内 |
| 10 | 夹紧销 | CLAMPING PIN | 7318290000 | 不锈钢制，无螺纹螺栓 |
| 11 | 塑料扳杆 | LEVER | 3926901000 | 用于呼出阀外部设置的操作，塑料制 |
| 12 | 螺钉 | SCREW | 7318159090 | 不锈钢无头螺钉 |
| 13 | 铜螺母 | NUT | 7415339000 | 六角螺母，铜锌合金制，用作可释放紧固件 |

续表

| 序号 | 商品中文名称 | 商品英文名称/描述 | 商品编码 | 商品描述 |
|---|---|---|---|---|
| 14 | 螺纹盖 | GRATER | 7318190000 | 不锈钢车削螺纹制品，大于10mm且小于等于12mm |
| 15 | 阀门膜片 | DIAPHRAGM | 8481901000 | 膜片阀用膜片，用于控制气体流动 |
| 16 | 阀盖 | COVER | 8481901000 | 铝制外壳，自动气阀的特定部分 |
| 17 | 抽吸气动装置 | EJECTOR | 9019200000 | 气路中根据气流压力变化可抽或吸的气动装置，保存气路中气流平衡 |
| 18 | 消音器 | SILENCER | 901920000 | 非电动消声器，铜锌合金制成，用于降低压缩空气系统的噪声 |
| 19 | 铜垫片 | WASHER 8OD×4ID | 7415210000 | 精制铜制成的垫圈 |
| 20 | 橡胶密封圈 | O-RING SEAL | 4016931000 | 橡胶制，非蜂窝状橡胶 |
| 21 | 阀片 | WASHER | 8481901000 | 黄铜制，控制阀的特定部分 |
| 22 | 铝制盖 | SHEET | 9019200000 | 铝制合金盖，机械加工，非通用 |

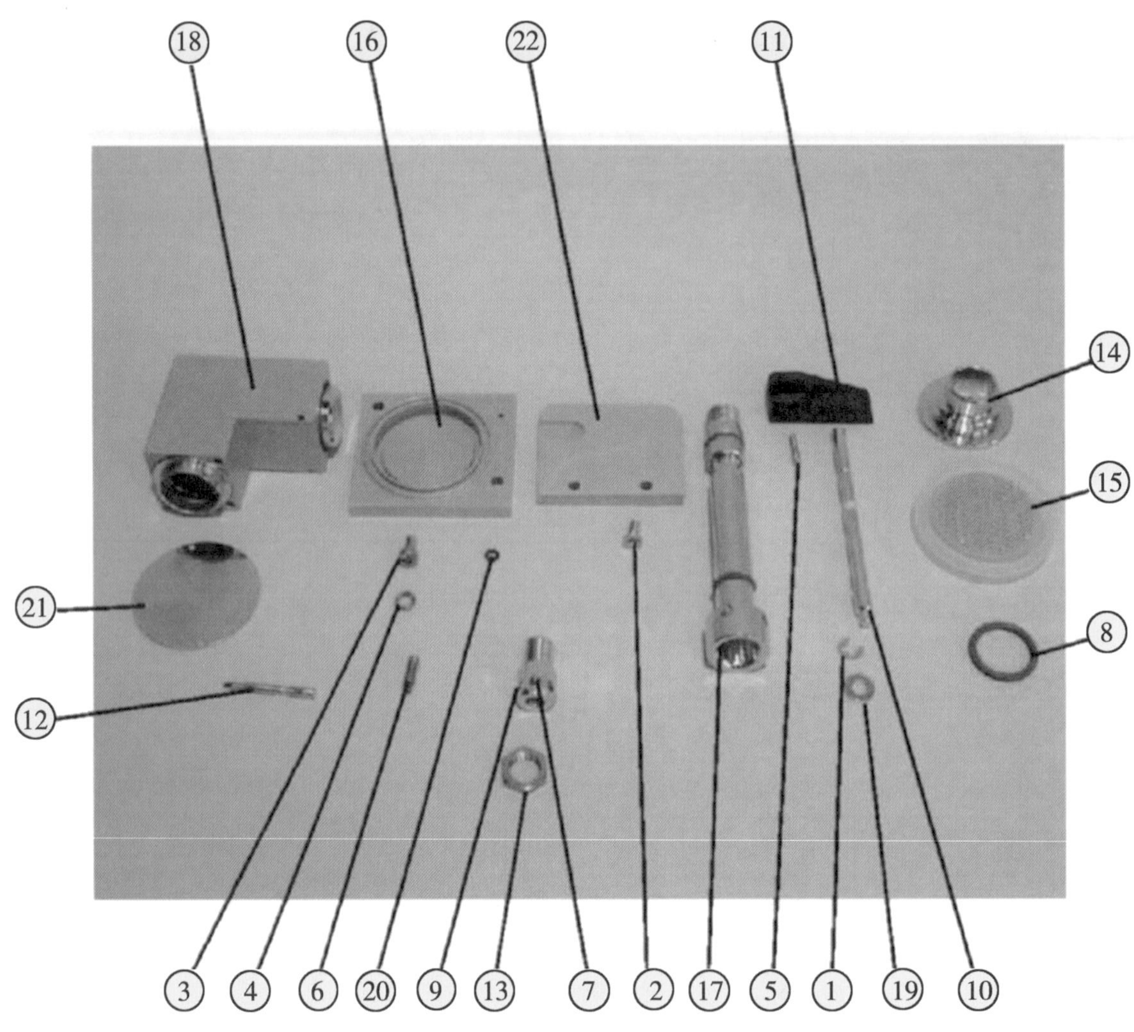


图 2-4-7　呼吸设备通气易耗件示意图

## 八、呼气末正压通气阀（传统电磁式）

| 序号 | 商品中文名称 | 商品英文名称/描述 | 商品编码 | 商品描述 |
|---|---|---|---|---|
| 1 | PEEP 阀 | PEEP/PIP-VALVE | 8481804090 | 用于病人呼吸气体的压力调节 |
| 2 | 橡胶制缓冲件 | BUFFER | 4016991090 | 插头或接头气口用，无螺纹，由橡胶制成，非多孔橡胶 |

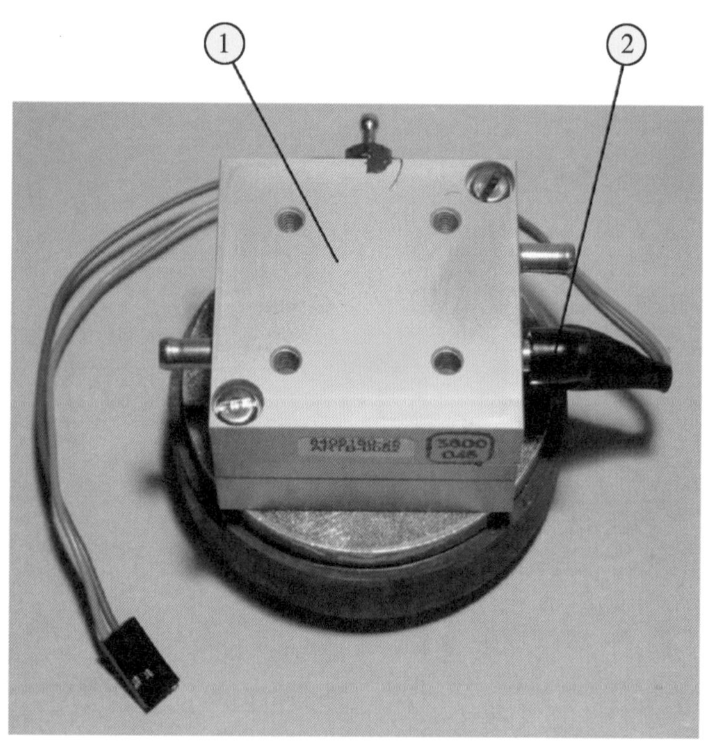


图 2-4-8 呼气末正压通气阀（传统电磁式）示意图

## 九、阀组及配件

| 序号 | 商品中文名称 | 商品英文名称/描述 | 商品编码 | 商品描述 |
|---|---|---|---|---|
| 1 | 不锈钢螺钉 | AM4×8<br>DIN963-A4/051 | 7318159090 | 不锈钢制，柄直径 2mm，长度 3.5mm，拉伸强度为 500MPa～700MPa |
| 2 | 弹簧垫圈 | SPLIT WASHER 4<br>DIN7980-X12 CRNI | 7318210090 | 不锈钢弹簧垫圈 |
| 3 | 螺钉 | CYLINDER SCREW<br>ISO4762-M4×8-A4 | 7318159090 | 不锈钢螺钉，抗拉强度 500MPa～700MPa，4mm×8mm |
| 4 | 减压阀 | PRESSURE<br>REGULATOR | 8481100090 | 调整气路中通气气流压力 |
| 5 | 塑料密封圈 | O-RING | 3926901000 | 机器及仪器用密封圈，起密封作用，塑料（氟橡胶）制 |
| 6 | 阀片 | CHECK VALVE | 8481901000 | 止回阀用，于气体接头中防止气体回流 |
| 7 | 过滤器 | FILTER<br>(FOR 8411848) | 8421399090 | 用于物理过滤空气，非电动 |
| 8 | 橡胶密封垫片 | GASKET | 4016931000 | 设备部件固定密封，橡胶（丙烯腈丁二烯橡胶）制 |
| 9 | 调节螺钉 | ADJUSTING SCREW | 7318159090 | 不锈钢制，松紧螺钉，无头 |
| 10 | 旋入式接头 | SCREW-IN PLUG-<br>TYPE CONNECTION | 7412209000 | 管道气口连接，铜锌合金制 |
| 11 | 止回阀 | TEST DIODE | 8481300000 | 气路中流通的机械止回装置 |
| 12 | 铜垫圈 | SEALING RING | 7415210000 | 精制铜制成的垫圈环 |
| 13 | 管接头 | L-SWIVEL<br>CONNECTION | 3917400000 | 软管连接件，塑料（乙烯聚合物）制，带螺纹 |

续表

| 序号 | 商品中文名称 | 商品英文名称/描述 | 商品编码 | 商品描述 |
|---|---|---|---|---|
| 14 | 尼龙扎带 | CADLETIE | 3926909090 | 用于设备内电线、电缆捆扎，带有锯齿形表面，一端具有锁定头 |
| 15 | 塑料通气管 | HOSE 2. 7×0. 65 PA11W | 3917320000 | 气路之间的气路连接塑料软管（聚酰胺），无附件，爆破压力小于 27. 6MPa，未经加强、未与其他材料合制 |
| 16 | 流量控制阀组件 | GAS CONNECTION | 8481804090 | 用于医疗设备气体供应系统中控制气体的流量 |
| 17 | 铜接头 | PLUG-TYPE CONNECTION | 7412209000 | 固定在气路上连接通气，黄铜接头 |
| 18 | 压环 | THRUST COLLAR 6, BLUE | 3926901000 | 压力环 6mm，蓝色，塑料（聚丙烯）制，连接插管 |
| 19 | 压环 | THRUST COLLAR 6, YELLOW | 3926901000 | 压力环 6mm，黄色，塑料（聚丙烯）制，连接插管 |

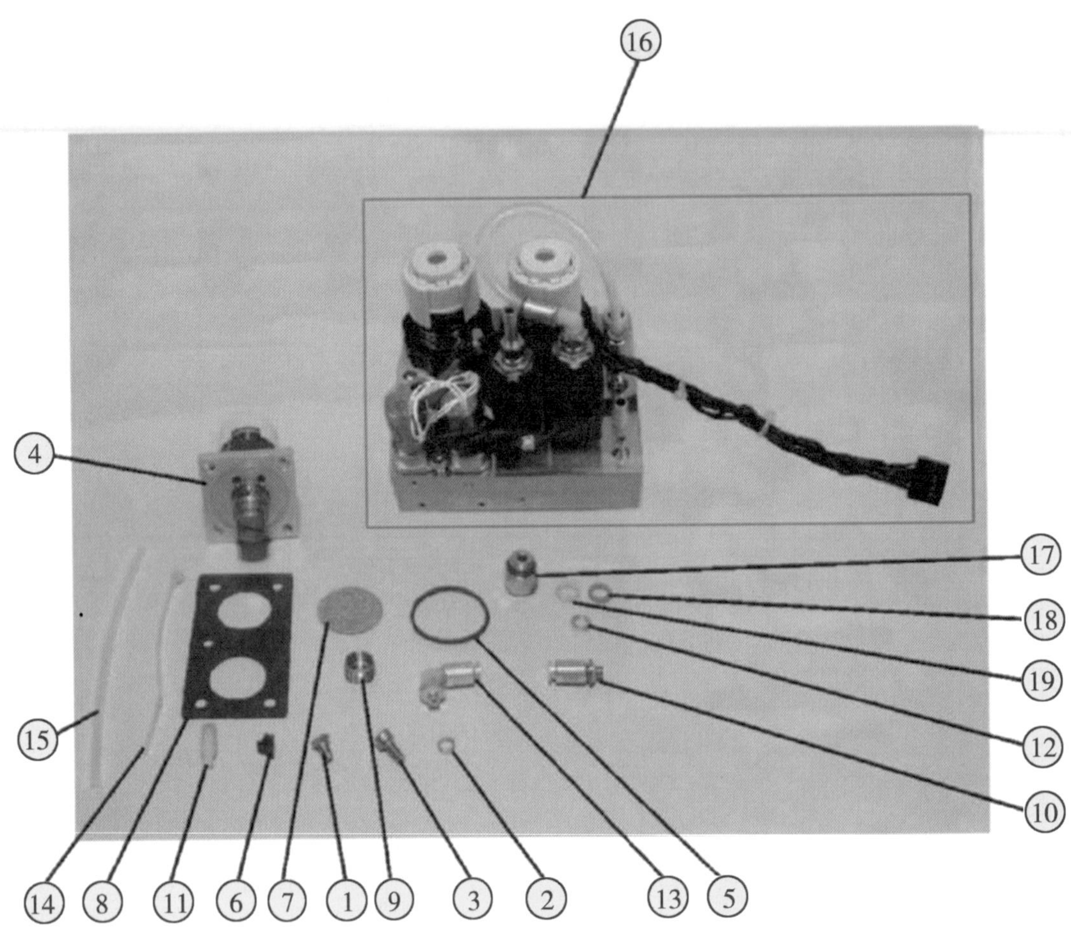


图 2-4-9　阀组及配件示意图

# 第五节 辐射保温台

受胎儿的先天因素、母亲环境、生育年龄等各种因素影响，早产儿出生数量逐年递增，发生率已经到达10%。国内每年有180万早产儿诞生，普遍胎龄小，肺部发育不全。国家为了提高围产期的母婴健康水平，各地纷纷成立了危重孕产妇和新生儿救治中心，新生儿相关的专用呼吸机和保暖设备需求量逐年上升。早产儿是一类特殊的患者，它们不得不在37周前被分娩出来，这时身体各个脏器功能包括皮肤都没有发育完全，使得大多早产儿都无法自主的维持体温的恒定，这时需要外部提供一定的热源帮助。与暖箱相比，辐射保暖台是通过热辐射原理，不具有湿化功能。它主要在新生儿重症监护室（NICU）、产房等科室，操作或抢救早产儿时使用。

## 一、婴儿辐射保暖台

| 序号 | 商品中文名称 | 商品英文名称/描述 | 商品编码 | 商品描述 |
|---|---|---|---|---|
| 1 | 婴儿辐射保暖台 | OPEN CARE UNIT | 9402900000 | 用于手术室、新生儿病房、儿科病房、产科病房和儿童重症监护病房的早产儿、新生儿和婴儿的体温保暖、新生儿的复苏、日常护理和重症监护，不带附属装置，不带医疗用具 |

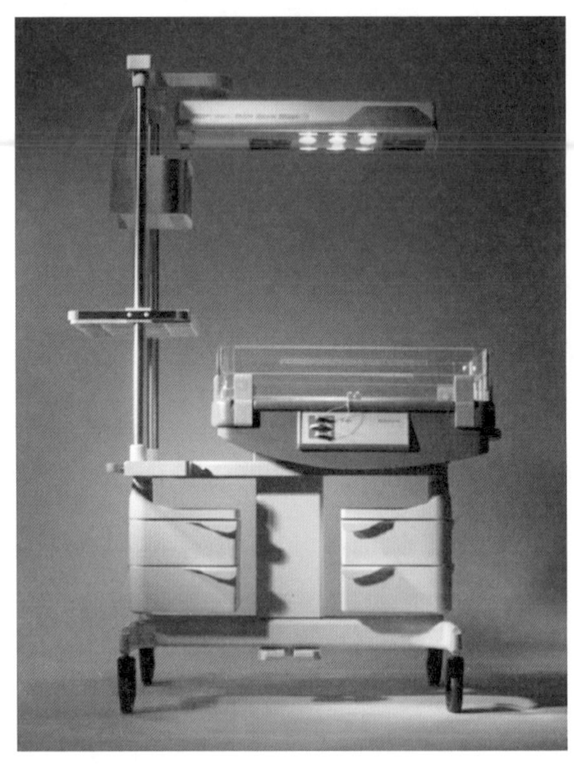

图 2-5-1　婴儿辐射保暖台示意图

## 二、婴儿辐射保暖台主要结构（一）

| 序号 | 商品中文名称 | 商品英文名称/描述 | 商品编码 | 商品描述 |
|---|---|---|---|---|
| 1 | 不锈钢支架 | TRIPOD，BT 8000 OC | 7326901000 | 支撑保暖灯和床体的连接 |
| 2 | 旋栓螺纹手柄 | HANDLES | 7318190000 | 为拧紧或放松支架用，带螺纹 |
| 3 | 有接头电缆 | POWER PLUG (BS1363A/5A) | 8544422100 | 用于保暖台设备电源连接供电，有接头、非同轴，额度电压小于1000V 大于 80V |
| 4 | 保暖台用挡板 | PANES，HINGES，15cm | 9018909991 | 保暖台专用，起保护婴儿安全等的作用 |
| 5 | 保暖台用床体 | COT BT 8000 | 9402900000 | 床体，由温控设备、床体等组成 |
| 6 | 橱柜固定件 | INSTALL. SET CUPBOARD BABYTHERM | 7326909000 | 非合金钢制的成套安装固定件，为保暖台车架上固定旋转抽柜用 |
| 7 | 旋转柜 | SWIVEL CUPBOARD，CPL. | 9402900000 | 保暖台临床专用的旋转柜，塑料制 |
| 8 | 升降调节柱 | HEIGHTS ADJUSTMENTS | 8486901000 | 车架上电动调节保暖台床体的高低 |
| 9 | 可移动车架 | TROLLEY BABYTH. 8000 OC | 9402900000 | 为安装保暖台并可移动的车架 |

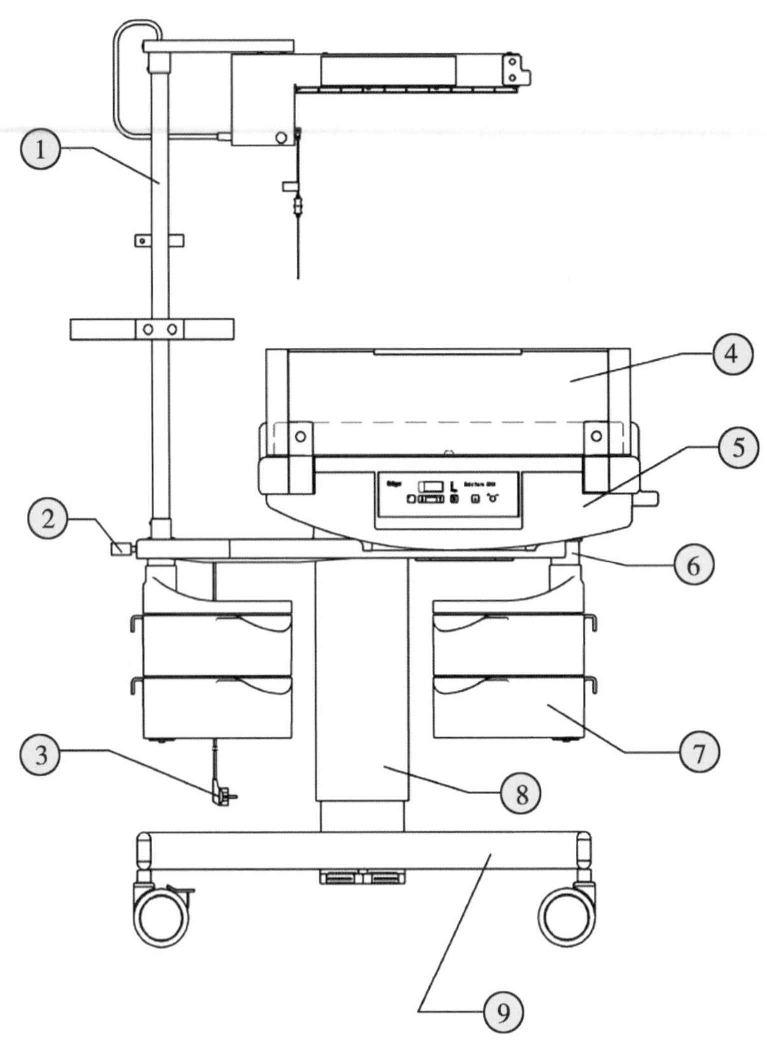


图 2-5-2　婴儿辐射保暖台主要结构爆炸图（一）

## 三、婴儿辐射保暖台主要结构（二）

| 序号 | 商品中文名称 | 商品英文名称/描述 | 商品编码 | 商品描述 |
|---|---|---|---|---|
| 1 | 保暖台用挡板 | PANES, HINGES, 15cm | 9018909991 | 保暖台专用，起保护婴儿安全等的作用 |
| 2 | 供气单元 | LOCKABLE SUCTION UNIT EJEC. 0. 9 | 9018909991 | 为保暖台提供通气，由阀门、压力表、接头、气口等组成的整体供气 |
| 3 | 铜接头 | BRONCH. ASPIRATOR-0. 9B. VAC/LYIN | 7412209000 | 用于管道连接，黄铜接头 |
| 4 | 吸引瓶组件 | SECRETION JAR SET | 3926901000 | 机器及仪器通用的分泌物抽吸负压吸引容器，塑料制 |
| 5 | 塑料支架 | SUPPORT | 3926901000 | 为固定摆放负压吸引瓶用的固定支架，塑料（聚酰胺）制 |
| 6 | 铜接头 | ADAPTOR VAC (DIN/NIST) | 7412209000 | 用于管道连接，黄铜接头 |
| 7 | 铜接头 | ADAPTOR AIR/$O_2$ (DIN/NIST) | 7412209000 | 用于管道连接，黄铜接头 |
| 8 | 铜螺母 | NUT | 7415339000 | 铜锌合制 |
| 9 | 不锈钢固定件 | CLAMP | 7326901000 | 固定通气管在车架上，不锈钢制 |
| 10 | 塑料固定件 | CLAMP | 3926909000 | 用于临时固定通气软管等 |
| 11 | 设置挂钩 | SET HOOKED RAIL | 9402900000 | 当保暖台床体固定在车架为可以适度左右倾斜的连接件，不锈钢制 |

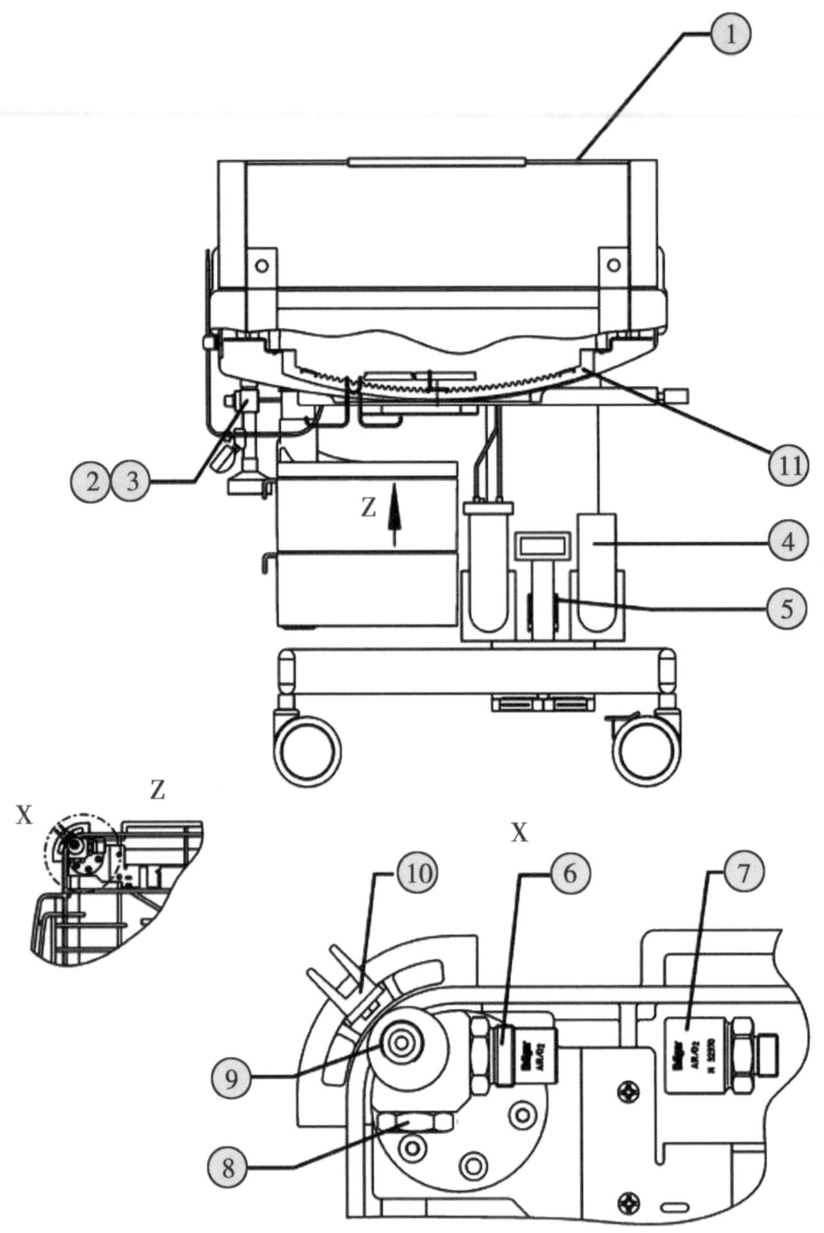


图 2-5-3　婴儿辐射保暖台主要结构爆炸图（二）

## 四、辐射台用挡板

| 序号 | 商品中文名称 | 商品英文名称/描述 | 商品编码 | 商品描述 |
|---|---|---|---|---|
| 1 | 辐射台用挡板 | SIDE WALLS, HEIGHT 15CM | 9402900000 | 辐射台专用零件，用于保护病人，电子式 |
| 2 | 塑料铰链 | REP. SET HINGE, LEFT | 3926300000 | 家具安装时固定用，起到导向作用，塑料制 |
| 3 | 辐射台用挡板 | SIDE PANE（15cm） | 9402900000 | 辐射台专用零件，用于保护病人，电子式 |
| 4 | 塑料铰链 | REP. SET HINGE, RIGHT | 3926300000 | 家具安装时固定用，起到导向作用 |
| 5 | 辐射台用挡板 | FRONT PANE（15cm） | 9402900000 | 辐射台专用零件，用于保护病人，电子式 |
| 6 | 索环挡片 | HOSE GROMMET | 3926901000 | 为医疗设备上方便通过管子线缆等 |
| 7 | 辐射台用挡板 | REAR PANE（15cm） | 9402900000 | 辐射台专用零件，用于保护病人，电子式 |
| 8 | 塑料卡钩 | SPRING-LOADED CATCH | 3926909090 | 可卡住挡板的插脚的塑料件 |
| 9 | 塑料按钮 | BUTTON | 3926909090 | 挡板的插脚上的盖钮，为整体美观 |

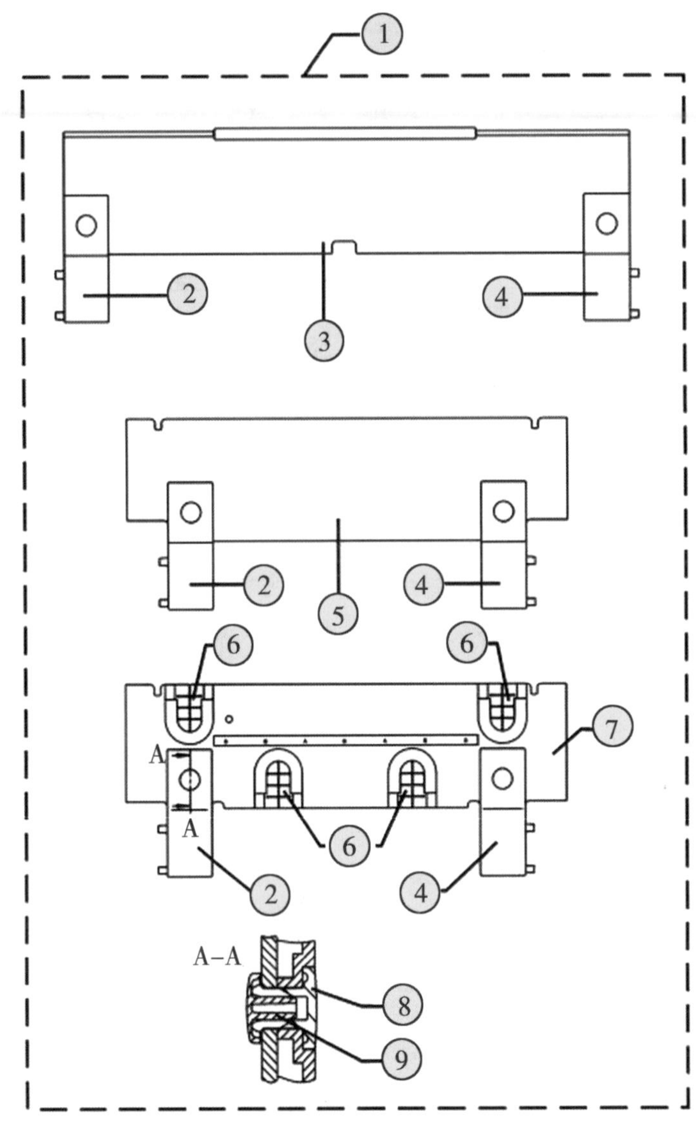


图 2-5-4　辐射台用挡板爆炸图

## 五、辐射台电源和传感信息连接装置

| 序号 | 商品中文名称 | 商品英文名称/描述 | 商品编码 | 商品描述 |
|---|---|---|---|---|
| 1 | 有接头电缆 | CABLE HARNESS SENSOR | 8544422100 | 用于数据传输，有接头，额定电压大于 80V 小于等于 1000V |
| 2 | 接地柱 | FLAT PIN | 8536909000 | 用于连接电压小于 1000V 的线缆 |
| 3 | 螺钉 | SCREW M4×8 DIN7985 | 7318159090 | 非合金钢制螺钉，抗拉强度大于等于 800MPa，杆径小于等于 6mm |
| 4 | 螺母 | HEXAGON NUT ISO4032-M4-A4 | 7318160000 | 不锈钢六角螺母，用作可松紧固件 |
| 5 | 婴儿辐射保暖台用线路板 | PCB WT-SENSOR 8010 | 9402900000 | 婴儿辐射保暖台专用带有元器件的线路板，用于体温测量、信号管理 |
| 6 | 带接头电线 | CABLE HARNESS SKIN TEMP. SENSOR | 8544422900 | 用于信号传输，有接头，额定电压 80V~1000V |
| 7 | 圆头螺钉 | DSUB-THREADED BOLTM3 RoHS | 7318159090 | 不锈钢螺钉，抗拉强度为 103MPa |
| 8 | 塑料制手柄 | BRACKET | 3926300000 | 通用的把手，塑料制 |
| 9 | 蜂鸣器 | BUZZER BT | 8531801001 | 电动蜂鸣器，可根据电脉冲播放声音和光信号 |

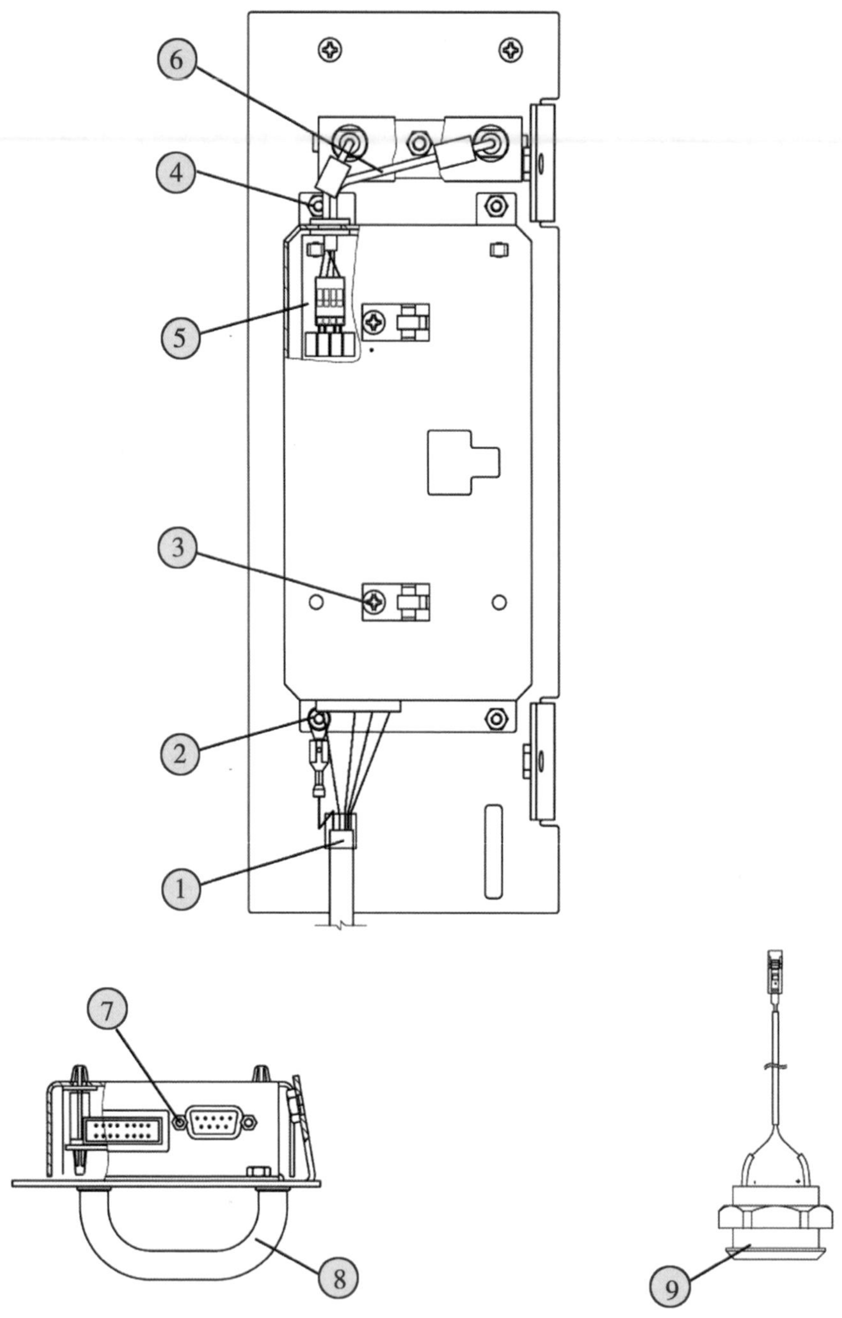


图 2-5-5　辐射台电源和传感信息连接装置爆炸图

## 六、辐射台操作和显示设备

| 序号 | 商品中文名称 | 商品英文名称/描述 | 商品编码 | 商品描述 |
| --- | --- | --- | --- | --- |
| 1 | 控制器面板 | KEY PAD 8004，CPL. | 8538900000 | 婴儿辐射保暖台操作和控制专用，有 LCD 屏和膜式键盘，带有印刷配电集成的接触元件 |
| 2 | 液晶显示板 | TEXT DISPLAY CPL. | 8531200000 | 电子视觉信号设备，带有无源矩阵单色的 LCD 指示器面板，用于医疗设备 |
| 3 | 婴儿辐射保暖台用线路板 | PCB WT-LED 8004 | 9018909991 | 婴儿辐射保暖台专用的，有源组件的印刷电路板，辐射台带有治疗器具 |
| 4 | 婴儿辐射保暖台用线路板 | PBA WT-FRONT-COM | 9018909991 | 对温控数据和信息进行处理，不带控制功能，有源组件的印刷电路板，辐射台带有治疗器具 |
| 5 | 塑料按片 | INSERTION STRIP ALARM，NEW | 3926901000 | 插条由定制的塑料箔制成，不具有自黏性 |
| 6 | 塑料按片 | INSERTION STRIP ALARM，OLD | 3926901000 | 插条由定制的塑料箔制成，不具有自黏性 |

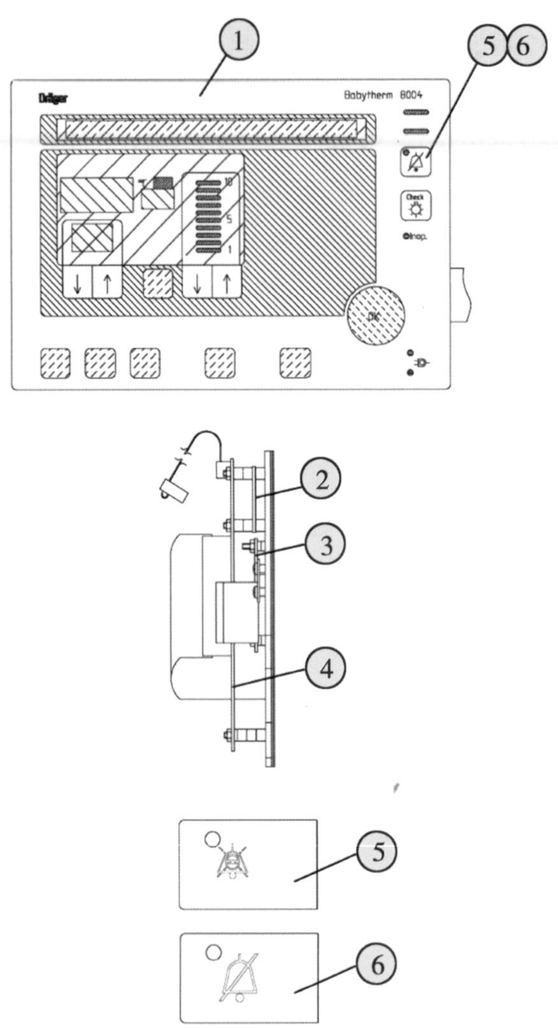


图 2-5-6　辐射台操作和显示设备爆炸图

## 七、辐射台照明结构

| 序号 | 商品中文名称 | 商品英文名称/描述 | 商品编码 | 商品描述 |
|---|---|---|---|---|
| 1 | 电源模块 | POWER PACK | 8504401400 | 用于提供直流电源，功率为375W |
| 2 | 铝合金固定灯座 | LAMP HOLDER | 8536610000 | 用于固定灯泡的铝合金固定底座 |
| 3 | 卤素灯泡 | HALOGEN LAMP, 12V, 50W | 8539219000 | 辐射保暖台上照明用，冷光反射灯泡（卤素），电压 100V 或以下 |
| 4 | 灯座 | LAMPHOLDER | 8536610000 | 灯泡底座，电压小于 1000V |
| 5 | 过滤罩 | FILTER, CPL. | 8421399090 | 金属过滤壳，防止灰尘、细菌等落到灯罩 |
| 6 | 铝合金固定灯座 | LAMP HOLDER NEW | 8536610000 | 用于固定灯泡的铝合金固定底座 |
| 7 | 卤素灯泡 | BBT PT LAMP（SET OF 6 PCS.） | 8539219000 | 辐射保暖台上照明用，冷光反射灯泡（卤素），电压 100V 或以下 |

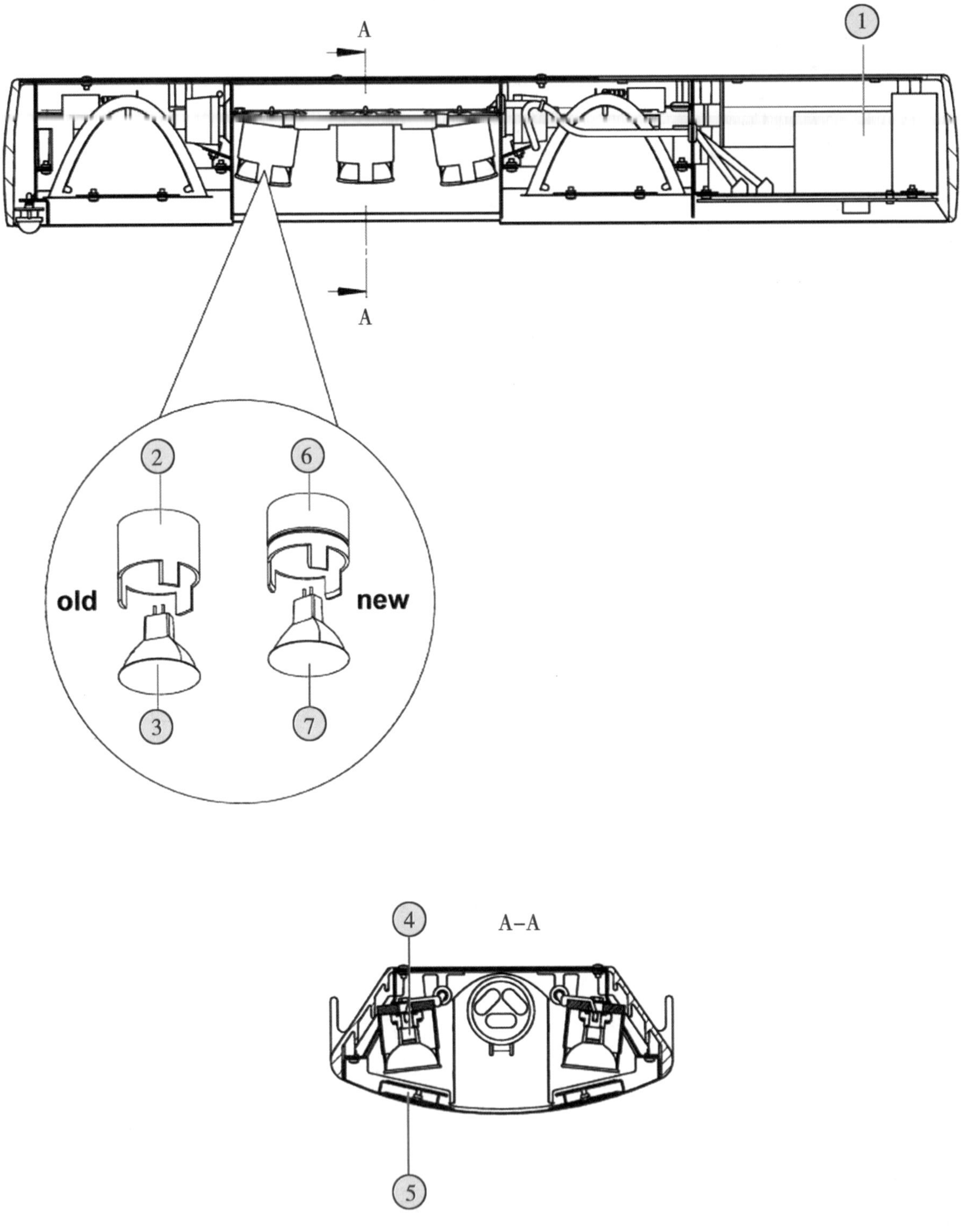

A
①
A
②
⑥
old
new
③
⑦

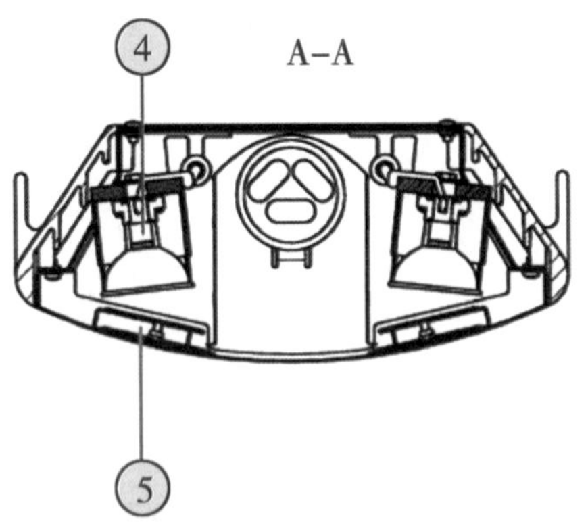


图 2–5–7　辐射台照明结构爆炸图

## 八、辐射台机架升降踏板

| 序号 | 商品中文名称 | 商品英文名称/描述 | 商品编码 | 商品描述 |
|---|---|---|---|---|
| 1 | 脚踏开关 | PEDAL，CPL | 8536500000 | 脚踩式机电按钮，电压为 250V，电流为 6A，用于安装在保暖台设备上 |

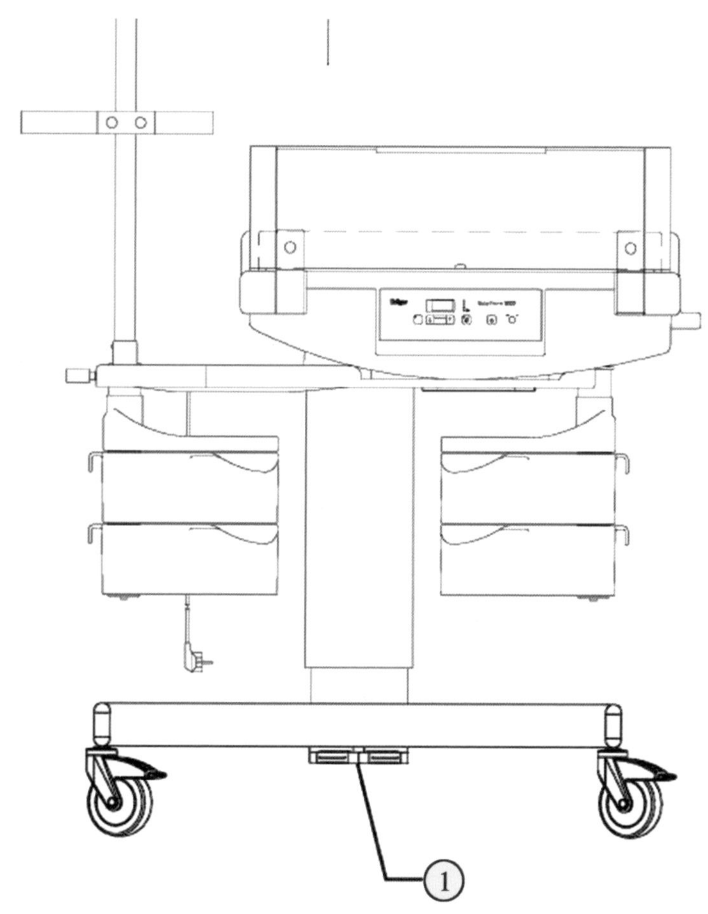


图 2-5-8 辐射台机架升降踏板爆炸图

## 九、升降踏板结构

| 序号 | 商品中文名称 | 商品英文名称/描述 | 商品编码 | 商品描述 |
| --- | --- | --- | --- | --- |
| 1 | 有接头电线 | PLATE，CPL | 8544421900 | 有接头，非同轴，为传输电流，电压大于 80V 小于 1000V |
| 2 | 钢铁制垫圈 | WASHER | 7318220090 | 不锈钢制垫圈 |
| 3 | 婴儿辐射保暖台用开关踏板 | PEDAL | 9402900000 | 辐射保暖台专用 |
| 4 | 螺栓 | HEXAGON SOCKET HEAD CAP SCREW | 7318159090 | 非合金钢制，抗拉强度大于等于 800MPa，由实心材料制成 |
| 5 | 脚踏开关 | PEDAL，CPL | 8536500000 | 脚踩式机电按钮，电压为 250V，电流为 6A，用于安装在保暖台为升降柱开关 |

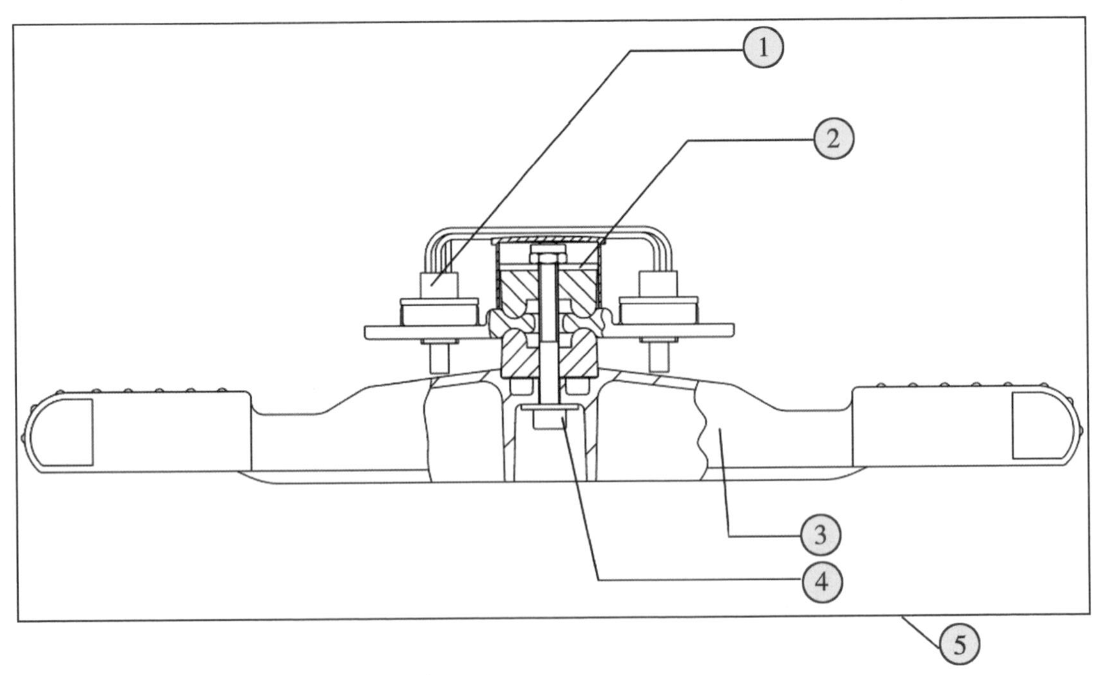


图 2-5-9　升降踏板结构爆炸图

# 第六节 婴儿培养箱

早产儿是一类特殊的患者，由于胎儿的先天因素或母亲的原因不得不在37周前被分娩出来，这时身体各个脏器功能包括皮肤都没有发育完全，使得大多数早产儿都无法自主的维持体温的恒定。暖箱就是一个相对封闭的设备，模拟母亲宫内的情况，提供早产儿需要的温暖、湿润的环境，减少对患儿的不良刺激。围产期的母婴健康的水平也是一个国家医疗卫生水平高低程度的衡量指标之一，婴儿暖箱作为危重孕产妇和新生儿救治中心重要的医疗设备需求逐年上升。

本节列举的培养箱是适用于早产儿的伺服湿化，伺服氧浓度控制与一体化称重的多功能婴儿培养箱。

## 一、新生儿培养箱

| 序号 | 商品中文名称 | 商品英文名称/描述 | 商品编码 | 商品描述 |
|---|---|---|---|---|
| 1 | 新生儿培养箱 | NEONATAL INCUBATOR | 9018909911 | 用于新生儿病房、产科病房和重症监护病房高度危险的、早产、低重量或有严重疾病的新生儿的复苏、治疗和日常护理装置 |

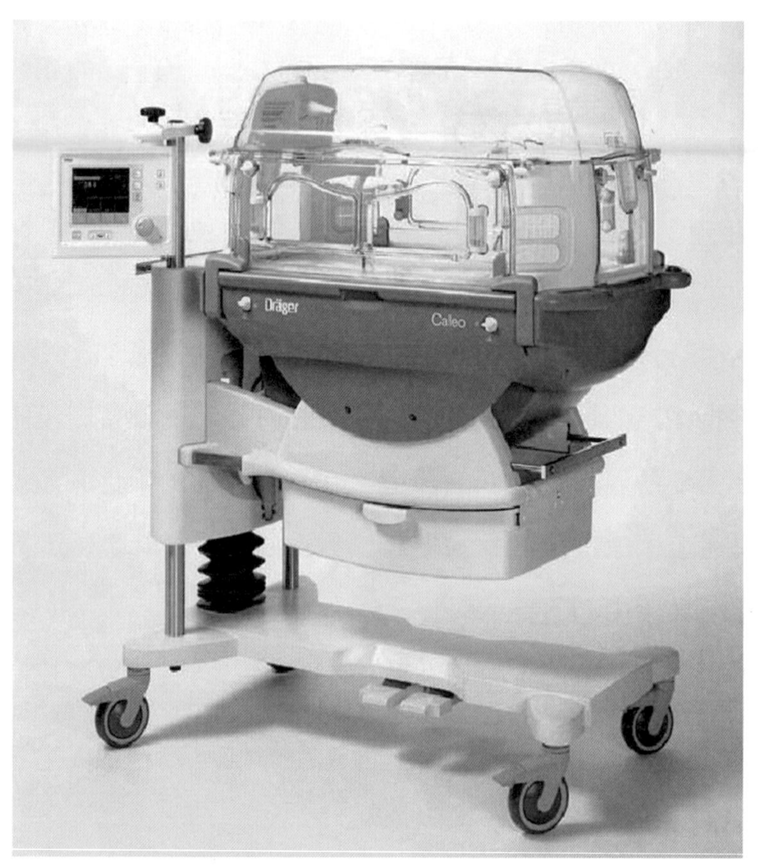


图 2-6-1　新生儿培养箱示意图

## 二、暖箱外用易耗件

| 序号 | 商品中文名称 | 商品英文名称/描述 | 商品编码 | 商品描述 |
|---|---|---|---|---|
| 1 | 锌合金固定夹 | COMPACT RAIL | 7907009000 | 用于固定设备 |
| 2 | 托盘 | TRAY 3020 | 9403900099 | 暖箱车架固定杆上为摆放物品用的金属托盘 |
| 3 | 托盘 | TABLE INCLINABLE, COMPLET | 9403900099 | 暖箱车架固定杆上为摆放物品用的金属托盘 |
| 4 | 海绵床垫 | SOFT BED DRAEGER CALEO | 9404210090 | 使病人拥有舒适的睡眠 |
| 5 | 网篮 | BASKET 600 | 7326209000 | 为医疗室放置设备小部件或杂物；不锈钢、冷轧、金属丝制成 |
| 6 | 网篮 | BASKET | 7326209000 | 为放置设备小部件或杂物，不锈钢长方网篓，带挂钩 |
| 7 | 铝合金支架 | HOLDER FOR LITTER BAGS | 7616999000 | 固定杆上为固定塑料袋等物品用，铝合金制 |
| 8 | 塑料袋 | SET OF WASTE BAGS, BOX100 | 3923210000 | 存放丢弃物 |
| 9 | 输液支架 | INFUSION SUPPORT | 7616999000 | 固定在支杆上为挂起输液袋等用，铝合金制 |

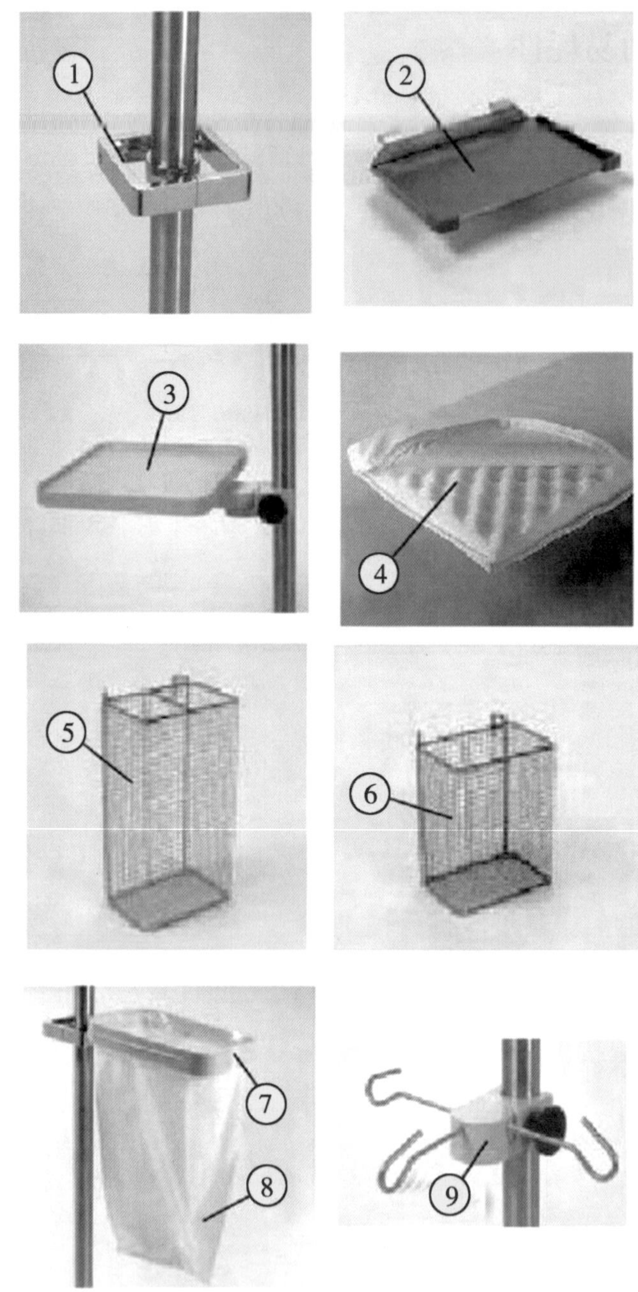


图 2-6-2　暖箱外用易耗件示意图

## 三、湿化水罐

| 序号 | 商品中文名称 | 商品英文名称/描述 | 商品编码 | 商品描述 |
|---|---|---|---|---|
| 1 | 湿化水罐 | WASSERTANK | 8419909000 | 用于暖箱集成专用湿化器盛水和连接管路，控制护理 |
| 2 | 塑料盖子 | CAP | 8419909000 | 湿化水罐用盖子，塑料盖，硅酮（VMQ） |
| 3 | 塑料接头 | SOCKET | 3917400000 | 管路连接，塑料制 |

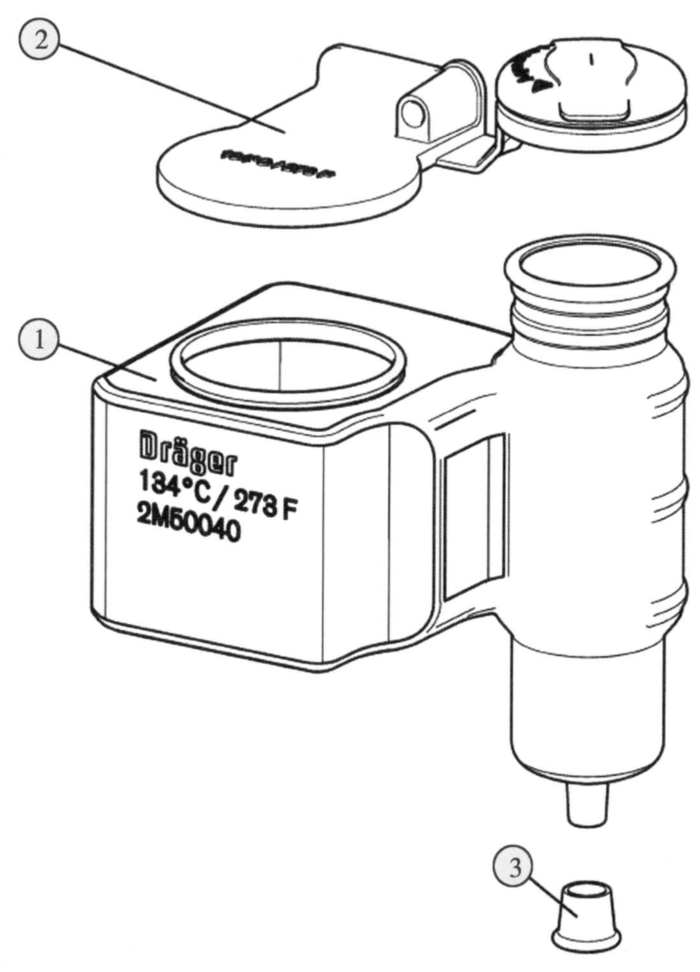


图 2-6-3　湿化水罐示意图

## 四、暖箱内气体监测模块

| 序号 | 商品中文名称 | 商品英文名称/描述 | 商品编码 | 商品描述 |
|---|---|---|---|---|
| 1 | 婴儿暖箱用外壳 | SET COVER | 9018909991 | 暖箱部件的专用外壳零件 |
| 2 | 婴儿暖箱用线路板 | INTEGR $O_2$ MONITOR CALEO | 9018909991 | 带有有源组件的印刷电路板 |
| 3 | 塑料防护罩 | PROTECTING CAP | 9018909991 | 暖箱设备部件上专用的防护罩，塑料成型件，聚碳酸酯（PC）制 |
| 4 | 湿度仪 | HUMIDITY CIRCUIT, CALEO | 9025800000 | 用于暖箱上感应湿度，电子式 |
| 5 | 塑料网罩 | SENSOR CAP HUMIDITY | 3926901000 | 为保护湿度仪，塑料制，有螺纹，硅胶异形 |
| 6 | 螺钉 | SCREW 3×10 DWN562 | 7318159090 | 宽度 3mm，长度 10mm，抗拉强度 700MPa，不锈钢制 |
| 7 | 塑料自粘标签 | LABEL HT SENSOR | 3919909090 | 片状、非成卷、单面自粘、成分含量 100%聚碳酸酯、规格 56.5mm×73.5mm，医疗仪器标示用 |
| 8 | 婴儿暖箱用线路板 | PBA WT2-SENSOR | 9018909991 | 为婴儿暖箱专用带有元器件，用于温度和湿度信号的处理，无控制功能 |
| 9 | 自攻螺钉 | SCREW FOR PLASTIC. 3×16 DWN562 | 7318140000 | 非不锈钢，冷成型，直径 3mm，十字头 |
| 10 | 塑料垫圈 | DISTANCE BOLT | 3926901000 | 保护设备部件与壳体的距离 |
| 11 | 螺栓 | CYL. HEAD SCREW (M6×35×18) DIN912-A2 | 7318159090 | 用毫米的直径直柄压制，长度 35mm，抗拉强度 700MPa，不锈钢制 |

续表

| 序号 | 商品中文名称 | 商品英文名称/描述 | 商品编码 | 商品描述 |
|---|---|---|---|---|
| 12 | 氧传感器 | PROTECTIVE CAP HBR | 9027809900 | 用于测量氧气浓度 |
| 13 | 橡胶 O 型圈 | O-RING | 4016931000 | O 型橡胶密封圈 |
| 14 | 保温外壳 | SPARE PART KIT COVER | 9018909991 | 用于保温加热的外壳部件 |
| 15 | 密封盖 | SEALING PLUG | 3926909090 | 覆盖外壳部件固定口，使整体美观、防尘等，塑料（乙烯聚合物）制，通用件 |

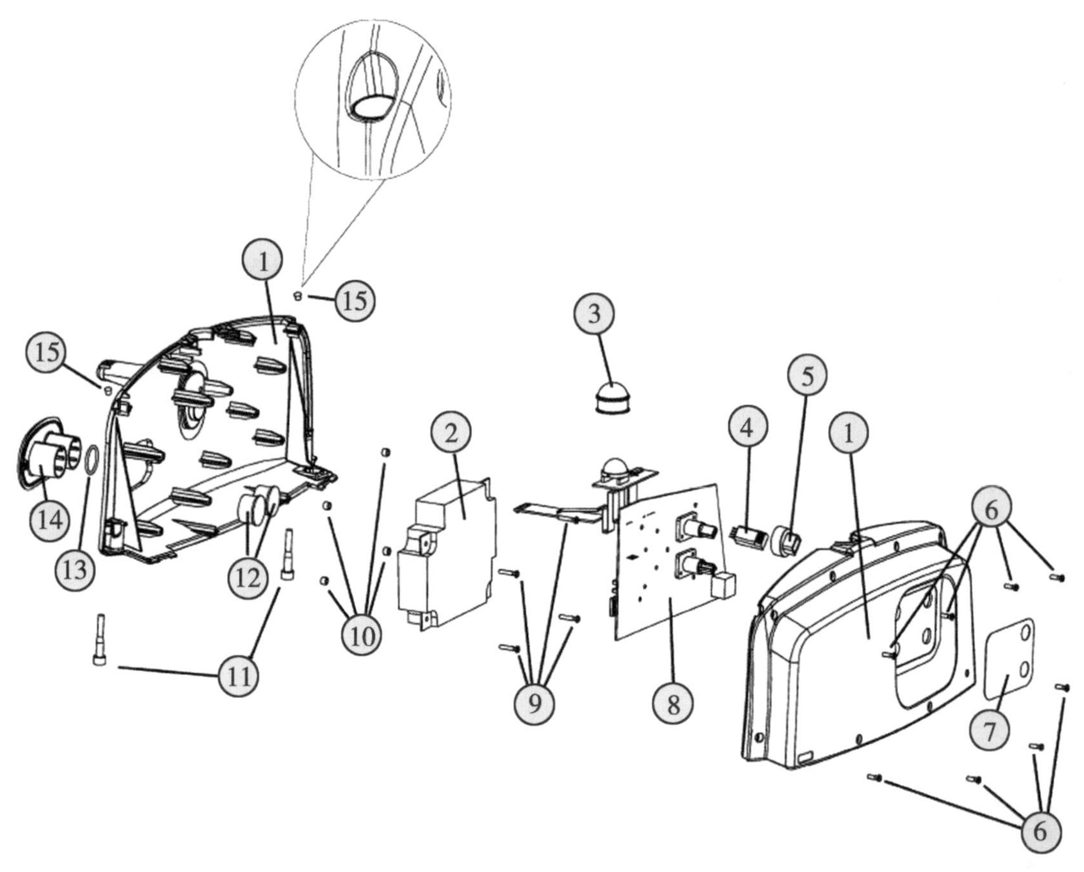


图 2-6-4 暖箱内气体监测模块爆炸图

## 五、暖箱罩

| 序号 | 商品中文名称 | 商品英文名称/描述 | 商品编码 | 商品描述 |
|---|---|---|---|---|
| 1 | 婴儿暖箱用盖板 | CANOPY, CALEO | 9018909991 | 暖箱的外壳零件 |
| 2 | 婴儿暖箱双层罩 | DOUBLE WALL, COMPL., CALEO | 9018909991 | 用于保护和减少热量的损失 |
| 3 | 塑料按钮 | SLIDER, COMPLETE | 3926901000 | 双层盖顶部密封开关按钮 |
| 4 | 婴儿暖箱盖板孔用密封盖 | CAP FEEDING DRILL-HOLE | 3926901000 | 无螺纹的插头盖子，塑料制，硅树脂（VMQ） |
| 5 | 婴儿暖箱双层罩板 | DOUBLE WALL, CALEO | 9018909991 | 用于保护和减少热量的损失 |
| 6 | 塑料垫条 | SEAL FOR HOOD, CALEO | 3926901000 | 暖箱双层罩和箱壳间保护密封用 |
| 7 | 塑料头 | SLEEVE FOR HOOD, CALEO | 3926901000 | 塑料、硅胶制成的喷嘴 |
| 8 | 塑料固定件 | SPAREPART-KIT GUIDE | 3926300000 | 为家具用塑料固定件，起导向作用 |

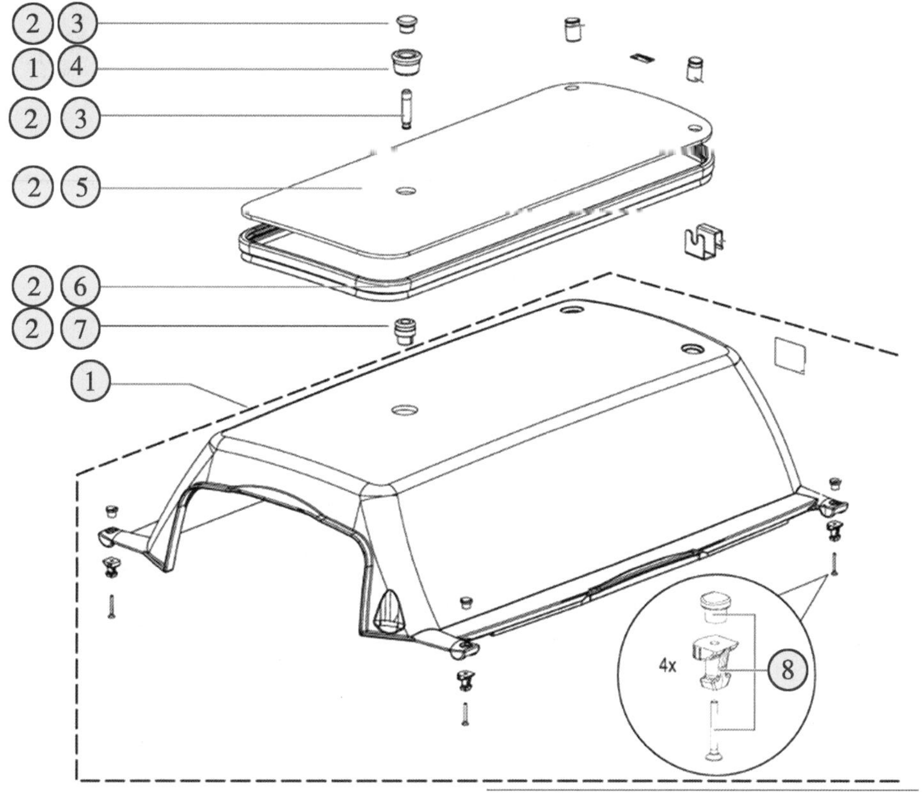


图 2-6-5　暖箱罩爆炸图

## 六、暖箱罩易损件

| 序号 | 商品中文名称 | 商品英文名称/描述 | 商品编码 | 商品描述 |
|---|---|---|---|---|
| 1 | 塞头 | PLUNGER | 3923500000 | 无螺纹塞，塑料（聚酰胺）制，通用 |
| 2 | 螺旋弹簧 | PRESSURE SPRING | 7320209000 | 不锈钢制成的螺旋压缩弹簧，横截面为 0.8mm |
| 3 | 插档 | REINFORCED SUPPORT | 3926300000 | 为暖箱用塑料固定件，起导向作用 |
| 4 | 引流片 | DRAINAGE MODULE | 3926901000 | 为塑料管道从床体引向，隔离用 |
| 5 | 电线固定挡板 | TUBING GROMMET, LARGE | 3926901000 | 通用的塑料挡板，装在机器上让电线通过，起隔离保护作用 |
| 6 | 插档 | SUPPORT | 3926300000 | 为暖箱用塑料固定件，起导向作用 |
| 7 | 塑料固定件 | SPAREPART-KIT GUIDE | 3926300000 | 为暖箱用塑料固定件，起导向作用 |

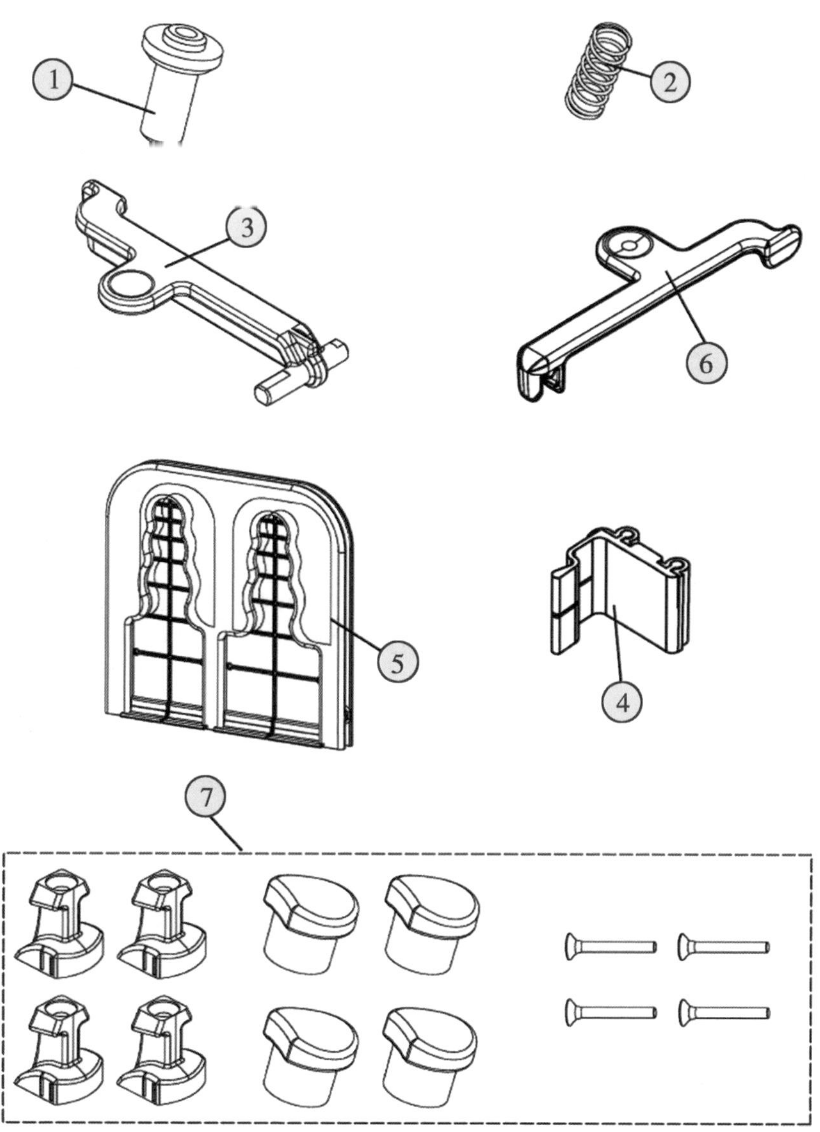


图 2-6-6　暖箱罩易损件爆炸图

## 七、暖箱罩侧板（一）

| 序号 | 商品中文名称 | 商品英文名称/描述 | 商品编码 | 商品描述 |
|---|---|---|---|---|
| 1 | 婴儿暖箱专用侧板总成 | BIG FLAP, CPL | 9018909991 | 暖箱专用的设计部件，安装在婴儿暖箱侧面上 |
| 2 | 暖箱专用旋钮 | BUTTON | 9018909991 | 为保育箱侧板可打开和关闭 |
| 3 | 色标片 | COLOR MARKING CATCH | 3926909090 | 指示旋钮开关到位的彩色标记，塑料制 |
| 4 | 减震条 | DAMPER | 3919909090 | 为侧板关上时减小框和暖箱整个罩体震动，厚度为1.6mm，长度为67mm的矩形自粘物，塑料制 |
| 5 | 塞头 | SNAP-LOCK | 3923500000 | 和旋钮对塞，使侧板和保温罩框固定，无螺纹，塑料（聚酰胺）制 |
| 6 | 螺旋弹簧 | SPRING | 7320209000 | 不锈钢螺旋压缩弹簧 |
| 7 | 塑料盖 | CAP | 3923500000 | 保育箱门锁的后盖 |
| 8 | 不锈钢螺钉 | PAN HEAD SCREW M6×12 DIN7984 | 7318159090 | 不锈钢制，抗拉强度小于800MPa |
| 9 | 塑料垫圈 | ADDITIONAL RING | 3926901000 | 部件固定件之间松紧密封，塑料垫圈 |
| 10 | 弹簧垫圈 | SPLIT WASHER B6 DIN127-X12 CRNI | 7318210090 | 不锈钢制 |
| 11 | 侧板连接件 | COVER_ RI | 9018909991 | 为保育箱侧板固定到床体并可以转到 |
| 12 | 塑料盖 | CAP | 3926909090 | 塑料保护盖住螺钉的缺口，使看上去平整美观 |

续表

| 序号 | 商品中文名称 | 商品英文名称/描述 | 商品编码 | 商品描述 |
|---|---|---|---|---|
| 13 | 侧板连接件 | COVER_ LE | 9018909991 | 为保育箱侧板固定到床体并可以转到 |
| 14 | 下托挡板 | DOUBLEWALL MOVEBLE | 9018909991 | 为保育箱侧板和床体连接固定板 |

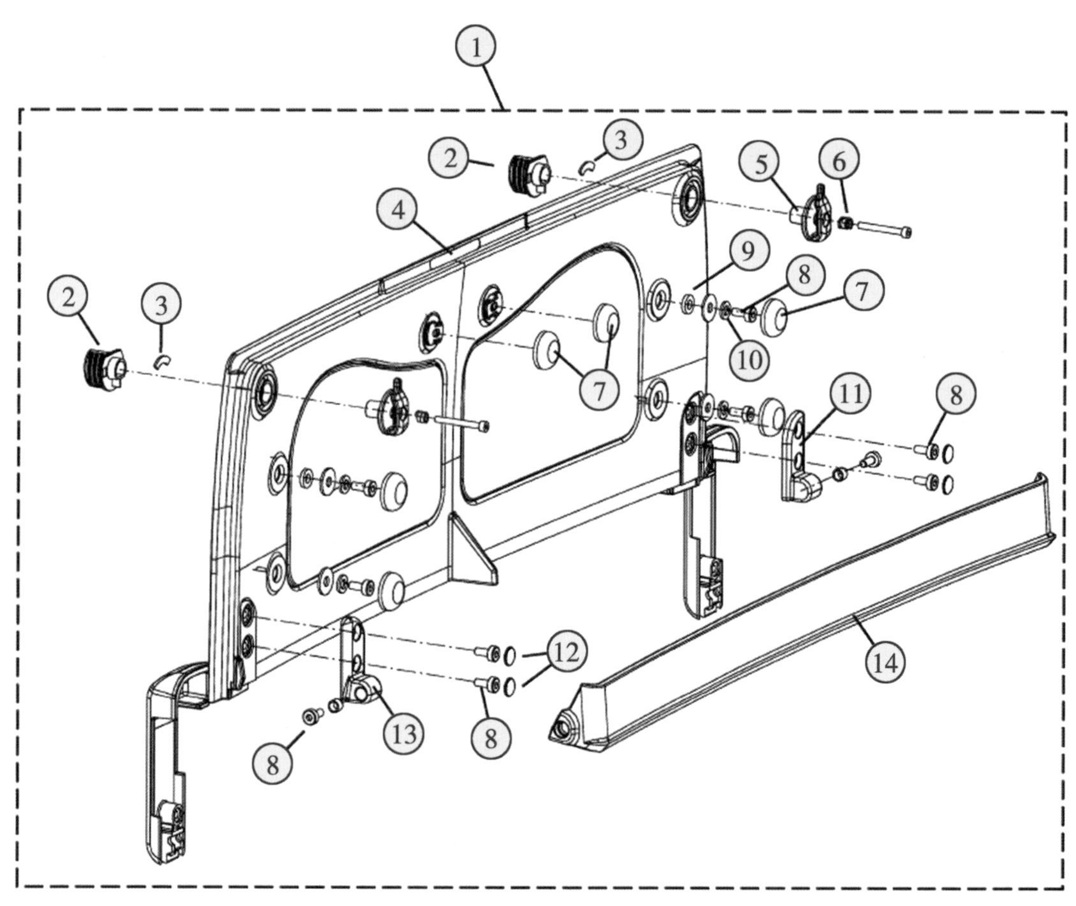


图 2-6-7 暖箱罩侧板爆炸图（一）

## 八、暖箱罩侧板（二）

| 序号 | 商品中文名称 | 商品英文名称/描述 | 商品编码 | 商品描述 |
|---|---|---|---|---|
| 1 | 暖箱专用旋钮 | BUTTON | 9018909991 | 为保育箱侧板可打开和关闭的把手 |
| 2 | 色标片 | COLOR MARKING CATCH | 3926909090 | 指示旋钮开关到位的彩色标记，塑料制 |
| 3 | 塑料盖 | CAP | 3923500000 | 保育箱门锁的后盖 |
| 4 | 不锈钢螺钉 | PAN HEAD SCREW M6×12 DIN7984 | 7318159090 | 不锈钢制，抗拉强度小于800MPa |
| 5 | 右铰链 | HINGE RIGHT | 3926300000 | 固定保暖箱侧板和车架可上下翻动 |
| 6 | 左铰链 | HINGE LEFT | 3926300000 | 固定保暖箱侧板和车架可上下翻动 |
| 7 | 减震垫 | ELASTIC BUFFER | 3926909090 | 为侧板上的门关上时，减小侧板和暖箱整个罩体的震动 |
| 8 | 塑料固定件 | LEVERS RIGHT, COMP. | 3926300000 | 为家具用塑料固定件，起导向作用 |
| 9 | 塑料扣柄 | LEVERS LEFT, COMPL. | 3926300000 | 为暖箱用塑料扣柄，暖箱上门扣可以打开和拉的手柄部件 |
| 10 | 塑料O型圈 | SPARE PART KIT O-RING | 3926901000 | 设备部件用 |
| 11 | 暖箱用有机玻璃门 | HANDPORT RIGHT, COMPLETE | 9018909991 | 用于暖箱右侧的开关和隔离 |
| 12 | 暖箱用有机玻璃门 | HANDPORT LEFT, CPL | 9018909991 | 用于暖箱左侧的开关和隔离 |

续表

| 序号 | 商品中文名称 | 商品英文名称/描述 | 商品编码 | 商品描述 |
|---|---|---|---|---|
| 13 | 塑料密封条 | GASKET LONG | 3926901000 | 为暖箱设备栏板和床体间密封用，塑料、硅树脂（VMQ）制 |

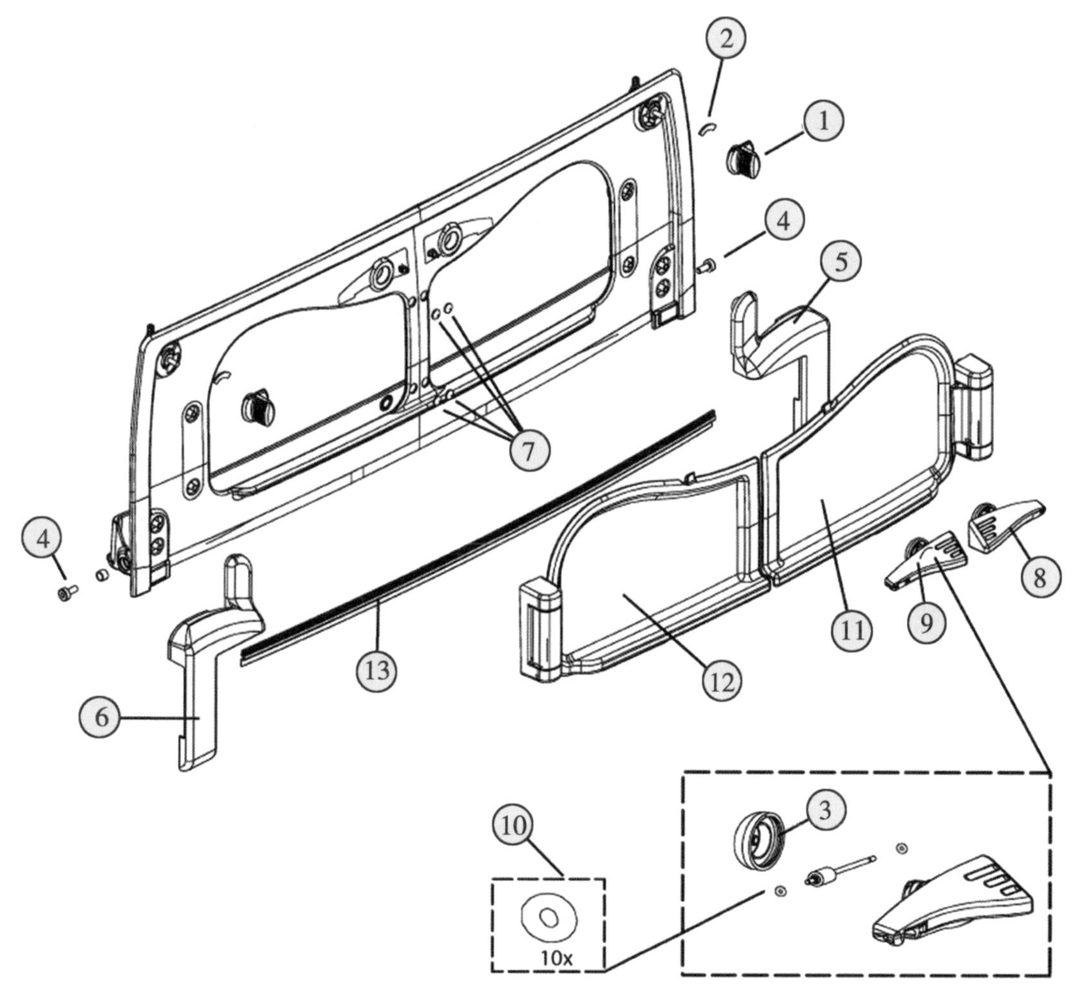


图 2-6-8 暖箱罩侧板爆炸图（二）

## 九、暖箱床体结构

| 序号 | 商品中文名称 | 商品英文名称/描述 | 商品编码 | 商品描述 |
|---|---|---|---|---|
| 1 | 婴儿暖箱床体 | BED ARER CALEO | 9018909991 | 婴儿暖箱床体，用于提供婴儿睡躺用 |
| 2 | 暖箱床体用弹簧扣 | SPRING-LOADED CATCH | 3926300000 | 塑料制家具配件 |
| 3 | 塑料盖 | CAP | 3926909090 | 塑料制，保护盖住螺钉的缺口，使其看上去平整美观 |
| 4 | 电子秤 | SCALE | 8423100000 | 用于称量婴儿体重的感应块 |
| 5 | 滑条 | SLIDING STONE | 3926901000 | 塑料制，家具配件（POM）作为摇篮的床倾斜的结构件 |
| 6 | 垫圈 | GASKET AGGREGATE | 3926901000 | 用于暖箱体部件间的密封，塑料制的扁平垫圈环，孔直径为284mm |
| 7 | 散热器 | AGGREGATES | 9018909991 | 为暖箱床体传递热风对流 |
| 8 | 不锈钢螺钉 | SCREW F. PLASTICS 3×12 DWN562 | 7318159090 | 不锈钢制，抗拉强度小于800MPa |
| 9 | 抽屉 | DRAWER | 9018909991 | 为暖箱下可提供存放X光片纸张等 |
| 10 | 暖箱用热风箱 | HOUSING BASE | 9018909991 | 外壳部件，热风对流箱体 |
| 11 | 床榻 | INTERMEDIATE ELEMENT | 9018909991 | 用于暖箱婴儿床体和设备的连接摆放 |
| 12 | 塞头 | PLUNGER | 3926901000 | 无螺纹塞，塑料（聚酰胺） |
| 13 | 螺旋弹簧 | PRESSURE SPRING | 7320209000 | 不锈钢螺旋压缩弹簧 |

续表

| 序号 | 商品中文名称 | 商品英文名称/描述 | 商品编码 | 商品描述 |
|---|---|---|---|---|
| 14 | 不锈钢螺钉 | PAN HEAD SCREW M6×12 DIN7984 | 7318159090 | 不锈钢制，抗拉强度小于800MPa |
| 15 | 挡圈 | LOCK WASHER 8 DIN6799 | 7318210001 | 在轴上或孔中定位、锁紧或止退 |

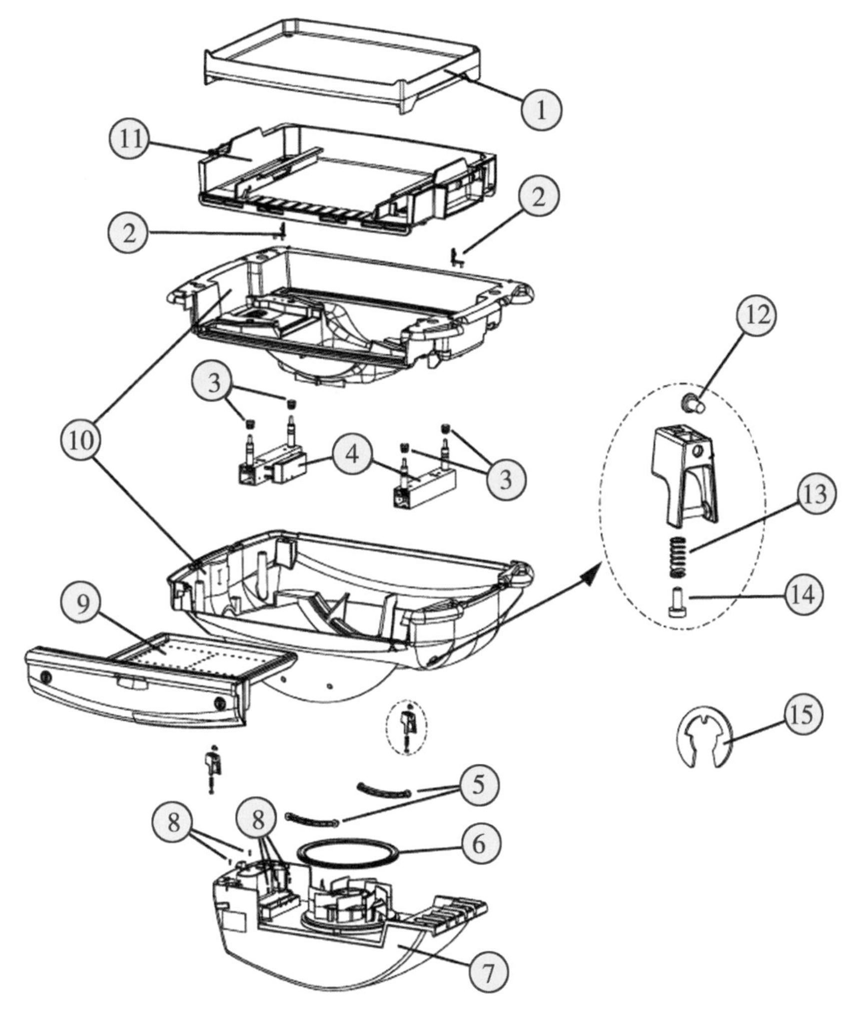


图 2-6-9　暖箱床体结构爆炸图

## 十、暖箱车架结构

| 序号 | 商品中文名称 | 商品英文名称/描述 | 商品编码 | 商品描述 |
|---|---|---|---|---|
| 1 | 塑料扎带 | CLAMP FITTING 4.8×186 LG | 3926909090 | 用于设备内电线、电缆的捆扎，带有锯齿形表面，一端具有锁定元件 |
| 2 | 螺母 | HEX NUT M5 DIN985 | 7318160000 | 不锈钢制，用作可松释的紧固件 |
| 3 | 不锈钢垫圈 | WASHER | 7318220090 | 不锈钢制 |
| 4 | 定向轮子 | CASTOR WITH GUIDANCE, CONDUCT. | 8302200000 | 用贱金属做支架的小脚轮 |
| 5 | 塑料轮子 | CASTOR WITH FIXING | 8302200000 | 医疗设备通用的塑料轮子，塑料材质为主 |
| 6 | 螺丝 | SCREW AM4×10 DIN84 | 7318159090 | 不锈钢螺钉，抗拉强度为700MPa |
| 7 | 连接件 | FLAT PIN | 8536901900 | 连接电线缆用，电压低于1000V |
| 8 | 不锈钢垫圈 | WASHER ISO7089-5-200HV-A4 | 7318220090 | 不锈钢制 |
| 9 | 不锈钢螺钉 | HEXAGON SOCKET HEAD CAP SCREW | 7318159090 | 不锈钢制，抗拉强度小于800MPa |
| 10 | 不锈钢垫圈 | LOCK WASHER B4×10 CRNI18-8 (DIN127) | 7318220090 | 不锈钢制 |
| 11 | 不锈钢垫圈 | WASHER ISO7089-6-200HV-A4 | 7318220090 | 不锈钢制 |

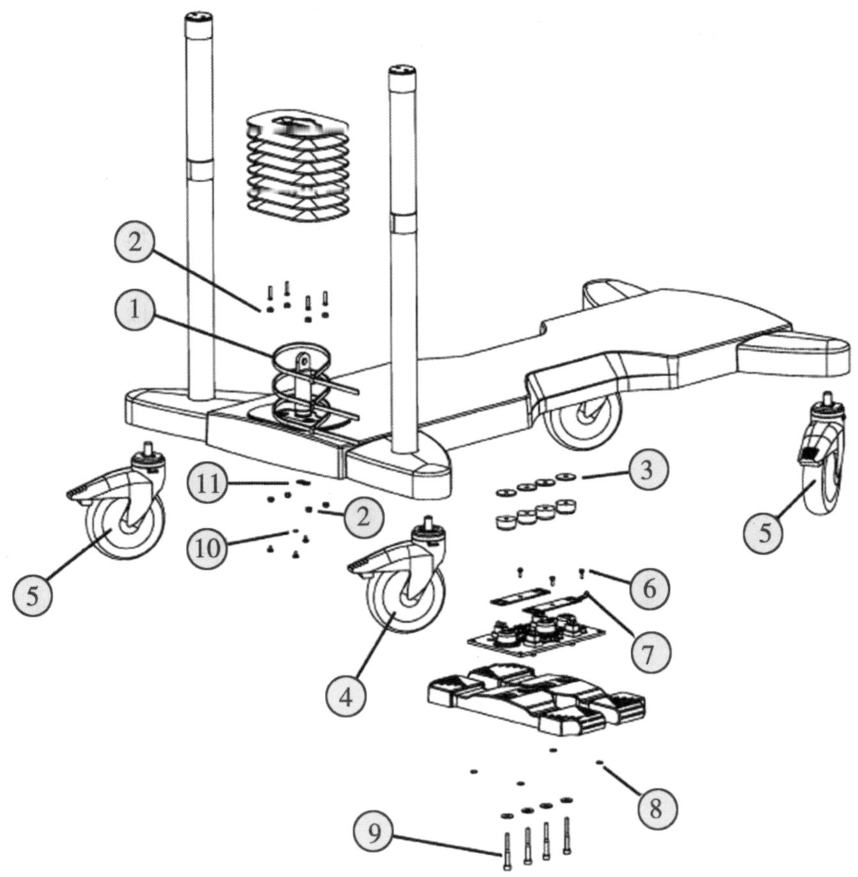


图 2-6-10　暖箱车架结构爆炸图

## 十一、电源和机架

| 序号 | 商品中文名称 | 商品英文名称/描述 | 商品编码 | 商品描述 |
|---|---|---|---|---|
| 1 | 不锈钢螺钉 | AM5×16 DIN963 A2 00001 | 7318159090 | 不锈钢，抗拉强度小于800MPa |
| 2 | 塑料盖 | SEALING PLUG | 3926901000 | 无螺纹的塞子，暖箱车架杆上用，使密封、美观，塑料制 |
| 3 | 脚轮 | SUPPORT WHEEL | 8302200000 | 直径小于等于75mm的脚轮，贱金属紧固在暖箱车架上，可移动床体 |
| 4 | 塑料盖 | CAP | 3926901000 | 无螺纹的塞子，暖箱车架杆上用，使其密封、美观，塑料制 |
| 5 | 不锈钢垫圈 | LOCK WASHER B4×10CRNI18-8（DIN127） | 7318220090 | 不锈钢制 |
| 6 | 螺母 | HEXAGON NUT ISO4032-M4-A4 | 7318160000 | 不锈钢制，用作可松释的紧固件 |
| 7 | 连接件 | FLAT PIN | 8536901900 | 连接电线缆用，电压低于1000V |
| 8 | 橡胶垫圈 | O-RING | 4016931000 | 密封，非多孔橡胶，丙烯腈丁二烯橡胶制 |
| 9 | 自攻螺丝 | CHEESE HEAD SCREW AM3×10 | 7318140090 | 不锈钢制，柄直径3mm，内六角头 |
| 10 | 弹簧垫圈 | SPLIT WASHER B3 DIN127-X12 CRNI | 7318210090 | 不锈钢制 |
| 11 | 接地线接头 | BOLT | 8536901100 | 铜制电接触元件，电压小于80V |
| 12 | 弹簧垫圈 | SPLIT WASHER B6 DIN127-X12 CRNI | 7318210090 | 不锈钢制 |

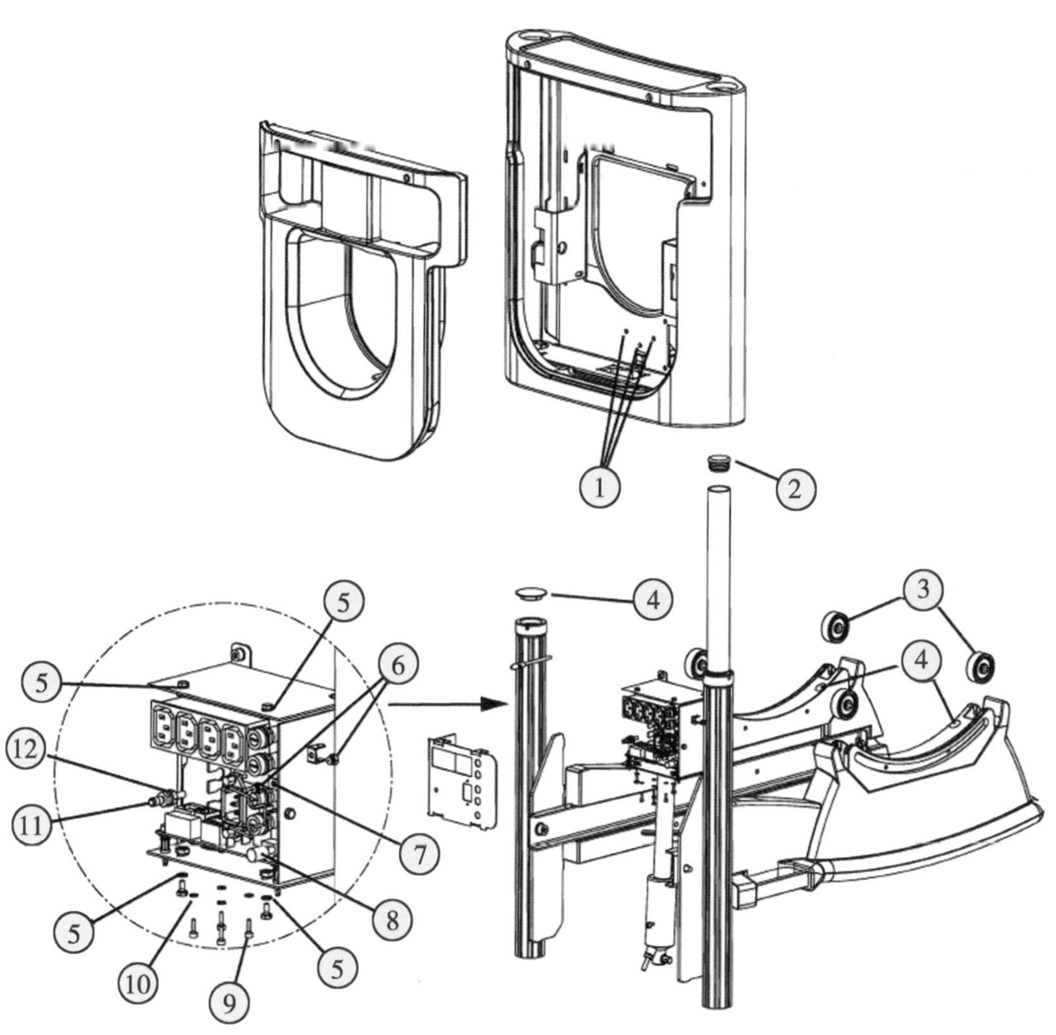


图 2-6-11　电源和机架爆炸图

## 十二、电源和车架

| 序号 | 商品中文名称 | 商品英文名称/描述 | 商品编码 | 商品描述 |
|---|---|---|---|---|
| 1 | 电机 | DRIVE HEIGHTS ADJUSTMENT | 8501310000 | 为暖箱箱体升降调整，无刷线性电动机，功率为90W，直流电压为24V |
| 2 | 电机 | DRIVE TANGENTIAL DEVIATION | 8501310000 | 为暖箱箱体前后调整，无刷线性电动机，功率为85W，直流电压为24V |
| 3 | 脚踏开关 | PEDAL，CPL. | 8536500000 | 脚踩式机电按钮，电压为250V，电流为6A |
| 4 | 开关 | MICROSWITCH SDRU 1POL TA/WE | 8536500000 | 电按开关，电压为250V，电流为6A |
| 5 | 婴儿暖箱用开关踏板 | PEDAL | 9018909991 | 婴儿暖箱专用 |
| 6 | 塑料垫片 | PCB-SPACER 12.7 RoHS | 3926901900 | 聚乙烯制 |
| 7 | 电源插座 | 4 - SOCKET STRIP IEC320 | 8536690000 | 电源插座，设备上与电源线连接通电 |
| 8 | 熔断器座 | FUSE HOLDER | 8536909000 | 为安装熔断器的线路连接座 |
| 9 | 熔断器 | CARTRIDGE FUSES T2H RoHS | 8536100000 | 保护电路中电流过高 |
| 10 | 熔断器座 | FUSE HOLDER WITH CAP UL | 8536909000 | 为安装熔断器的线路连接座 |
| 11 | 熔断器 | FUSE-LINK F10A 6.3×32 | 8536100000 | 保护电路中电流过高 |
| 12 | 熔断器座 | FUSE HOLDER CAP | 8536909000 | 为安装熔断器的线路连接座 |

续表

| 序号 | 商品中文名称 | 商品英文名称/描述 | 商品编码 | 商品描述 |
|---|---|---|---|---|
| 13 | 弹簧夹 | BRACKET FOR DUCT | 7320909000 | 不锈钢制，勾住电源线插头，在插入插座后防止插头松动脱落 |
| 14 | 暖箱用电源连接电路板 | PBA WT2-MAINS | 85340090 | 带触点的电路板，带导体路径，带无源元件 |
| 15 | 有接头电缆 | CABLE WT2，PEDALS | 8544422100 | 为暖箱电源供电连接，大于80V，小于1000V，非同轴，有接头 |
| 16 | 电源插座 | PLUG FOR NON-HEATING DEVICES UL | 8536690000 | 电源插座，设备上与电源线连接通电 |

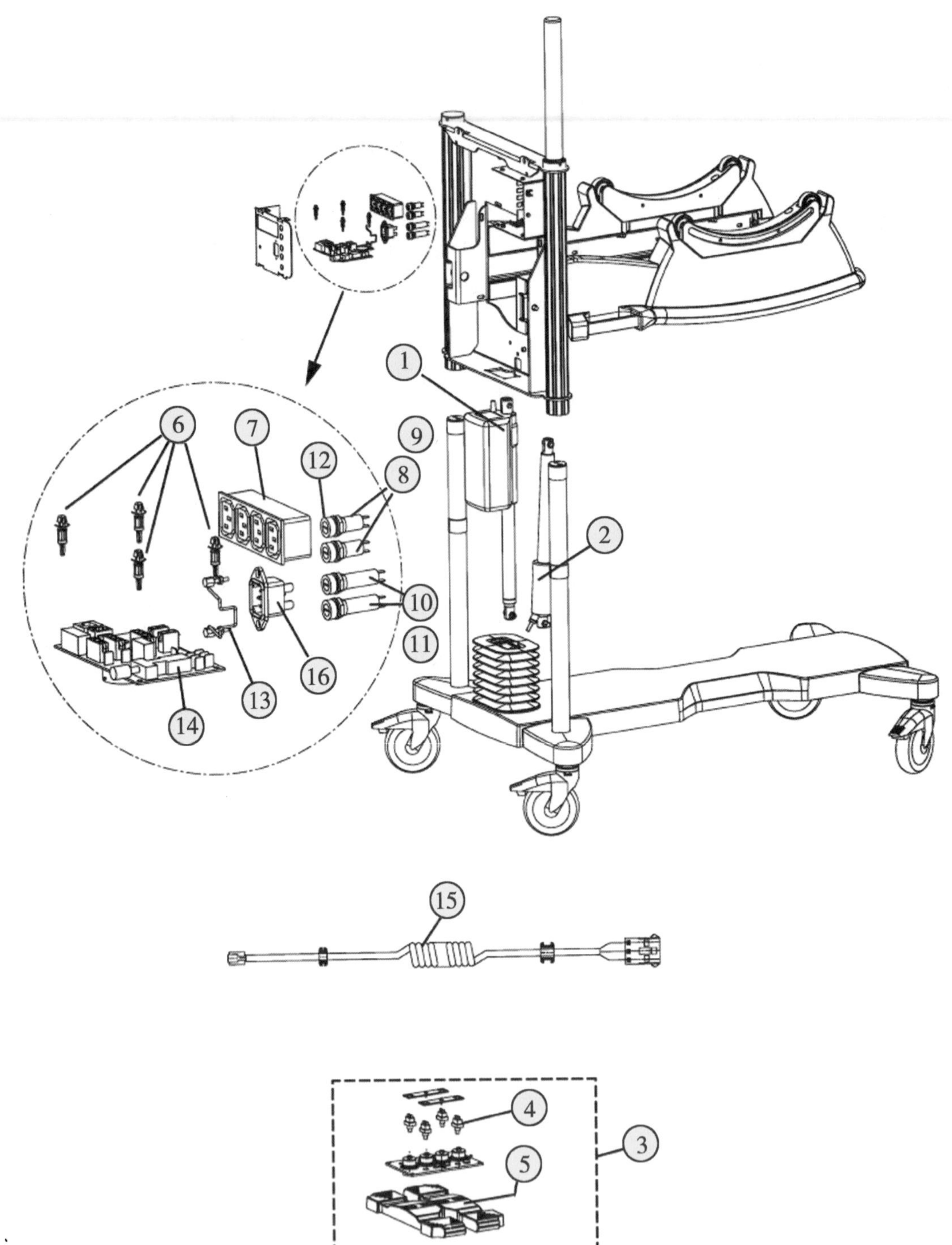


图 2-6-12　电源和车架爆炸图

## 十三、显示设备线路板

| 序号 | 商品中文名称 | 商品英文名称/描述 | 商品编码 | 商品描述 |
|---|---|---|---|---|
| 1 | 液晶显示板 | EL-DISPLAY 320×240 | 8531200000 | 电子视觉信号装置，电子发光指示器面板，单色 |
| 2 | 暖箱用线路板 | PROGR. PBA WT2-CONTROLLER | 9018909991 | 暖箱专用对信息和数据处理的线路板 |
| 3 | 设备外壳 | SHEET METAL HOUSING | 9018909991 | 暖箱用安装显示板和线路板的固定外壳 |

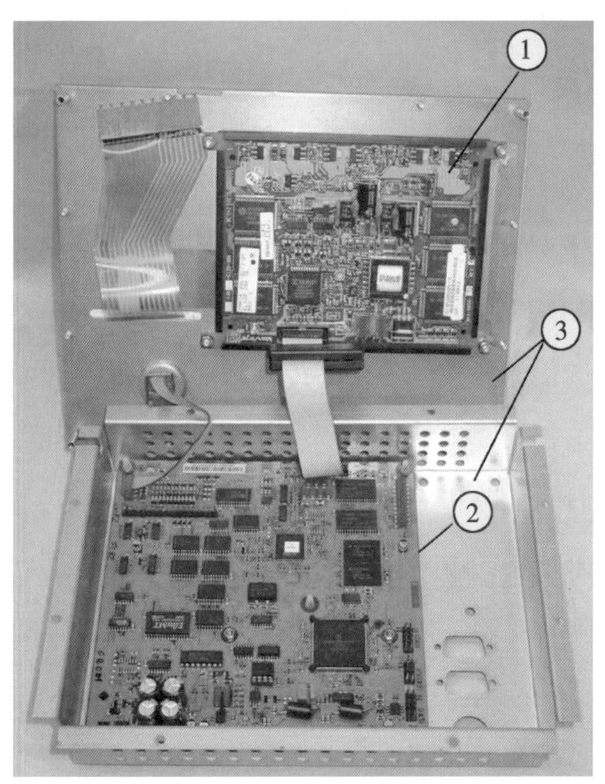


图 2-6-13 显示设备线路板示意图

# 第七节 病人监护仪

病人监护仪在医学临床诊断中提供病人生理参数信息，一般仅供医护人员使用。在医院环境中，对成人、小儿和新生儿患者通过各种功能模块进行心电、心率、呼吸频率、有创血压、无创血压、体温、脉搏血氧饱和度、脉率、呼末二氧化碳监护并具有窒息报警功能；也用于对成人和小儿患者进行心输出量、麻醉气体，以及ST段和心律失常分析。

该类监护产品主要由主机、电源、心电图（ECG）插件盒及复合模块和心电导联线组、脉搏血氧饱和度插件盒和传感器、体温探头、无创血压连接管和袖带、血流动力学插件盒、有创血压电缆和适配器、心输出量电缆、呼末二氧化碳插件盒及气道适配器和传感器、麻醉气体模块等组成。

近年来，国内医院加快了信息化的建设进程，这将使医院信息系统逐步走向“以病人为中心”的临床信息系统，医院也将转变管理病人需要的服务模式。医院信息化需要医疗设备的信息化和数字化，传统的监护仪已经开始向信息监护仪发展，这种集病人生命体征监护、临床信息处理、数据交互、设备信息于一体的监护仪将给广大的医护人员在日常的临床医疗活动中带来极大的帮助。监护仪作为医院的常规设备，每年销售需求增长约15%。随着我国城市化过程不断成熟，一线城市建设分院，二、三线城市床位扩建，以及私营医院数量的增长等各种现象，在中长期内都会保持一个持续增长的态势。另外，重症临床科室［例如，重症监护室（ICU）、手术室、新生儿重症监护室（NICU），心内重症监护室（CCU）等科室细分设立］，为生命安全的保证发挥着巨大作用，这些科室设备补充或扩建中都对监护仪有着较大的需求。

## 一、病人监护仪

| 序号 | 商品中文名称 | 商品英文名称/描述 | 商品编码 | 商品描述 |
|---|---|---|---|---|
| 1 | 病人监护仪 | PATIENT MONITOR | 9018193010 | 通过传感器或探头监测病员的主要生理参数情况，并可连接传输到主控台 |

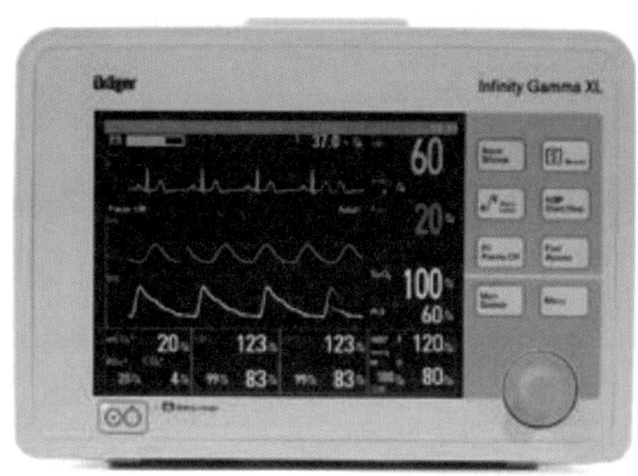


图 2-7-1 病人监护仪示意图

## 二、监护仪前半部分结构

| 序号 | 商品中文名称 | 商品英文名称/描述 | 商品编码 | 商品描述 |
|---|---|---|---|---|
| 1 | 监护仪用外壳 | E/M SPR BEZEL FRONT GAMMA | 9018193090 | 监护仪专用外壳 |
| 2 | 监护仪用线路板 | BOARD POD COM SC 6002XL A140 | 9018193090 | 病人监护仪专用零件，监护仪数据连接和输出 |
| 3 | 监护仪用线路板 | E/M SPR DCAC INV NEC SC6002XL | 9018193090 | 病人监护仪专用零件，监护仪数据信息处理 |
| 4 | 监护仪用显示屏 | DISPLAY LCD SC 6002XL 6. 5in | 9018193090 | 液晶显示器（彩色屏幕），6.5英寸，适用于监护信息的显示，并配有外壳和功能部件系统的组件 |
| 5 | 监护仪用线路板 | PCB SPR A200 FT PNL GAMMA | 9018193090 | 病人监护仪专用零件，监护仪数据信息处理，无控制功能 |
| 6 | 内置扬声器 | SPARE SPEAKER ASSEMBLY GAMMA XL | 8518290000 | 无箱体，用于监护设备中声控信息 |

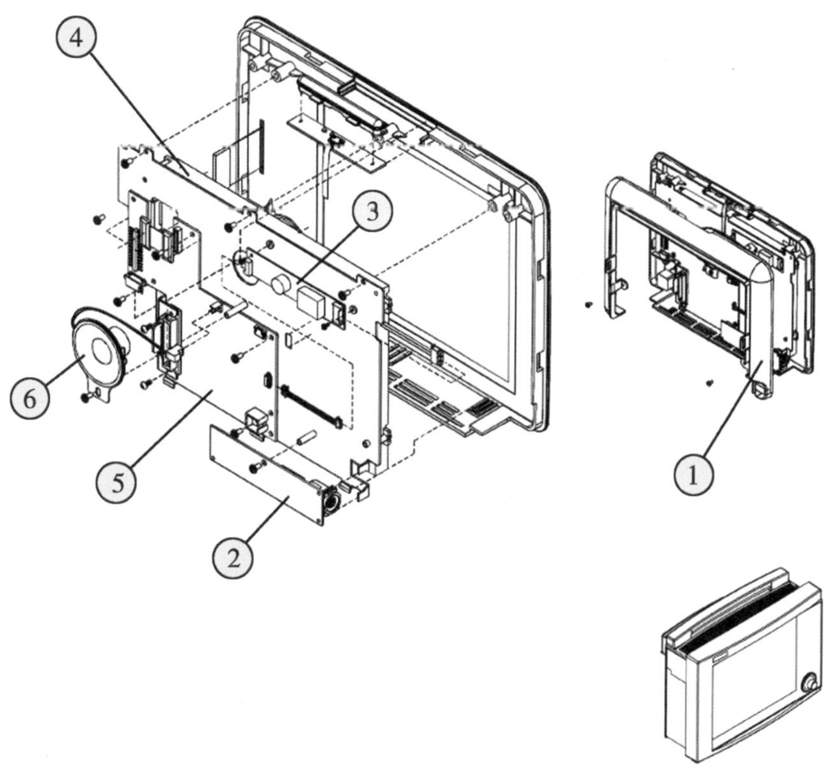


图 2-7-2 监护仪前半部分结构爆炸图

## 三、监护仪后半部分结构

| 序号 | 商品中文名称 | 商品英文名称/描述 | 商品编码 | 商品描述 |
|---|---|---|---|---|
| 1 | 监护仪用侧板 | PANEL LEFT VISTA | 9018193090 | 监护仪专用 |
| 2 | 监护仪用侧板 | PANEL LEFT GAMMA XL | 9018193090 | 监护仪专用 |
| 3 | 监护仪用外壳 | E/M SPR REAR HOUSING 6802XL DX | 9018193090 | 监护仪专用 |
| 4 | 塑料手柄 | HANDLE GAMMA XL | 3926901000 | 用于监护仪，可提起设备，塑料制 |
| 5 | 监护用后盖 | BATTERY COVER GAMMA XL | 9018193090 | 监护仪专用电池后盖板 |
| 6 | 监护仪电池闩扣 | BATTERY LATCH SC 5/600XX | 9018193090 | 用于监护仪上固定电池 |
| 7 | 监护仪用侧板 | E/M SPR RT RET PLT SC6802XL DX | 9018193090 | 监护仪专用 |
| 8 | 塑料按钮 | BUTTON RAM CARD DELTA GAMMA | 3926901000 | 用于监护仪上，按下可弹出专用数据卡 |
| 9 | 监护仪用空气泵 | E/M SPR MANIFOLD NP 6002XL | 8414809090 | 用于抽取病人端气体 |
| 10 | 有接头电缆 | CBL HARNESS BATTEERY GAMMA | 8544422100 | 电池电缆，带配件的线束，用塑料绝缘，电压大于 80V，小于 1000V，有接头、非同轴 |
| 11 | 监护仪用外壳 | PLATE RETAINER GAMMA XL | 9018193090 | 监护仪专用 |
| 12 | 监护仪用线路板 | PCB PROCESSOR SC 6X02XL A104 | 9018193090 | 病人监护仪专用零件，监护仪数据信息处理 |

续表

| 序号 | 商品中文名称 | 商品英文名称/描述 | 商品编码 | 商品描述 |
|---|---|---|---|---|
| 13 | 气体过滤器 | AIR FILTER NP MODULE 10PCS | 8421399090 | 过滤净化病人气体中的水分或细菌类 |
| 14 | 监护仪用内壳 | E/M SPR INTWALL GAMMA W/O POD | 9018193090 | 监护仪专用 |
| 15 | 软排线 | E/M SPR CBL 6X02XL A103/4 FRNT | 8544421900 | 用于监护仪上线路板和显示屏连接传输信息等，电压小于 80V |
| 16 | 旋转编码器 | OPT. ENCODER SWITCH SC5/6/7/9 | 8543709990 | 用于将位移信号转换为电信号 |
| 17 | 控制旋钮 | ROTARY KNOB DELTA GAMMA XL | 9018193090 | 病人监护仪上与旋转编码器配套使用 |
| 18 | 橡胶垫 | RUBBER FOOT SC 5/6/7/9000 | 4016991090 | 在监护设备下起防滑等保护作用 |
| 19 | 监护仪用内壳 | FUNNEL SC 6002XL | 9018193090 | 监护仪专用 |

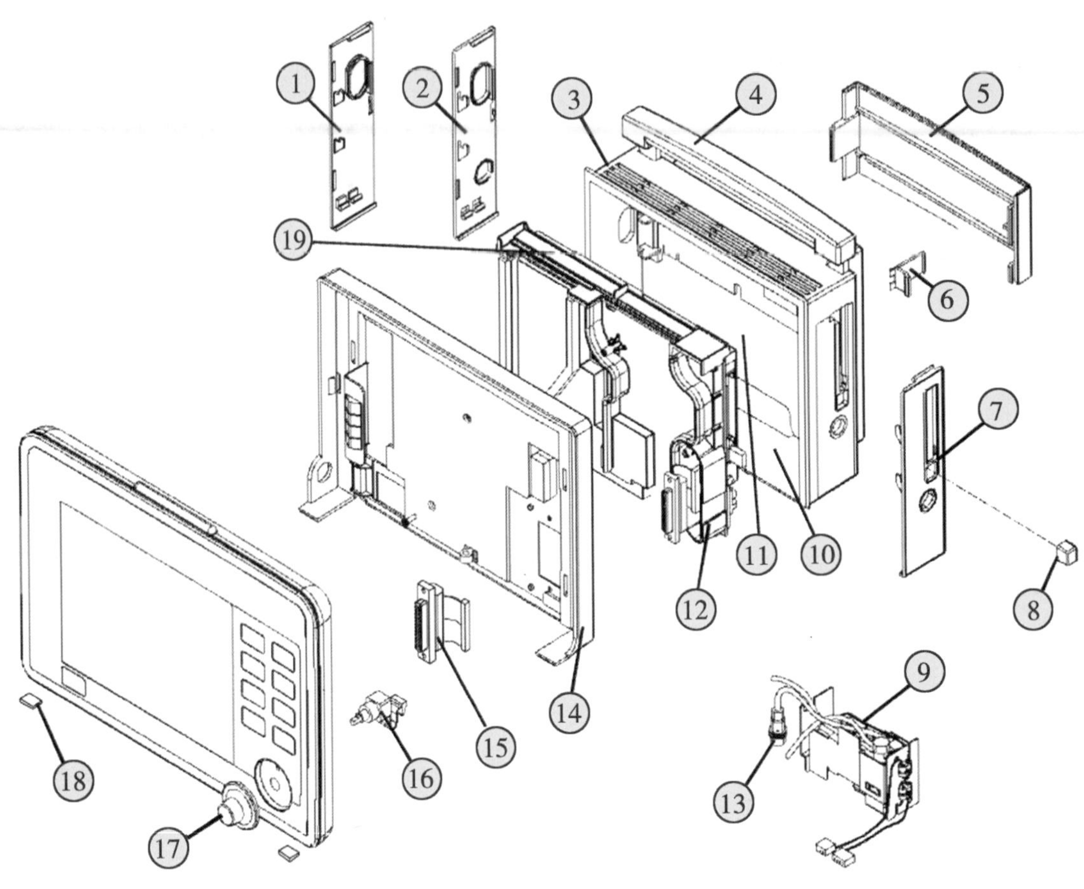


图 2-7-3 监护仪后半部分结构爆炸图

## 四、外接监护监测模块（脑电双频指数分析）

| 序号 | 商品中文名称 | 商品英文名称/描述 | 商品编码 | 商品描述 |
|---|---|---|---|---|
| 1 | 导联线 | ASPECT BIS PIC PLUS CABLE | 8544421900 | 用于连接麻醉深度电极带的信号传输，带配件的数据电缆；用塑料绝缘，电压小于等于 1000V；BIS 技术是测量脑电，反映麻醉深度的 |
| 2 | 监护仪用脑电双频指数分析模块 | E/M SPR CBL. BISX PODCOM | 9018193090 | 专用于病人端监护仪指示大脑的镇静效果的分析模块，通过病人脑波将信息转换到监护仪 |

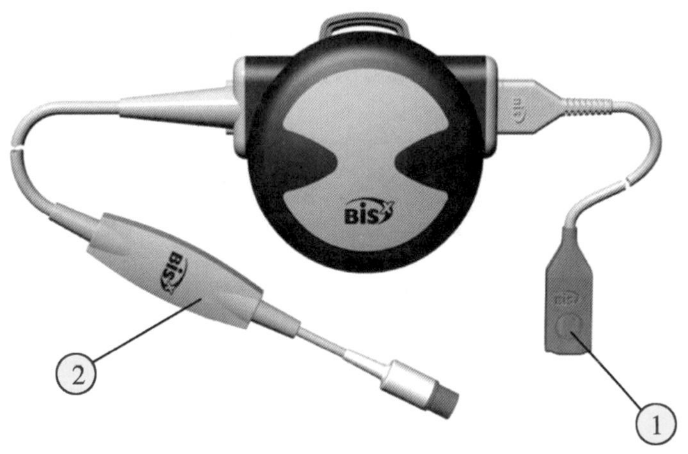


图 2-7-4　外接监护监测模块（脑电双频指数分析）示意图

## 五、外接监护监测模块（血流动力监测一）

| 序号 | 商品中文名称 | 商品英文名称/描述 | 商品编码 | 商品描述 |
|---|---|---|---|---|
| 1 | 监护仪用血流动力检测模块 | INFINITY PICCO POD GEN2 KIT | 9018193090 | 设备专用组件，专用于监护连接检测病人血流动力，具有多个参数的患者监测的固定医疗设备无传感器的病人终端 |

图 2-7-5　外接监护监测模块（血流动力监测一）示意图

## 六、外接监护监测模块（血流动力监测二）

| 序号 | 商品中文名称 | 商品英文名称/描述 | 商品编码 | 商品描述 |
| --- | --- | --- | --- | --- |
| 1 | 导联线 | CO THERMISTOR CABLE FOR PICCO | 8544422100 | 用于医用导管感应热敏电阻信号连接传输到血流模块，带配件的电缆束；用塑料绝缘，电压大于80V且小于1000V，非同轴，有接头，带两个及两个以上独立绝缘导体 |
| 2 | 导联线 | POD COMMUNICATION CABLE 3m | 8544421900 | 用于监护仪连接心电和血氧检测模块的信息数据传输，电压小于80V，非同轴，有接头 |
| 3 | 连续性输出量的监测模块 | INFINITY PICCO SMART POD GEN2 | 9018193090 | 用于病人监护仪监测病人连续性输出量，可通过多个参数监视患者 |
| 4 | 导联线 | PICCO CO INTERMEDIATE CABLE | 8544422100 | 与血流模块和导管信号导线转换连接，带配件的电缆或电缆束；用塑料绝缘，电压大于80V且小于1000V，非同轴，有接头，带两个及两个以上独立绝缘导体 |
| 5 | 血压信号电缆 | TRANSDUCER CABLE DRAGER 10-PIN | 8544422100 | 用于传输电源和数据信号，用塑料绝缘，电压大于80V且小于1000V，非同轴，有接头，自带两个及两个以上单独绝缘导体，安装在护套中 |

续表

| 序号 | 商品中文名称 | 商品英文名称/描述 | 商品编码 | 商品描述 |
|---|---|---|---|---|
| 6 | 导联线 | ADAPTER CABLE PICCO TO 10-PIN | 8544422100 | 用于传输电源和数据信号，电压大于 80V 且小于 1000V，非同轴，有接头 |

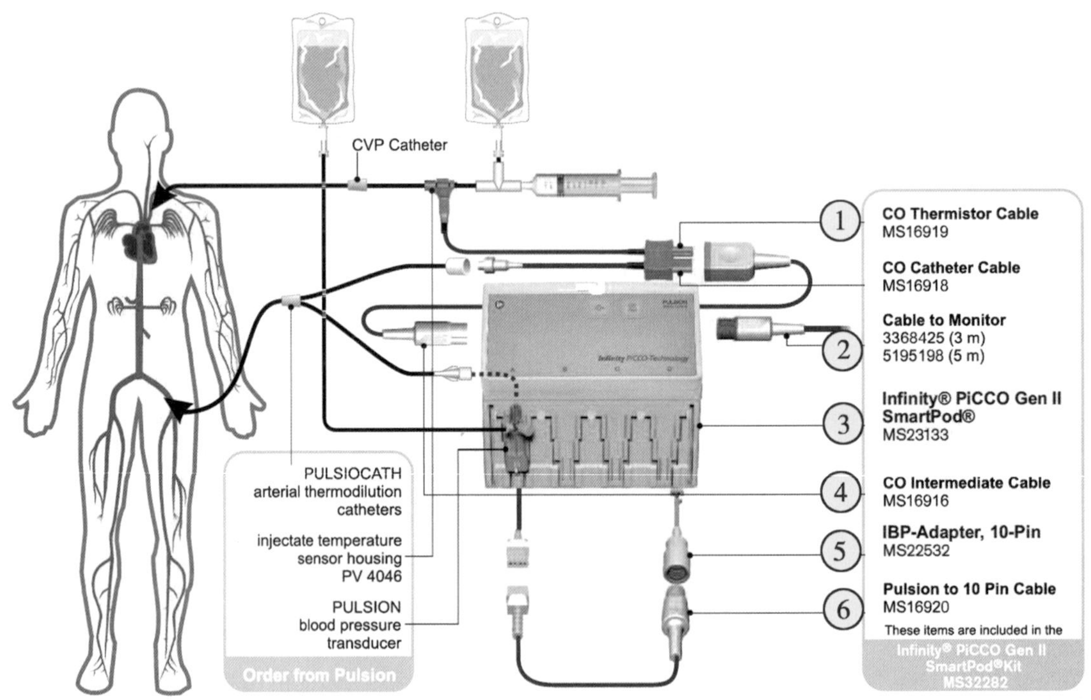


图 2-7-6　外接监护监测模块（血流动力监测二）示意图

## 七、病人端监护易耗附件（血压用）

| 序号 | 商品中文名称 | 商品英文名称/描述 | 商品编码 | 商品描述 |
|---|---|---|---|---|
| 1 | 无创测血压袖带 | NIBP NEO #5 CUFF 8. 3cm~15cm | 9018902010 | 用于测量无创血压 |
| 2 | 无创测血压袖带 | NIBP NEO #1 CUFF 3. 1cm~5. 7cm | 9018902010 | 用于测量无创血压 |
| 3 | 无创测血压袖带 | NIBP NEO #2 CUFF 4. 3cm~8cm | 9018902010 | 用于测量无创血压 |
| 4 | 无创测血压袖带 | NIBP NEO #3 CUFF 5. 8cm~10. 9cm | 9018902010 | 用于测量无创血压 |
| 5 | 无创测血压袖带 | NIBP NEO #4 CUFF 7. 1cm~13. 1cm | 9018902010 | 用于测量无创血压 |
| 6 | 监护仪用血压连接管 | NIBP HOSE NEONATAL CUFFS, 2. 4m | 9018193090 | 用于连接病人监护仪和病人血压袖带的延长连接管，由塑料制成的 NIBP 软管 |
| 7 | 带接头电缆 | IBP ADAPTER CABLE 10~7 PIN | 8544422100 | 用于连接监护仪和病人有创血压模块的信息传输；电压大于 80V，小于 1000V；非同轴，有接头 |
| 8 | 导联线 | MULTIMED 5 POD 2. 5m | 8544422100 | 用于连接监护设备和病人端传感数据传输；电压大于 80V，小于 1000V；非同轴，有接头 |

续表1

| 序号 | 商品中文名称 | 商品英文名称/描述 | 商品编码 | 商品描述 |
|---|---|---|---|---|
| 9 | 导联线 | POD COMMUNICATTON CABLE 3m | 8544421900 | 用于监护仪，连接心电和血氧检测模块，实现信息数据的连接传输；电压小于80V；非同轴，有接头 |
| 10 | 导联线 | SPO2 NELLCOR INTERM CABLE，1m | 8544421900 | 血氧饱和度中间的连接缆线；用于信号传输，电压小于80V，非同轴，有接头 |
| 11 | 导联线 | CO INTERMEDIATE CALBE，1m | 8544421900 | 用于传输CO模块和监护设备信息；电压小于80V，非同轴，有接头 |
| 12 | 导联线 | SPO2 NELLCOR INTERM CABLE，2m | 8544421900 | 病人端血氧传感器连接到分析模块或病人监护仪，用于信息传递带配件的数据电缆；用塑料绝缘，电压小于80V，非同轴，有接头 |
| 13 | 导联线 | IBP INTER CALBE SENSONOR 3.7m | 8544421900 | 用于有创血压模块和传感器之间信息传输的连接，电压小于80V，非同轴，有接头 |
| 14 | 温度传感器 | TEMP SKIN PROBE 1.5m，REUSABLE | 9025199090 | 用于测量病人体温 |

续表2

| 序号 | 商品中文名称 | 商品英文名称/描述 | 商品编码 | 商品描述 |
|---|---|---|---|---|
| 15 | 转接插座 | ECG NEO ADAPTER PINS , 10PCS. ELECTRICAL SOCKET FOR COAXIAL CABLE FOR USE IN MEDICAL DEVICE FOR VOLTAGES LESS THAN 1000V | 8536690000 | 电压低于1000V的医疗设备用电缆转接电插座 |
| 16 | 温度传感器 | TEMP PROBE ADULT 1.5m REUSABLE | 9025199090 | 用于测量病人体温 |
| 17 | 心电电极 | ECG ELECTRODE DISPOSABLE 50PCS | 9018110000 | 监护仪检测心电信号用 |
| 18 | 流量传感器 | SENSOR FLOW DSPL 840 10PC. | 9026801000 | 用于监护、测量气体流量 |
| 19 | 呼末二氧化碳采样管 | ET $CO_2$ SAMPLE CANNULA ADT 10PC | 9018193090 | 带有塑料软管和适配器，连接二氧化碳模块设备，用于监测人体、大气中的二氧化碳浓度 |
| 20 | 电极贴片 | ECG ELECTRODE KITTYKAT 300PCS. | 9018110000 | 为心电图设备特制的电子脉冲传感器贴片，用于测心电图 |

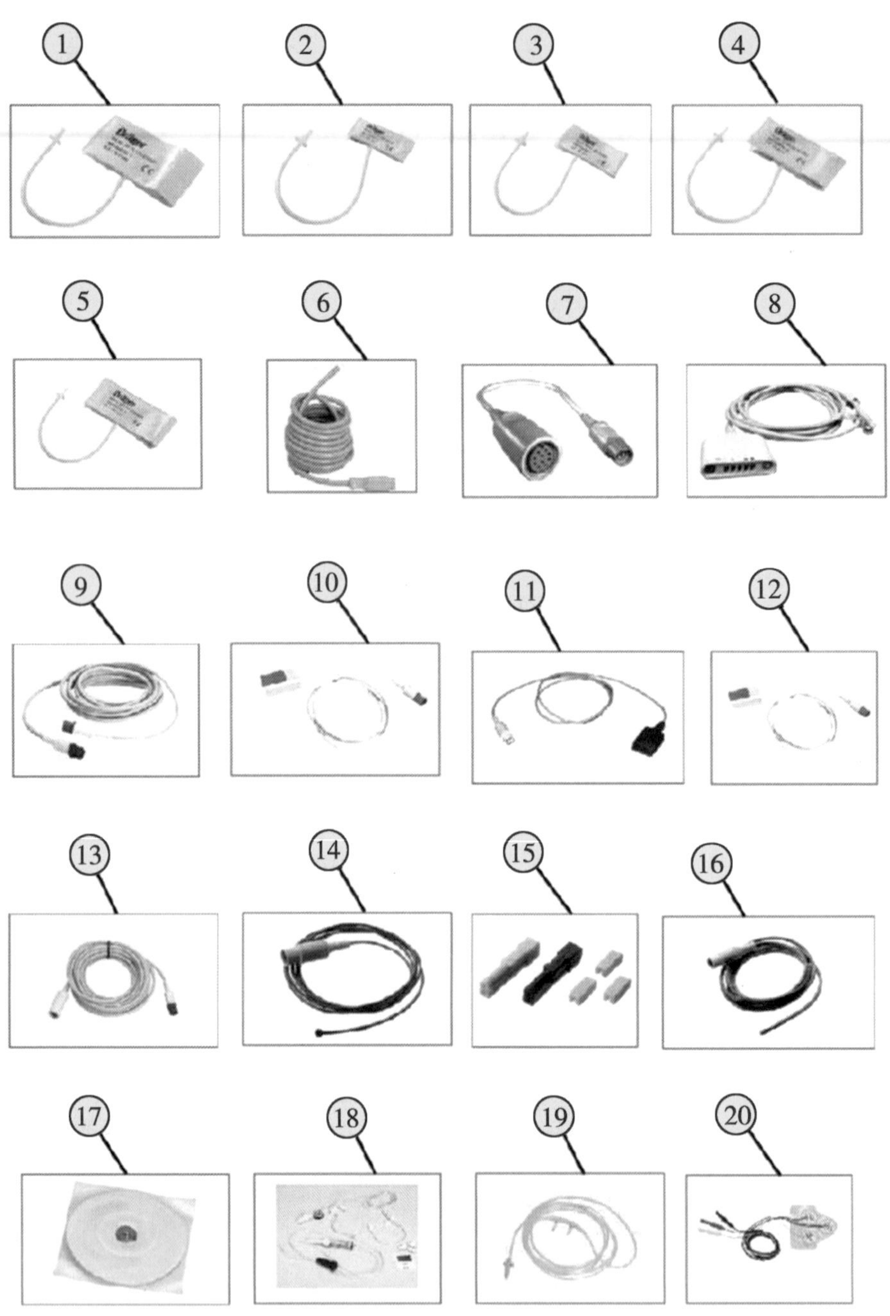


图 2-7-7　病人端监护易耗附件（血压用）示意图

## 八、病人端监护信息易耗附件（温度和心电）

| 序号 | 商品中文名称 | 商品英文名称/描述 | 商品编码 | 商品描述 |
|---|---|---|---|---|
| 1 | 导联线 | MULTIMED 6 POD 2. 5m | 8544421900 | 用于测量分析信息模块和病人监护仪连接的传输导线，电压小于80V，非同轴，有接头 |
| 2 | 导联线 | POD COMMUNICATION CABLE 5m | 8544421900 | 用于测量分析信息模块和病人监护仪连接的传输导线，电压小于80V，非同轴，有接头 |
| 3 | 导联线 | NEOMED POD 2. 5m | 8544421900 | 用于测量分析信息模块和病人监护仪连接的传输导线，电压小于80V，非同轴，有接头 |
| 4 | 导联线 | ECG NEOMED ADAPTER CABLE, 1. 5m | 8544421900 | 用于测量分析信息模块和病人监护仪连接的传输导线，电压小于80V，非同轴，有接头 |
| 5 | 有接头电线 | EEG LEADS 0. 6m, REUSABLE, 9PC. | 8544421900 | 用于连接病人端传感器和模块的信息传递，外壳用塑料绝缘，电压小于80V，非同轴，有接头 |
| 6 | 导联线 | TEMP PROBE ADAPTER CABLE | 8544421900 | 用于病人端温度传感器和监护设备连接信号的数据传递，带配件的电源电缆或电缆束，用塑料绝缘，电压小于80V，非同轴，有接头 |
| 7 | 电子温度传感器 | TEMP PROBE ADULT, 1/4", 5m | 9025199090 | 用于测量病人体温 |

续表1

| 序号 | 商品中文名称 | 商品英文名称/描述 | 商品编码 | 商品描述 |
|---|---|---|---|---|
| 8 | 电子温度传感器 | TEMP PROBE ADULT, 1/4", 3m | 9025199090 | 用于测量病人体温 |
| 9 | 导联线 | MULTIMED 5 POD, 1.5m | 8544421900 | 病人端血氧温度心电传感器和监护设备连接的信号传递，带配件的电源电缆或电缆束，用塑料绝缘，电压小于等于80V，非同轴，有接头 |
| 10 | 电子温度传感器 | SKIN TEMP PROBE, 1/4", 3m | 9025199090 | 用于测量病人体温 |
| 11 | 温度传感器 | TEMP PROBE CHILD, 1/4", 3m | 9025199090 | 用于测量病人体温 |
| 12 | 通用温度传感器 | SKIN TEMP PROBE, REUS., 3m | 9025199090 | 通用电子温度传感器，用于体温检测 |
| 13 | 导联线 | ECG CBL 5-LEAD DUAL-P AHA, 1m | 8544421900 | 用于传输心电图信号，电压小于80V，非同轴，有接头 |
| 14 | 导联线 | ECG CBL 5-LEAD DUAL-P RURO, 1m | 8544421900 | 连接心电图电极和监护模块的信息传递，电压小于80V，非同轴，有接头 |
| 15 | 导联线 | ECG CBL 5-LEAD CHEST EUR 1m | 8544421900 | 连接心电图电极和监护模块的信息传递，电压小于80V，非同轴，有接头 |
| 16 | 乳胶护套 | TEMP PROBE COVERS 10 PCS | 4016999090 | 用于包覆在探头外起保护作用的橡胶护套 |
| 17 | 血氧饱和度传感器 | SP02 SEN MASIMO LONP-DCIP PED | 9027500000 | 用于无创脉搏血氧饱和度的测定 |

续表2

| 序号 | 商品中文名称 | 商品英文名称/描述 | 商品编码 | 商品描述 |
|---|---|---|---|---|
| 18 | 脉冲传感器 | ECG 6 LEAD ESU BLOCK | 9018110000 | 用于心电设备信号的检测，为脉冲传感器 |
| 19 | 有接头电缆 | SPO2 MASIMO PROCAL TO MM 2m | 8544421100 | 用于信号传输，电压小于 80V，非同轴，有接头 |
| 20 | 血氧饱和度传感器 | SPO2 SEN MASIMO ADHLNOP NEOPT | 9027500000 | 无创脉搏血氧饱和度测定 |

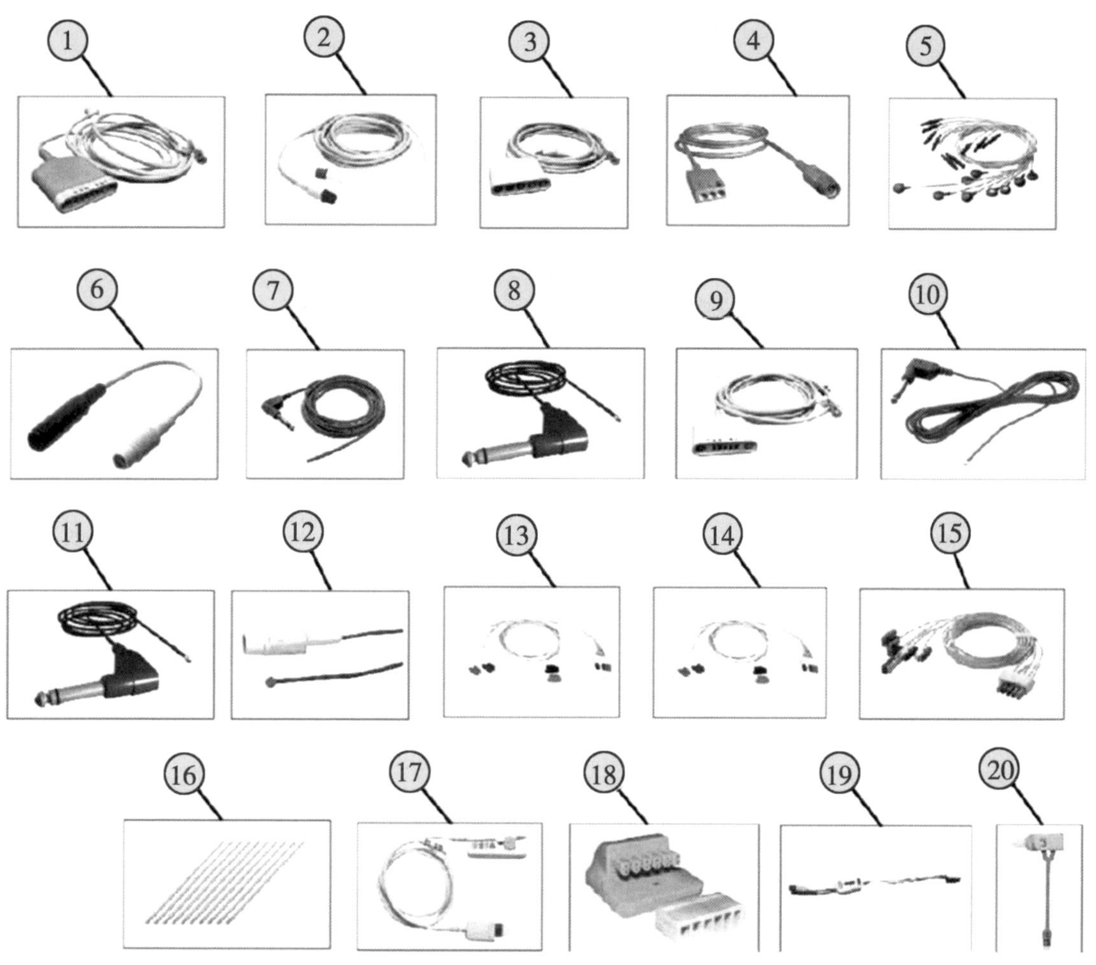


图 2-7-8　病人端监护信息易耗附件（温度和心电）示意图

## 九、病人端监护信息易耗附件（血氧传感）

| 序号 | 商品中文名称 | 商品英文名称/描述 | 商品编码 | 商品描述 |
|---|---|---|---|---|
| 1 | 血氧探头 | SPO2 SENSOR DRAGER，REUSABLE | 9027500000 | 利用光电法测量血氧饱和度 |
| 2 | 氧传感器 | SPO2 DRAGER ADULT VINYL，24PCS | 9027500000 | 用于测量血液中的氧浓度 |
| 3 | 血氧饱和度传感器 | SPO2 DRAGER ADULT FOAM，24PCS | 9027500000 | 用于无创血氧的测定 |
| 4 | 血氧饱和度传感器 | SPO2 DRAGER INFANT BAND，24PCS | 9027500000 | 用于测量血氧饱和度 |

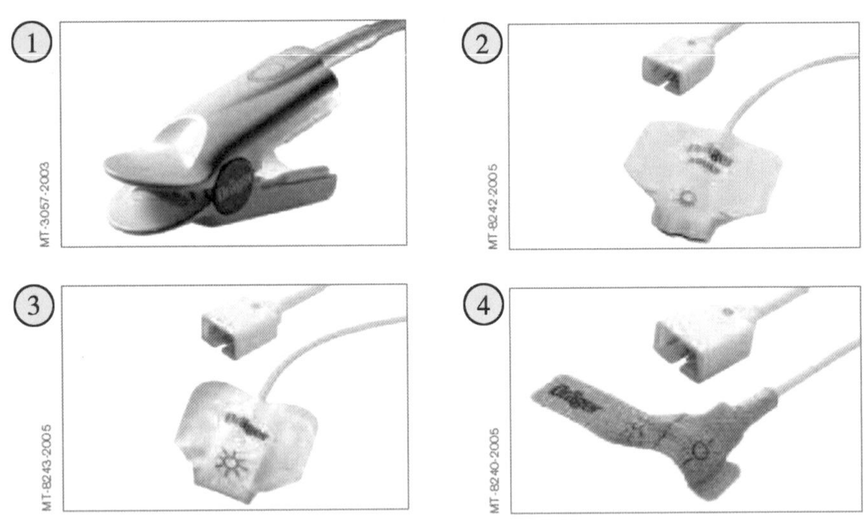


图 2-7-9　病人端监护信息易耗附件（血氧传感）示意图

## 十、病人端监护信息易耗附件（呼末二氧化碳传感）

| 序号 | 商品中文名称 | 商品英文名称/描述 | 商品编码 | 商品描述 |
|---|---|---|---|---|
| 1 | 监护用二氧化碳主、旁流模块 | INFINITY $CO_2$ MAINSTREAM MODULE | 9018193090 | 监护设备的组件，提供主流和旁流测量功能。可以监测成人、儿童及新生儿患者的呼末二氧化碳 |
| 2 | 二氧化碳浓度传感器 | MCABLE-MAINSTREAM $CO_2$ | 9027500000 | 为光电气体传感器，用于测量二氧化碳浓度 |
| 3 | 气体传感器适配器 | DISPOSABLE $CO_2$ CUVETTE PAED. | 9027900000 | 为传感器适配器，用于二氧化碳传感器的安装 |

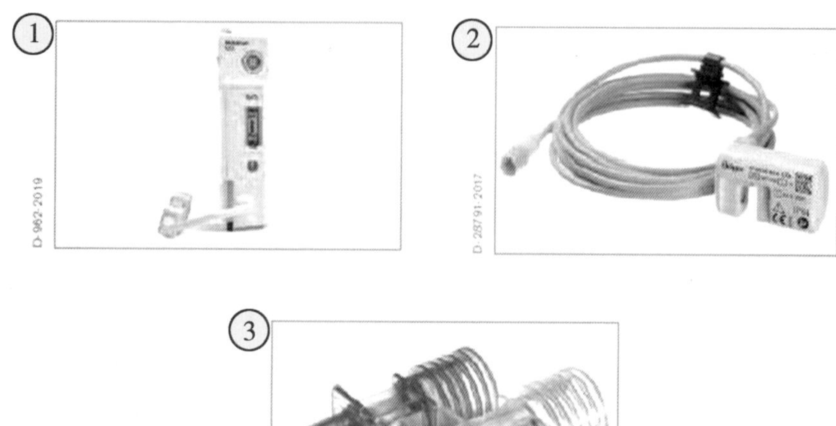


图 2-7-10 病人端监护信息易耗附件（呼末二氧化碳传感）

# 第八节　手术无影灯

手术无影灯，是外科手术中或者临床检查时，医生用来观察手术部位切口和体腔中不同深度物体的、必不可少的医用照明设备。

手术灯采用的是“无影灯”形成的光源，这样可以从多角度将光线照射到手术台上，既保证手术视野，同时又不产生明显的本影影响手术。它的原理是将发光强度很大的灯在灯盘上排列成圆形，合成一个大面积的光源，这样就能从不同角度把光线照射到手术床上，既保证手术视野有足够的亮度，同时又不会产生物体明显的本影。

随着医学技术的不断发展，手术无影灯的各项性能指标也在不断地改进，以满足医生对手术无影照明越来越高的要求。

二十一世纪，手术无影灯的细节不断被优化，除了照度、无影度、色温、显色指数等基本性能参数有所提高外，光照度均匀性也有了严格的要求。近年来，LED无影灯正在慢慢地占领市场，它具有出色的冷光效果、优异的光质、亮度的无极调节、均匀的光照度、无屏闪、寿命长、节能环保等特点，满足医院各种类型的手术。

未来随着医院手术类型的增多，手术方式的改变，手术无影灯将继续占据更重要的位置，成为医生治疗病患坚实的基础工具。

## 一、手术灯

| 序号 | 商品中文名称 | 商品英文名称/描述 | 商品编码 | 商品描述 |
|---|---|---|---|---|
| 1 | 手术灯 | MEDICAL OPERATING LIGHT | 9405409000 | 用于手术室、治疗室内对患者的手术和治疗进行局部照明 |

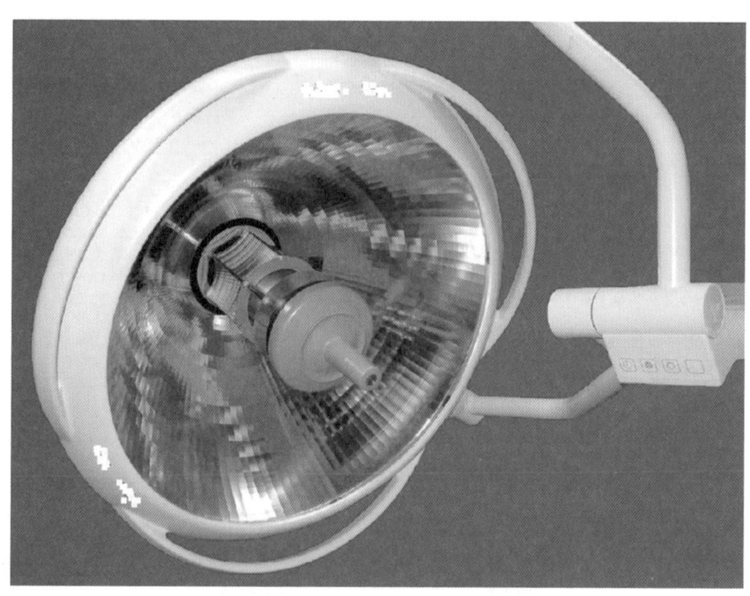

图 2-8-1 手术灯示意图

## 二、手术无影灯

| 序号 | 商品中文名称 | 商品英文名称/描述 | 商品编码 | 商品描述 |
|---|---|---|---|---|
| 1 | 吊顶罩 | CEILING HOOD D172 | 7308900000 | 用于永久安装在天花板以固定盖住吊管，使其美观（带接地线），钢铁制 |
| 2 | 摄像机、SD 遥控器红外接收器 | ASSEMBLY-SET IR-RECEIVER | 8517622990 | 用于在医疗技术领域发送和接收图像和数据的红外接口 |
| 3 | 吊柱 | CEIL. BEARING D80 MOX | 9405990000 | 已制成特定形状规格且可直接装配使用，为手术灯专用零件 |
| 4 | 旋转臂 | AXIS 1F LED 1450 | 9405990000 | 与中心吊柱和手术灯弹簧臂连接的连接件，可以旋转 |
| 5 | 弹簧臂 | SPRING LOADED ARM | 9405990000 | 连接和承载手术灯，在使用中可以按高低拉拽停留，是手术灯专用的零件 |
| 6 | 手术灯转向臂 | INTERNAL HANDLE | 9405990000 | 用于连接手术灯头和弹簧臂，可以调整手术灯角度 |
| 7 | 手术灯体 | MEDICAL OPERATING LIGHT | 9405990000 | 医用手术灯体，手术和治疗过程中提供照明光源 |
| 8 | 照明控制面板 | CONTROL PLANT | 8537109090 | 调节手术灯亮度和开关等的控制板 |
| 9 | 可灭菌手柄 | HANDLE SOLA 500/700（2PCS） | 9405920000 | 用于移动手术灯的手柄，手术灯专用的塑料零件 |
| 10 | 环状手柄条 | ROUND HOLD | 9405920000 | 灯头体上外圈的塑料把手，可拉拽手术灯体 |

续表

| 序号 | 商品中文名称 | 商品英文名称/描述 | 商品编码 | 商品描述 |
|---|---|---|---|---|
| 11 | 摄像机 | CAMERA | 8525801390 | 安装在手术灯上，手术过程中图像显示教学、记录等 |
| 12 | 手术灯手柄固定件 | HANDLE INT. POLARIS 100 200 S | 9405920000 | 用于固定手术灯手柄 |
| 13 | 适配环 | ADAPTER RING | 3926901000 | 固定在手柄和手术灯体间，塑料制 |
| 14 | 摄像机外壳可灭菌手筒 | STERILIZABLE HANDLE FOR CAMERA | 8529909090 | SIERILI2ABLE FOCUS ADUUSTMENT RING 安装在摄像机外的保护壳，可拆卸、消毒等 |
| 15 | 可灭菌调焦环 | SIERILIZABLE FOCUS ADUUSIMENT RING | 8529909090 | 安装在摄像机外壳，可提交焦距 |
| 16 | 手术灯和摄像机壁式控制面板 | TABLEAU KIT P600 + CAM | 8537109090 | 墙式控制器，手术灯设备专用组件，用于控制手术灯灯光等的设定运行 |
| 17 | 摄像机手术灯遥控器 | REMOTE CONTROL HD CAM KIT | 8543709990 | 红外调节、遥控摄像器的图像、大小、曝光、聚焦、冻结帧等 |

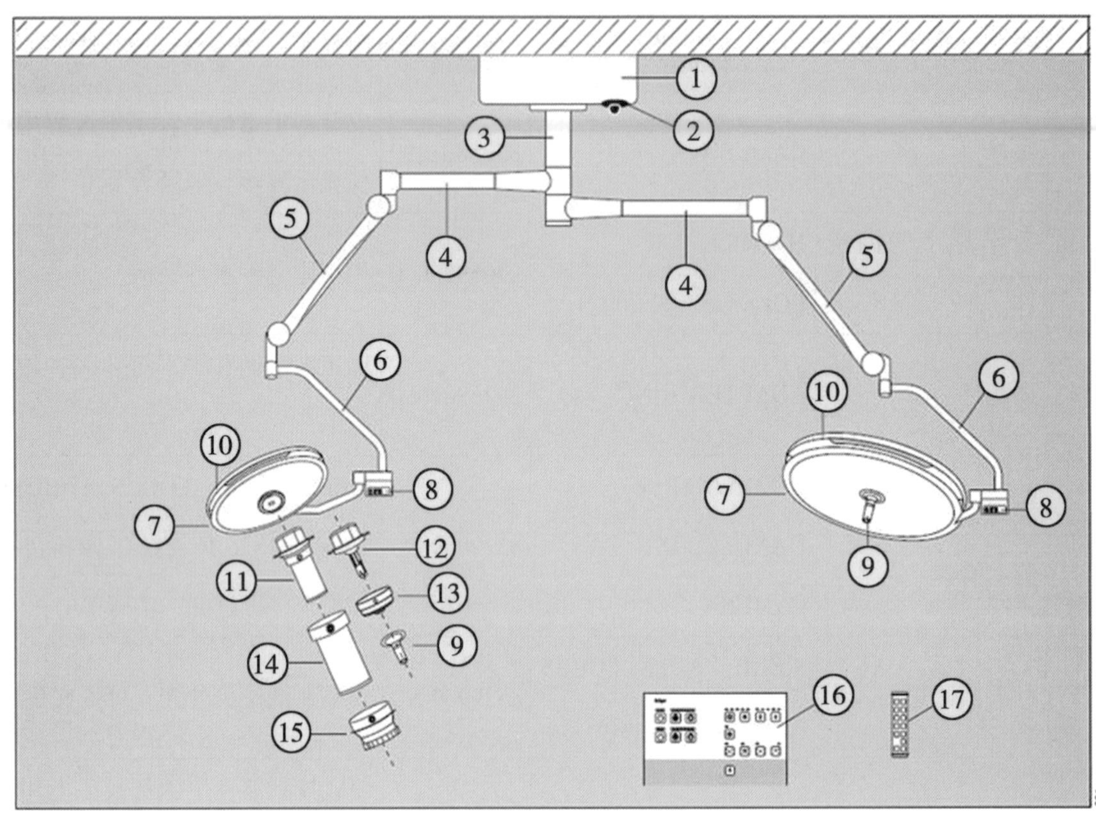


图 2-8-2　手术无影灯结构爆炸图

## 三、电源模块

| 序号 | 商品中文名称 | 商品英文名称/描述 | 商品编码 | 商品描述 |
|---|---|---|---|---|
| 1 | 电源模块 | POWER PACK FUR EYE-Q MONITOR | 8504401400 | 为手术灯提供稳压、稳流的电源，功率 50W，精度低于万分之一 |

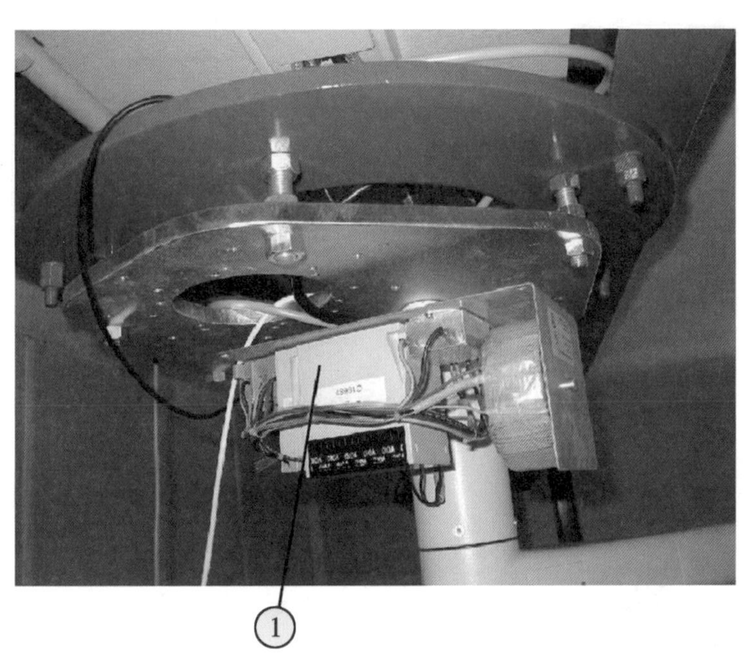

图 2-8-3　电源模块示意图

## 四、墙式电源

| 序号 | 商品中文名称 | 商品英文名称/描述 | 商品编码 | 商品描述 |
|---|---|---|---|---|
| 1 | 直流稳压电源用线路板 | CHARGING DEVICESOLA 500m | 8504902000 | 医疗设备的电源（带整流和充电） |
| 2 | 变压器 | TRANSFORMER 115V/230V | 8504329000 | 电流大于 1kVA 且小于 16kVA 的变压器，用于医疗设备供电 |
| 3 | 铅酸电池 | BATTERY SOLA 500m | 8507200000 | 可充电铅蓄电池，电压为 12V，容量为 7.2Ah |

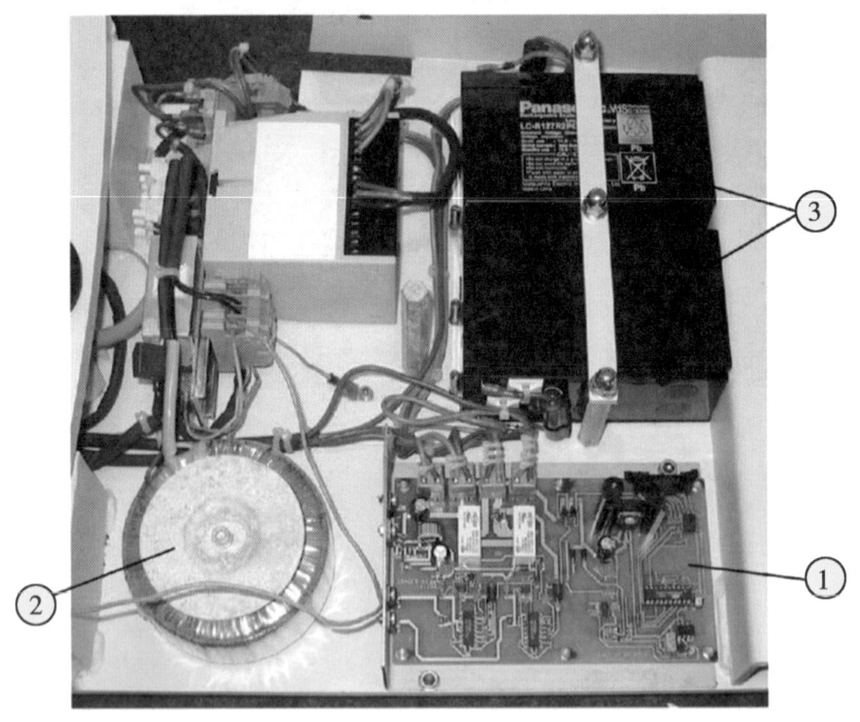


图 2-8-4　墙式电源示意图

## 五、手术灯中心吊柱

| 序号 | 商品中文名称 | 商品英文名称/描述 | 商品编码 | 商品描述 |
|---|---|---|---|---|
| 1 | 塑料盖 | CAP | 3926901000 | 塑料保护盖，附有安装件 |
| 2 | 旋转臂 | AXIS 1F LED 1450 | 9405990000 | 与中心吊柱和手术灯弹簧臂连接的连接件，可以旋转 |
| 3 | 铜螺钉 | BRAKE SCREW M12×1 L15.8 | 7415339000 | 连接手术灯弹簧臂松紧制动调节的螺钉，铜与镍合金制 |

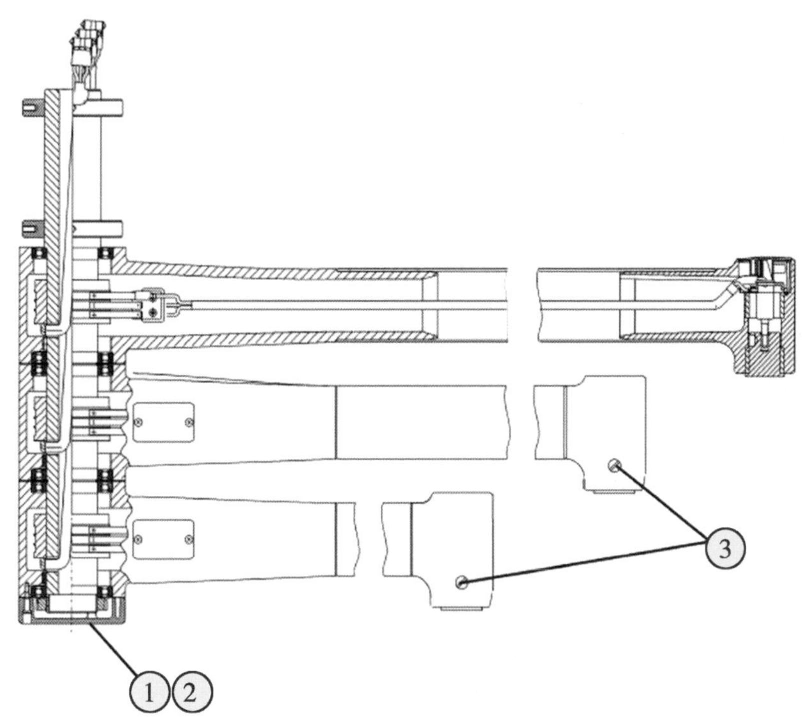


图 2-8-5 手术灯中心吊柱结构爆炸图

## 六、手术灯灯芯

| 序号 | 商品中文名称 | 商品英文名称/描述 | 商品编码 | 商品描述 |
|---|---|---|---|---|
| 1 | 灯泡插座 | BULB HOLDER | 8536610000 | 连通电源支撑灯泡 |
| 2 | 灯座 | LAMPBASE | 8536610001 | 连通电源支撑灯座 |
| 3 | 卤素灯泡 | HALOGEN BULBSOLA 500（6X） | 8539211000 | 手术灯上提供冷光源 |
| 4 | 手术灯头 | FOCUS 500 | 9405409000 | 带塑料外壳的电子照明元件，包括卤素灯、灯泡插座、操作手柄，电路板、灯距等调节装置 |
| 5 | 微型电机 | SPARE PARTSSOLA 500/700 MOTOR | 8501109990 | 用于灯距调节 |

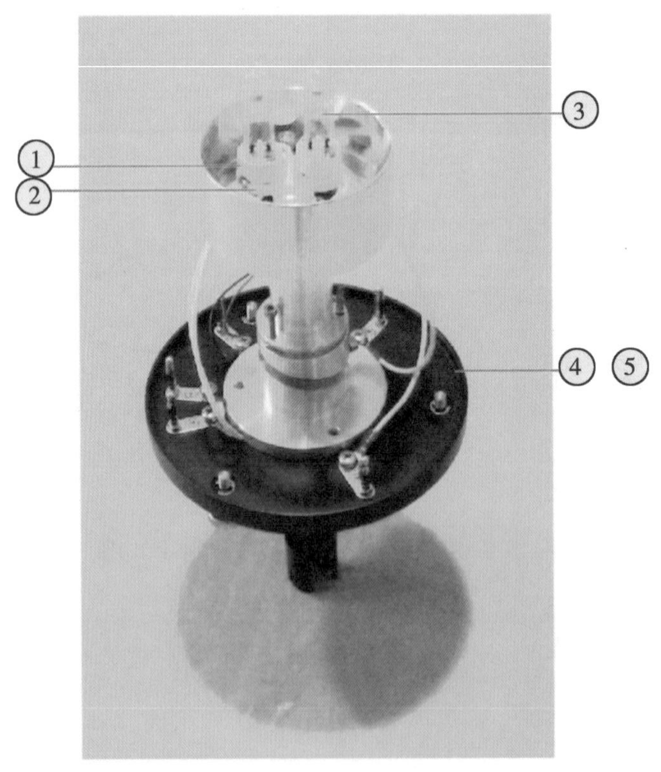


图 2-8-6　手术灯灯芯示意图

## 七、万向轴

| 序号 | 商品中文名称 | 商品英文名称/描述 | 商品编码 | 商品描述 |
|---|---|---|---|---|
| 1 | 手术灯转向臂 | INTERNAL HANDLE | 9405990000 | 用于连接手术灯头和弹簧臂，可以调整手术灯角度 |
| 2 | 有接头电缆 | CABLE | 8544422100 | 为手术灯头提供电源和传输控制信息 |

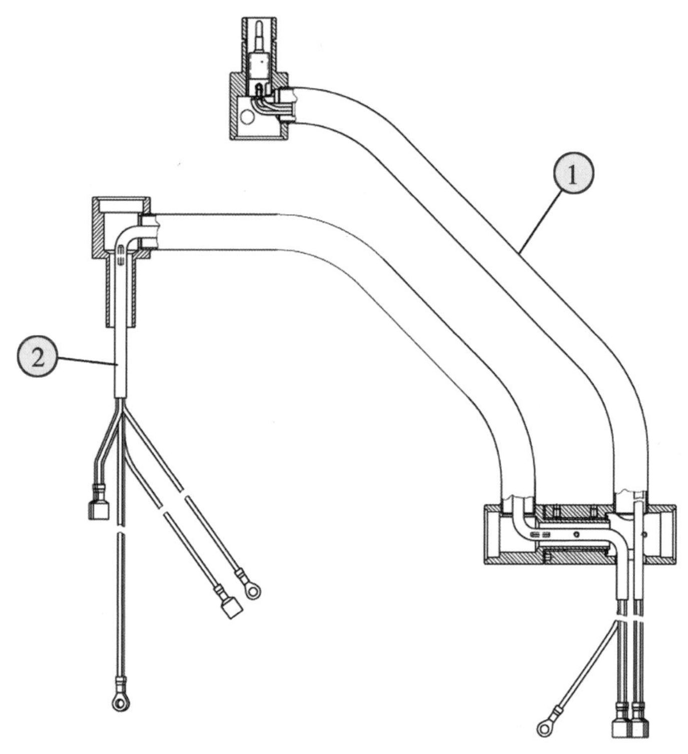


图 2-8-7 万向轴结构爆炸图

## 八、增配支架和易耗件

| 序号 | 商品中文名称 | 商品英文名称/描述 | 商品编码 | 商品描述 |
| --- | --- | --- | --- | --- |
| 1 | 钢铁制固定支架 | 2 DISPLAY ADAPTER FOR 19-24″ | 7326901900 | 医疗设备机架上安装显示器用，在工厂生产医疗器械时用 |
| 2 | 手术灯手柄 | HANDLE SOLA 500 / 700（2PCS） | 9405920000 | 用于移动调整手术灯，塑料制 |
| 3 | 手术灯手柄用固定件 | INTERNAL HANDLE REWORKING | 9405920000 | 用于手术灯手柄的固定 |
| 4 | 有接头电缆 | VIDEO RCV. POWER CABLE | 8544422100 | 为手术显示器设备等提供电源传输 |
| 5 | 手术灯手柄固定件 | UPGRADE DISPOSABLE HANDLE E DA | 9405920000 | 用于固定手术灯手柄，塑料制 |
| 6 | 手术灯手柄固定件 | DOWNGRADE HANDLE RETROFIT DA | 9405920000 | 用于固定手术灯手柄，塑料制 |

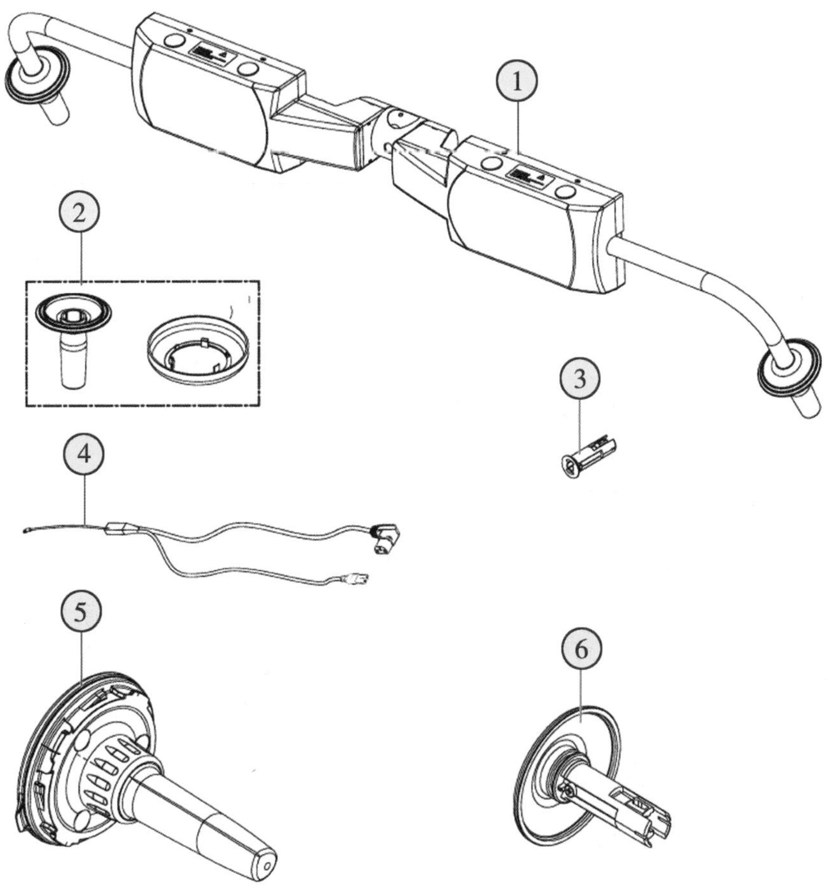


图 2-8-8　增配支架和易耗件爆炸图

## 九、灯头

| 序号 | 商品中文名称 | 商品英文名称/描述 | 商品编码 | 商品描述 |
|---|---|---|---|---|
| 1 | 手术灯电路板 | CONTROL PCB | 9405990000 | 用于手术灯的运行管理 |
| 2 | 手术灯线路板 | ENDO PCBA | 9405990000 | 用于手术灯的运行管理，无控制功能 |
| 3 | 手术灯用线路板套件 | SET ENDOLIGHT | 9405990000 | 手术灯专用部件，带有有源组件的印刷电路板 |
| 4 | 手术灯手柄固定件 | HANDLE INT. | 9405920000 | 用于固定手术灯手柄，塑料制 |
| 5 | 塑料密封圈 | SEALING CENTRAL | 3926909090 | 通用的塑料密封塞，起密封作用 |
| 6 | 手术灯罩 | PANE | 9405920000 | 用于防尘 |
| 7 | 灯圈 | SEAL UG | 3926901000 | 灯头体上玻璃反光罩和灯头保护固定用 |
| 8 | 手术灯条盖 | COVER SET S, SPECIFIC PART, BLENDER MADE OF PLASTIC FOR LIGHTS (NOT LIGHT BULB) | 9405920000 | 为手术灯上固定保护灯泡并使其整体化，工程塑料制 |
| 9 | LED 灯泡组件 | LED MODULE | 8539500000 | 为 LED 灯组件，LED 灯泡由 6 段 LED 组成；用于医疗手术或检查灯 |
| 10 | 中心电路板 | CENTER PCB | 8534009000 | 刚性印刷电路板，塑料基底，双面带导体路径，带触点，带无源元件 |
| 11 | 手术灯手柄架 | HANDLE MOUNT | 9405990000 | 为手术灯手柄用灯座，金属制 |

续表

| 序号 | 商品中文名称 | 商品英文名称/描述 | 商品编码 | 商品描述 |
|---|---|---|---|---|
| 12 | 手术灯头 | SOLA EXCHANGE | 9405409000 | 医用手术灯体，为手术和治疗过程中提供照明光源 |
| 13 | 手术灯用把手条 | HANDLE BAR, PA66-GF30 | 9405920000 | 拉拽灯头用，塑料制 |
| 14 | 螺母 | HEX. THIN NUT ISO4035-M12-A2 | 7318160000 | 紧固手术灯手柄用，不锈钢制 |

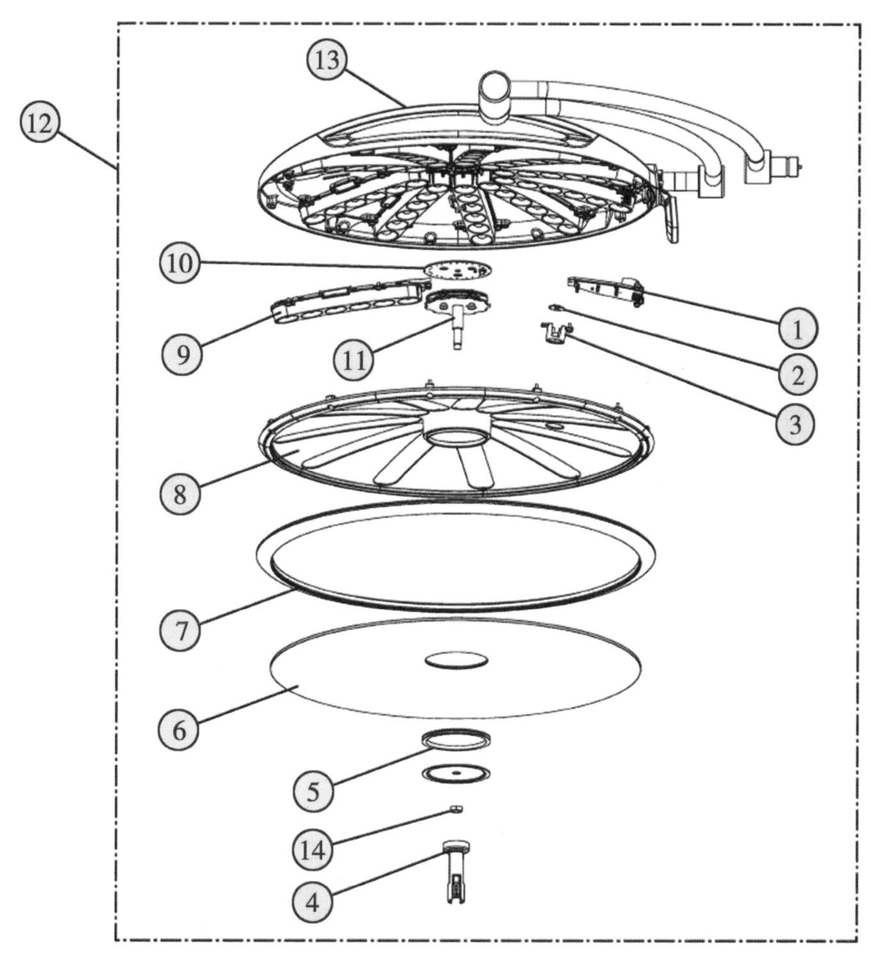


图 2-8-9 灯头爆炸图

## 十、手术灯电子控制单元

| 序号 | 商品中文名称 | 商品英文名称/描述 | 商品编码 | 商品描述 |
|---|---|---|---|---|
| 1 | 手术灯线路板 | ENDO PCBA POLARIS | 9405990000 | 用于手术灯的运行管理，无控制功能 |
| 2 | 手术灯线路板 | CENTER PCB POLARIS | 9405990000 | 用于手术灯的运行管理，无控制功能 |
| 3 | 手术灯电路板 | CONTROL PCB | 9405990000 | 为手术灯用线路板，用于手术灯的运行信息控制 |
| 4 | 控制面板 | INTERF. POLARIS | 8537109090 | 用于输入指令控制无影灯的运行 |

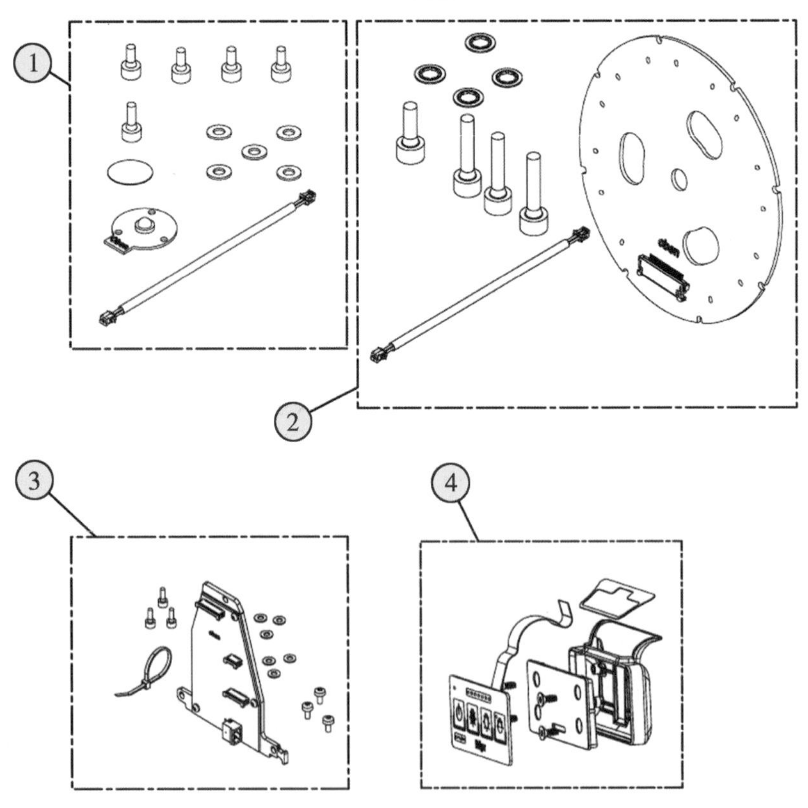


图 2-8-10　手术灯电子控制单元爆炸图

# 第九节　麻醉工作站

随着医疗复杂程度的不断上升，麻醉医生需要关注更多的信息，以及面对更多复杂的局面。麻醉医生不仅要了解患者气道压力和潮气量的情况，还要了解输送到气体内各种成分的浓度情况，以及要观察患者实时的血液动力状态。因此“麻醉工作站”这一新的概念正好符合当前麻醉医生的迫切需求。

麻醉机作为医院手术室的必须设备，每年销售额均保持稳定增长。随着我国城市化过程的不断成熟，一线城市三甲医院的新建、扩建，二、三线城市医院的升级改造，以及民营医院的快速增长，对麻醉设备的市场需求日益增加。同时，随着临床医学的发展，麻醉业务在医疗机构中的重要作用也越来越凸显，特别是在医疗安全保障、运行效率方面发挥着枢纽作用，在舒适化医疗方面起着主导作用。目前国内外麻醉机的发展非常迅猛，功能逐步趋向智能化、多功能化，向麻醉工作站方向发展。未来将对麻醉机的安全性、精准度、集成化及智能、环保等方面提出更高的要求。

同时，随着技术发展和生产工艺地改进，尤其是电子技术、通信技术地发展，临床对麻醉机电子技术和精度提出了更高的要求，开放的医疗技术结构与医院管路系统的联网等都将不断被新一代的系列麻醉机或麻醉工作站所取代。

## 一、麻醉系统装置

| 序号 | 商品中文名称 | 商品英文名称/描述 | 商品编码 | 商品描述 |
| --- | --- | --- | --- | --- |
| 1 | 麻醉系统 | ANESTHESIA DEVICE IN HUMAN MEDICINE | 9018907010 | 用于手术麻醉通气。电子式自动控制麻醉气体的混合和输出，监护检测通气模式并反馈检测信息 |

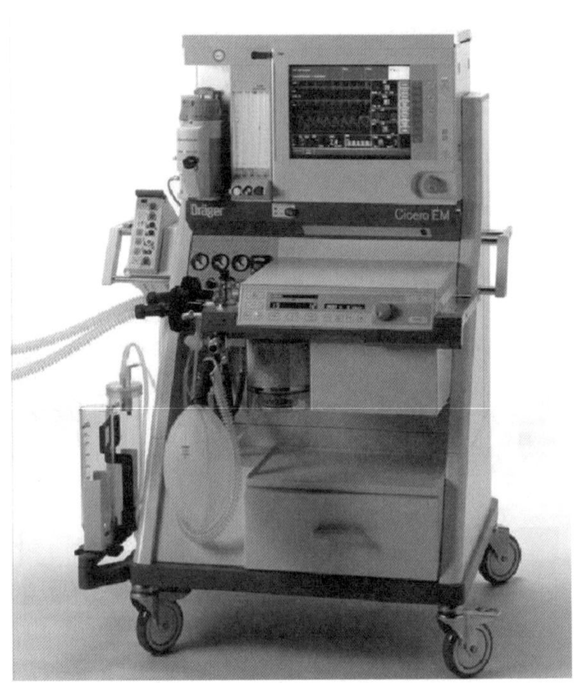


图 2-9-1　麻醉系统装置示意图

## 二、麻醉机废气排放装置

| 序号 | 商品中文名称 | 商品英文名称/描述 | 商品编码 | 商品描述 |
|---|---|---|---|---|
| 1 | 麻醉气体回收罐 | AGS ABSORPTION SYSTEM | 9018907010 | 用于电子式麻醉机中废气的回收，利用负压来实现废气回收及不外泄 |
| 2 | 气口螺塞 | LOCKING SCREW | 8309900000 | 带螺纹的塞子或盖子（容器盖），铜锌合金制 |
| 3 | 塑料收集瓶 | AGS RECEPTACLE | 3926901000 | 用于在医疗过程中接受分泌物的抽吸，塑料（聚砜）制 |
| 4 | 过滤器 | FILTER | 8421399090 | 呼吸机内过滤气体，微孔物理过滤，非电动 |
| 5 | 气体流量计 | FLOW METER | 9026801000 | 机械流量计，针对特定医用气体的校准，无控制阀，无压力计 |
| 6 | 塑料接头 | HEADER AGS | 3917400000 | 聚酰胺管接头（套筒），无螺纹，塑料制 |
| 7 | 铜接头 | COUPLING，F | 7412209000 | 用于设备上管道气口连接软管的连接件，黄铜制 |
| 8 | 塑料垫圈 | O-RING/AGS FLOWMETER | 3926901000 | 塑料制成的O形圈，丙烯聚合物 |
| 9 | 麻醉机专用外壳 | COVER | 9018907010 | 麻醉机专用外壳零件 |

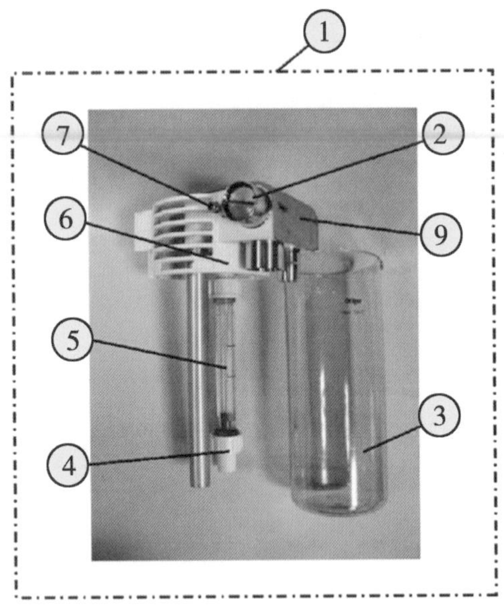


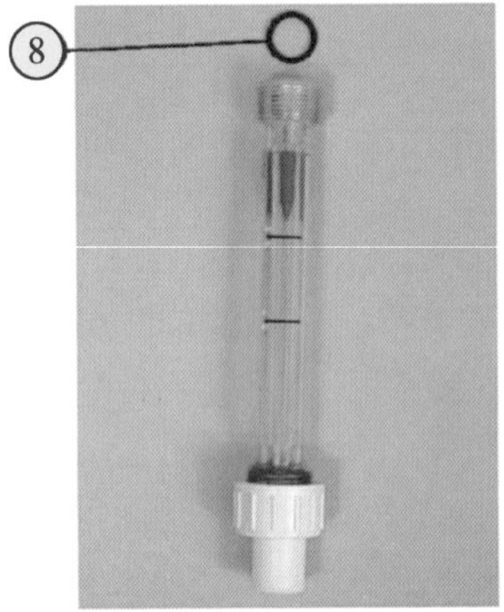


**图 2-9-2　麻醉机废气排放装置示意图**

## 三、呼气端采样管套件

| 序号 | 商品中文名称 | 商品英文名称/描述 | 商品编码 | 商品描述 |
|---|---|---|---|---|
| 1 | 塑料软管 | HOSE 4×1.5-SI 50 SH A NF | 3917320000 | 气动元件之间的气路连接，未装有附件，塑料制 |
| 2 | 气体过滤器 | BACTERIA FILTER | 8421399090 | 非电动式，用于过滤气体 |
| 3 | 铜接头 | COUPLING M，90 DEGR. | 7412209000 | 用于管道气口连接软管的连接件，黄铜制 |
| 4 | 气体管路系统 | HOSE SET | 9033000090 | 用于呼吸或麻醉、分析仪等设备通用气路的采样连接，由软管、金属接头、过滤器等组成 |

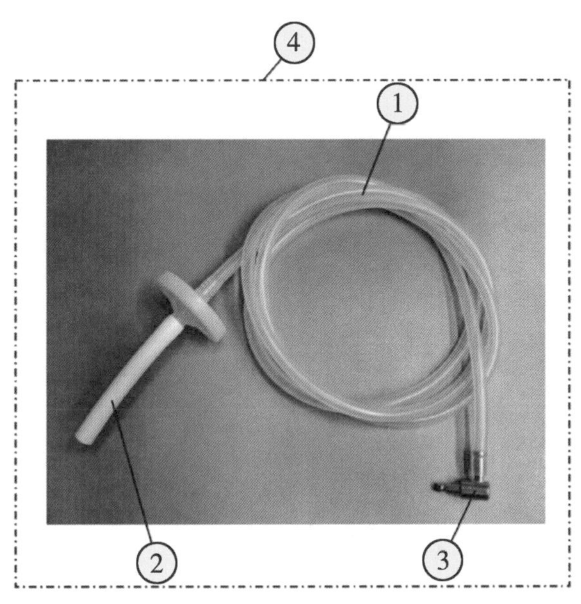


图 2-9-3　呼气端采样管套件示意图

## 四、麻醉蒸发器固定和通气连接装置

| 序号 | 商品中文名称 | 商品英文名称/描述 | 商品编码 | 商品描述 |
|---|---|---|---|---|
| 1 | 不锈钢螺钉 | SCREW AM2×4 DIN 963-A4 | 7318159090 | 柄直径 2mm，长度 4mm，抗拉强度 500MPa~700MPa，不锈钢制 |
| 2 | 塑料密封圈 | O-RING | 3926901000 | 机器及仪器用硅胶密封圈，起气体密封作用，塑料（硅胶）制 |
| 3 | 铜固定块 | CAM-LOCK | 7419999100 | 用于安装在麻醉机机架上连接支撑固定的其他零部件 |
| 4 | 阀座圈 | VALVE SEAT RING | 8481901000 | 用于阀芯固定和密封，塑料制 |
| 5 | 不锈钢滚珠 | BALL 8. 0 G20 DIN5401 | 8481901000 | 阀门内用，为开关气口通气 |
| 6 | 钢铁制螺旋弹簧 | SPRING | 7320209000 | 阀门用 |
| 7 | 阀门顶块 | TAPPET | 8481901000 | 阀门零件，单向阀顶块，不锈钢制 |

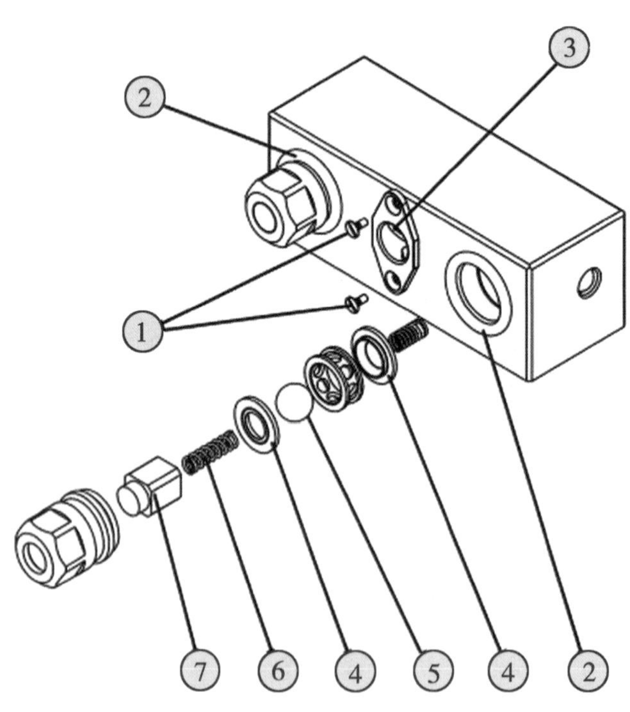


图 2-9-4　麻醉蒸发器固定和通气连接装置爆炸图

## 五、麻醉新鲜气体流量计和阀门装置（一）

| 序号 | 商品中文名称 | 商品英文名称/描述 | 商品编码 | 商品描述 |
| --- | --- | --- | --- | --- |
| 1 | 流量计 | METER TUBE FOR $N_2O$ | 9026801000 | 用于笑气流量的测量 |
| 2 | 流量计 | METER TUBE FOR AIR | 9026801000 | 用于空气流量的测量 |
| 3 | 流量计 | METER TUBE FOR $O_2$ | 9026801000 | 用于氧气流量的测量 |
| 4 | 流量控制阀 | PRECISION CONTROL VALVE KIT E | 8481804090 | 手动调节管路中的供气量的大小 |
| 5 | 塑料旋钮 | CONTROL KNOP ISO, WITHOUT CAP | 3926901000 | 机器及仪器上，用于调节阀门握扭，塑料制 |
| 6 | 塑料旋钮 | CONTROL KNOB A 1 WITHOUT CAP | 3926901000 | 机器及仪器上，用于调节阀门握扭，塑料制 |
| 7 | 塑料密封圈 | O-RING SEAL | 3926901000 | 机器及仪器上，起气体密封作用的塑料密封圈 |
| 8 | 铜滤网 | SIEVE | 7419999100 | 通用的滤网，过滤气体，铜合金制 |
| 9 | 安全阀 | SAFETY VALVE | 8481400000 | 防止因管路气体压力过高，导致的泄放 |
| 10 | 铜接头 | ANGLE CONNECTION | 7412209000 | 用于连接软管的连接件，黄铜制 |
| 11 | 塑料制 O 型圈 | O-RING 7.65×1.78 | 3926901000 | 用于部件之间的密封，塑料（硅胶）制 |
| 12 | 支架 | BACKPLANE | 9018907010 | 麻醉机专用流量计组件的支架（含背板） |

续表

| 序号 | 商品中文名称 | 商品英文名称/描述 | 商品编码 | 商品描述 |
|---|---|---|---|---|
| 13 | 气体比例控制阀 | S-ORC | 8481804090 | 用于两种气体的混合，并以一定浓度比例输出 |
| 14 | 塑料接头 | ANGLE CONNECTION | 3917400000 | 塑料软管连接件，带螺纹 |
| 15 | 接插头 | FLAT PIN | 8536901100 | 导线和接头连接的扁销 |
| 16 | 垫圈 | LOCK WASHER B4×10 CRNI18-8（DIN127） | 7318220090 | 用来保护接插件表面不受螺母、螺栓擦伤，分散螺母对连接件的压力；不锈钢制 |
| 17 | 螺栓 | COUNTERSUNK SCREW M4×8 | 7318151090 | 抗拉强度大于等于800MPa，杆径小于等于6mm，非合金钢制 |
| 18 | 玻璃片 | PANE | 7007290000 | 用于麻醉机流量计的盖板，层压 |
| 19 | 自粘塑料膜 | FOIL | 3919909090 | 自粘长方形塑料制的印刷 |
| 20 | 发光底膜 | EL-LUMINOUS FOIL 178×86 | 8543709990 | EL薄膜，使在透明塑料盖和电连接器的两个电极之间具有电致发光，使流量计底板有亮光，达到观察清晰的目的 |
| 21 | 弹簧底架 | SPRING HANGER | 7419999100 | 无螺纹的垫片，无孔，铜锌合金制 |
| 22 | 螺旋弹簧 | SPRING | 7320209000 | 流量计中气流变小后使膜片复位，不锈钢制 |

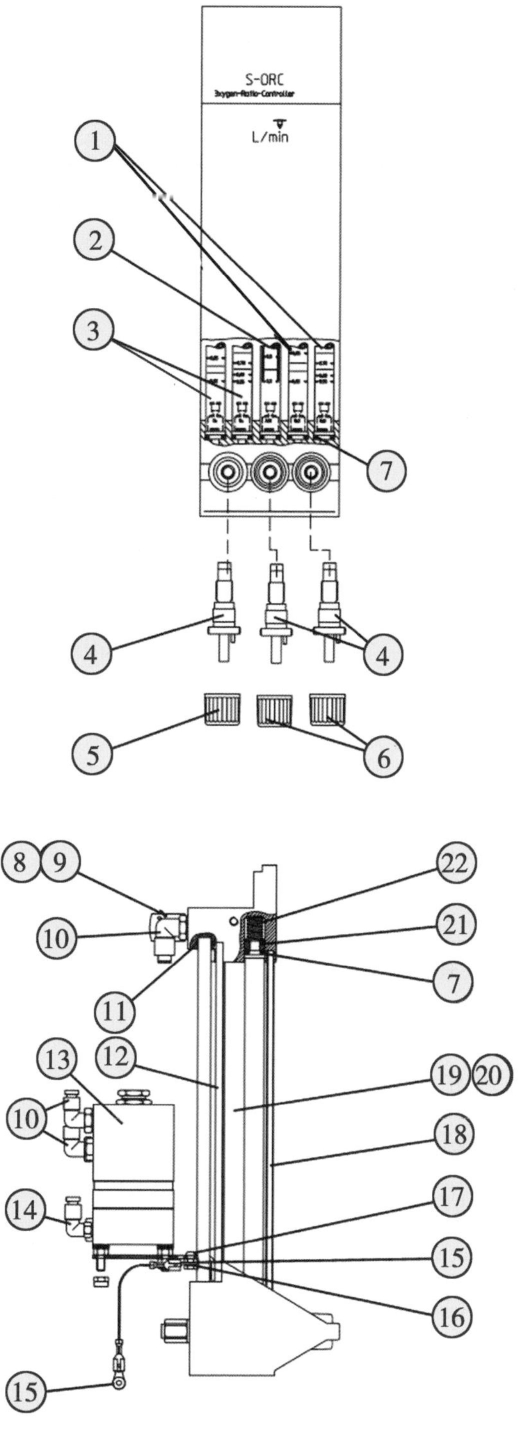


图 2-9-5 麻醉新鲜气体流量计和阀门装置图（一）

# 六、麻醉新鲜气体流量计和阀门装置（二）

| 序号 | 商品中文名称 | 商品英文名称/描述 | 商品编码 | 商品描述 |
|---|---|---|---|---|
| 1 | 锁紧垫圈 | LOCK WASHER B4×10 CRNI18-8（DIN127） | 7318210090 | 直径为 4.1mm 的压制平垫圈，为螺栓拧紧 |
| 2 | 不锈钢螺钉 | CHEESE HEAD SCREW M4×10 DIN912 | 7318159090 | 柄直径 4mm，长度为 10mm，抗拉强度为 700MPa，不锈钢制 |
| 3 | 塑料软管 | SHRINK HOSE | 3917320000 | 收缩塑料套管，用于保护电缆和设备，未加强无接头，塑料（聚烯烃）制 |
| 4 | 麻醉机专用线路板 | INSULATING BOX | 9018907010 | 带有有源组件的印刷电路板 |
| 5 | 塑料制通气管 | HOSE 2.7×0.65 PAE BLUE | 3917320000 | 用于麻醉气路之间气体的连接，无附件，爆破压力小于 27.6MPa，未经加强与其他材料合制的塑料软管 |
| 6 | 塑料环 | THRUST COLLAR 6 BLACK | 3926901000 | 在气路连接口与连接件的压环起固定保护作用，塑料（聚丙烯）制 |
| 7 | 塑料环 | THRUST COLLAR 4, BLUE | 3926901000 | 机器及仪器用，接头外蓝色标识，塑料制 |
| 8 | 铜接头 | PLUG-TYPE CONNECTION | 7412209000 | 用于管道气口，连接软管的连接件；不带螺纹，黄铜制 |
| 9 | 铜接头 | SCREW-IN CONNECTION | 7412209000 | 用于管道气口，连接软管的连接件；不带螺纹，黄铜制 |
| 10 | 塑料环 | THRUST COLLAR 4, YELLOW | 3926901000 | 机器及仪器用，接头外黄色标识，塑料制 |

续表

| 序号 | 商品中文名称 | 商品英文名称/描述 | 商品编码 | 商品描述 |
|---|---|---|---|---|
| 11 | 塑料制通气管 | HOSE 2.7×0.65 PAE WHITE | 3917320000 | 用于麻醉气路之间气体的连接，无附件，爆破压力小于27.6MPa，未经加强与其他材料合制的塑料软管 |
| 12 | 不锈钢垫圈 | WASHER ISO7089-3-200HV-A2 | 7318220090 | 不锈钢制成的平垫圈，内孔直径为3.2mm |

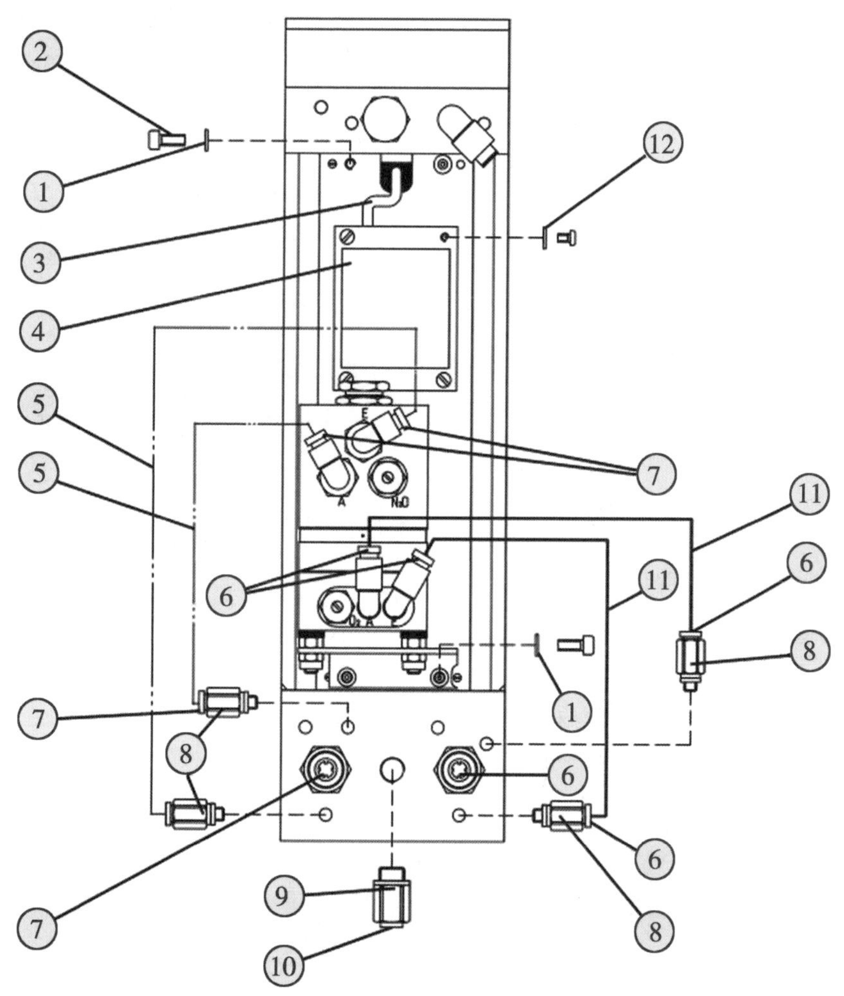


图 2-9-6　麻醉新鲜气体流量计和阀门装置图（二）

## 七、气路转换用零件

| 序号 | 商品中文名称 | 商品英文名称/描述 | 商品编码 | 商品描述 |
| --- | --- | --- | --- | --- |
| 1 | 背板 | BLOCK | 7326909000 | 连接或夹紧装置支撑用，钢制 |
| 2 | 塑料自粘标签 | ADHESIVE LABEL | 3919909090 | 自粘长方形、塑料制的印刷标签，用于信息提示 |
| 3 | 有接头电线 | CABLE HARNESS, CALIPERS | 8544421900 | 电磁阀门和控制器传输电流和控制信息用，电压小于80V |
| 4 | 有接头电缆 | CABLE HARNESS | 8544421100 | 为麻醉机上线路板或控制器等传输信息或电流，电压大于80V且小于220V，非同轴，有接头 |
| 5 | 有接头橡胶管 | CONNECTING HOSE 0.48m | 4009320000 | 用合成纤维加固合制成的，氯丁橡胶（CR）为主，并有金属制成的接头；爆破压力低于27.6MPa |
| 6 | 有接头橡胶管 | CONNECTING HOSE | 4009320000 | 用合成纤维加固合制成的，氯丁橡胶（CR）为主，并有金属制成的接头；爆破压力低于27.6MPa |
| 7 | 安全阀 | VALVE BLOCK, CPL. | 8481400000 | 用于控制医疗设备或供气系统中气体流量的阀门组件，铝制 |
| 8 | 气动旋塞 | EJECTOR, CPL. | 8481809000 | 利用气流大小控制不同方向的通气流量 |
| 9 | 铜接头 | ANGLE CONNECTION | 7412209000 | 用于连接软管的连接件，黄铜制 |

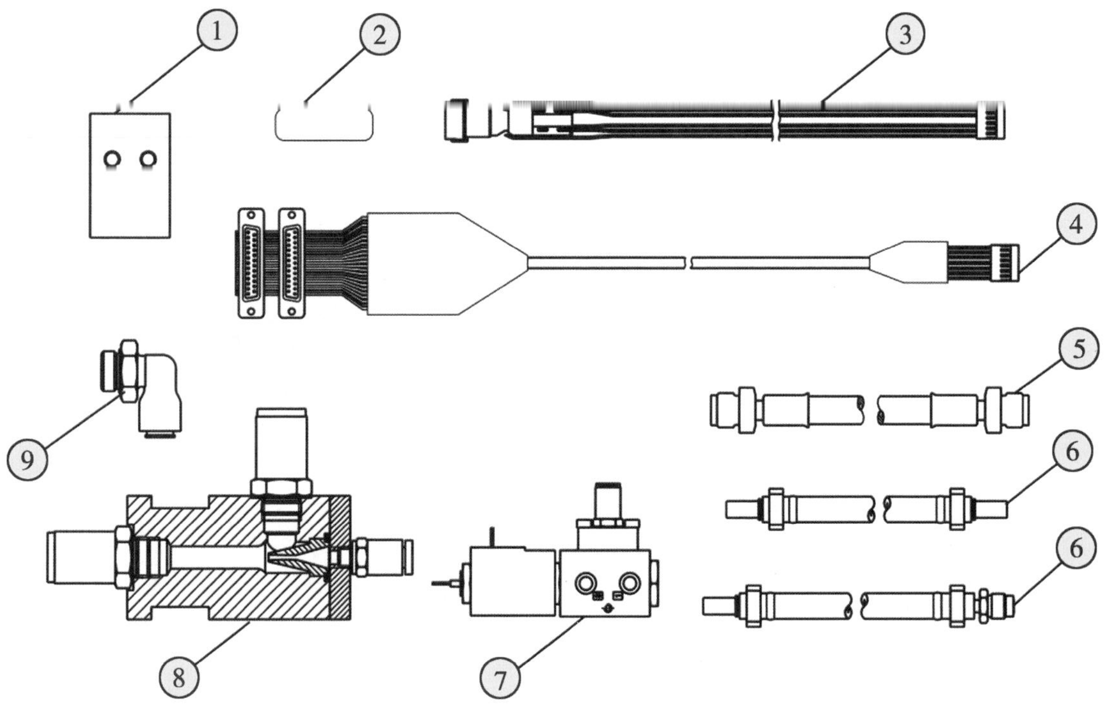


图 2-9-7　气路转换用零件爆炸图

## 八、操作界面和显示设备（正面）

| 序号 | 商品中文名称 | 商品英文名称/描述 | 商品编码 | 商品描述 |
|---|---|---|---|---|
| 1 | 面板 | FRONT，CPL. | 9018907010 | 麻醉显示设备彩色外壳部分 |
| 2 | 侧壳 | FRONT FRAME，SYNTHETIC | 9018907010 | 麻醉显示设备彩色外壳部分 |
| 3 | 操作面板 | KEY PAD | 8537109090 | 带有薄膜键盘的配电盘，包括特别形成的电路板、集成的开关元件和连接插座，用于控制电压低于 1000V 的医疗设备 |
| 4 | 控制旋钮 | CONTROL KNOB | 9018907010 | 用于屏幕开关和信息确认的配套专用部件，塑料制 |
| 5 | 旋转编码器 | SHAFT ENCODER 24POS（PM8050/CD） | 8543709990 | 用于医疗设备，将位移信号转换为电信号 |

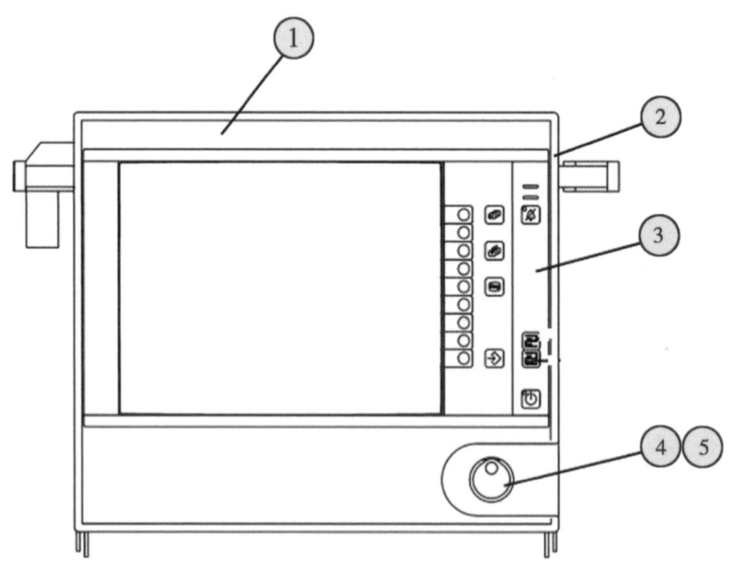


图 2-9-8　操作界面和显示设备爆炸图（正面）

## 九、操作界面和显示设备（背面）

| 序号 | 商品中文名称 | 商品英文名称/描述 | 商品编码 | 商品描述 |
|---|---|---|---|---|
| 1 | 后背板 | BACK PANEL, ARTIFICIAL MATERIAL | 9018907010 | 麻醉设备专用外壳部分 |
| 2 | 塑料自粘标签 | LABEL | 3919909090 | 自粘长方形、塑料制的印刷标签，用于信息提示 |
| 3 | 麻醉机用线路板 | PCB CICERO | 9018907010 | 麻醉设备的设备特定组件，带有有源组件的印刷电路板 |
| 4 | 监护信息用线路板 | PCB SERIELL | 9018193090 | 监护仪的设备特定组件，带有有源组件的印刷电路板 |
| 5 | 麻醉机用线路板 | PCB MAIN | 9018907010 | 麻醉设备的设备特定组件，带有有源组件的印刷电路板 |
| 6 | 电接触板 | BOLT | 853890000 | 铜制电接触元件，漏电保护装置 |
| 7 | 过滤垫 | FILTER MAT | 3921199000 | 矩形滤垫，由硬质泡沫制成，聚酯为过滤介质，用于清洁空气 |
| 8 | 塑料固定件 | BASE | 3926300000 | 机头安装车架时固定，起到导向和保护作用，塑料制 |
| 9 | 塑料制缓冲件 | BUFFER | 3926901000 | 用于机器及仪器的缓冲件，塑料PA66制 |
| 10 | 熔断器 | PFCI 5×20 DIN EN 60127-2/3 250. 0V T3. 15A | 8536100000 | 设备电源器电流的保护，电压小于1000V |
| 11 | 有接头电缆 | POWER CABLE CE, 3M, 10A, C13L, BK | 8544422100 | 连接到网电源，为设备提供电源，额定电压250V |

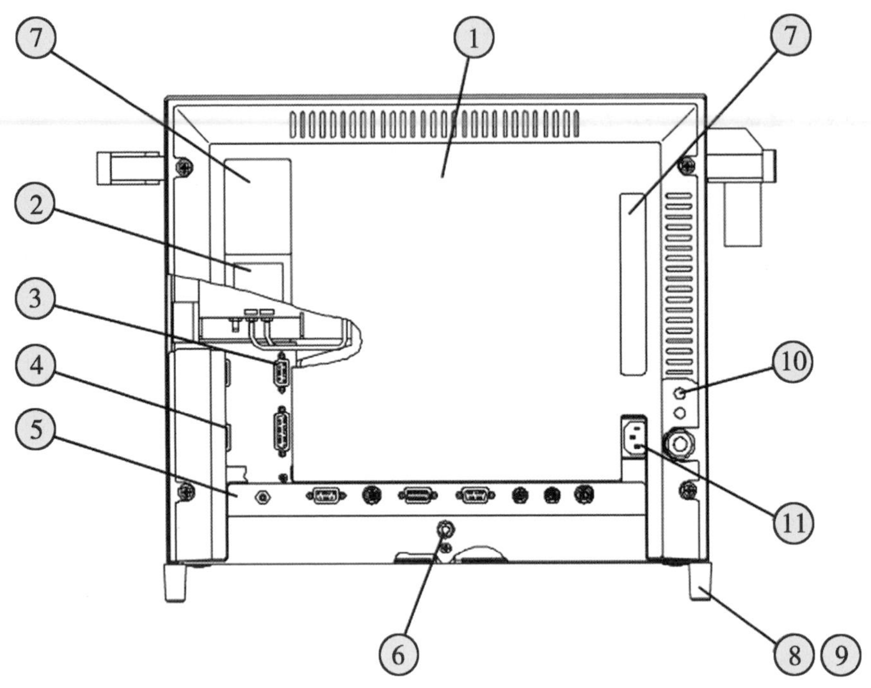


图 2-9-9　操作界面和显示设备爆炸图（背面）

## 十、麻醉呼吸回路装置（一）

| 序号 | 商品中文名称 | 商品英文名称/描述 | 商品编码 | 商品描述 |
|---|---|---|---|---|
| 1 | 流量传感器座 | SENSOR SOCKET | 9026900000 | 安装流量传感器的机械适配器 |
| 2 | 玻璃防护罩 | CONTROL GLASS | 7020001990 | 用于观察设备内部零件的运动，用于麻醉气体回路 |
| 3 | 铜制螺母 | UNION NUT | 7415339000 | 用作不可拆卸的紧固件，铜合金制 |
| 4 | 铜接头 | COUPLING | 7412209000 | 用于管道气口连接软管的连接件，带螺纹，黄铜制 |
| 5 | 无头螺栓 | GUIDE PIN | 7318159090 | 不锈钢实心材料、无头螺纹制成的螺栓，厚度小于等于6mm |
| 6 | 止回阀 | NONRETURN VALVE | 8481300000 | 单向通气，带过滤网片，钢制 |
| 7 | 溢流阀 | APL-VALVE | 8481400000 | 用于集成呼吸回路中管路压力过高，释放气体 |

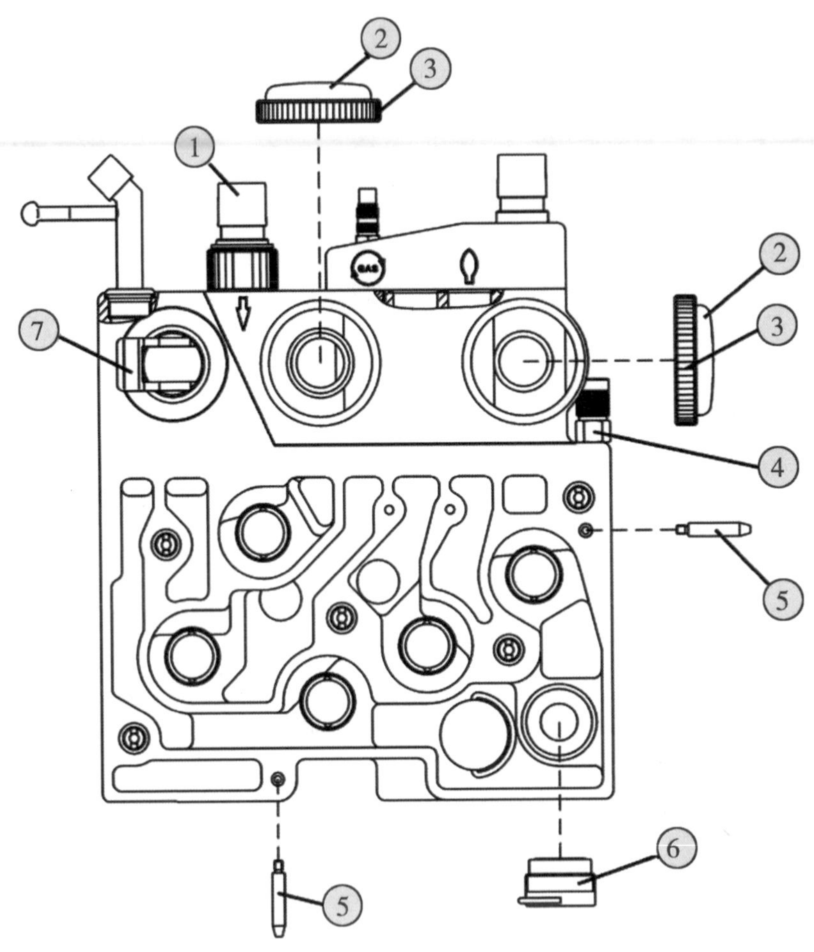


图 2-9-10　麻醉呼吸回路装置爆炸图（一）

## 十一、麻醉呼吸回路装置（二）

| 序号 | 商品中文名称 | 商品英文名称/描述 | 商品编码 | 商品描述 |
|---|---|---|---|---|
| 1 | 陶瓷阀片 | VALVE DISK | 6909190000 | 阀门用陶瓷片，莫氏硬度小于9 |
| 2 | 阀片座 | VALVE CRATER | 8481901000 | 止回阀的特定部分，用于阀片搁置，不锈钢制 |
| 3 | 塑料密封圈 | PACKING RING | 3926901000 | 阀门气体管道中的密封圈，起气体密封作用，塑料制 |
| 4 | 垫圈 | WASHER ISO7089-4-200HV-A4 | 7318220090 | 不锈钢制成的平垫圈，内孔直径为4.3mm |
| 5 | 钢铁制螺旋弹簧 | SPRING | 7320209000 | 呼吸回路接口内顶片用 |
| 6 | 气门嘴 | VALVE CRATER | 8481901000 | 控制阀的缩孔连接器，黄铜制 |
| 7 | 塑料制O型圈 | O-RING SEAL | 3926901000 | 用于密封，塑料（硅胶）制 |
| 8 | 止回阀 | ADDITIONAL AIR VALVE | 8481300000 | 钢制，单向通气 |
| 9 | 阀盖 | INSERT POP VALVE | 8481901000 | 单向阀的特殊部件 |
| 10 | 不锈钢螺钉 | CHEESE HEAD SCREW M3×6 DIN921 | 7318159090 | 柄直径3mm，长度为6mm，抗拉强度为700MPa，不锈钢制 |

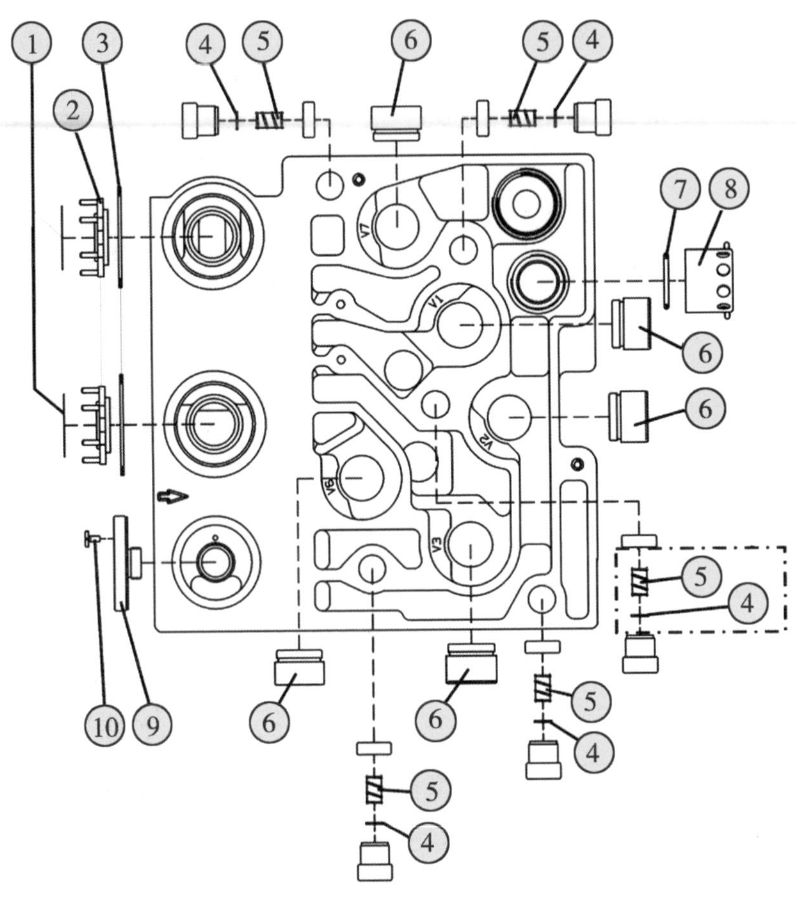


图 2-9-11　麻醉呼吸回路装置爆炸图（二）

## 十二、麻醉呼吸回路装置（三）

| 序号 | 商品中文名称 | 商品英文名称/描述 | 商品编码 | 商品描述 |
|---|---|---|---|---|
| 1 | 塑料制 O 型圈 | O-RING SEAL | 3926901000 | 用于密封，塑料（硅胶）制 |
| 2 | 铜接头 | CONNECTING CONE, CPL. | 7412209000 | 用于管道气口连接软管的连接件，带螺纹，黄铜制 |
| 3 | 不锈钢螺钉 | FLAT HEAD SCREW AM4X6 DIN965 | 7318159090 | 柄直径 4mm，长度为 6mm，抗拉强度为 700MPa，不锈钢制 |
| 4 | 塑料密封圈 | O-RING | 3926901000 | 仪器用密封圈，起密封作用，塑料制 |
| 5 | 不锈钢螺钉 | FLAT HEAD SCREW AM4×10 DIN965 | 7318159090 | 柄直径 4mm，长度为 10mm，抗拉强度为 700MPa，不锈钢制 |
| 6 | 铝接头 | CONNECTION | 7609000000 | 铝制软管接头，铝合金制 |

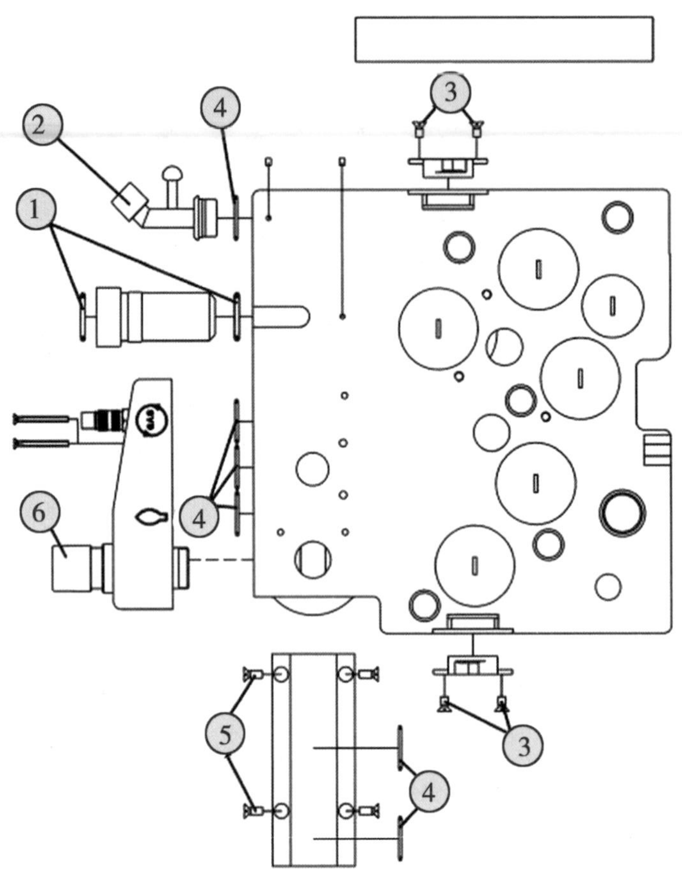


图 2-9-12　麻醉呼吸回路装置爆炸图（三）

## 十三、麻醉呼吸回路装置（呼末气体过滤罐）

| 序号 | 商品中文名称 | 商品英文名称/描述 | 商品编码 | 商品描述 |
|---|---|---|---|---|
| 1 | 吸收罐连接管 | ABSORBERINSERT | 8421999090 | 用于气体过滤装置中特殊壳体的部件，塑料制 |
| 2 | 呼吸回路吸收罐 | ABSORBER ASM | 9019200000 | 在呼吸回路中填装钠钙石灰容器的通气循环装置 |
| 3 | 螺母 | CAP NUR M4 DIN1587-M A4/051 | 7318160000 | 六角，不锈钢制 |
| 4 | 铜链条 | BEAD CHAIN | 7419100000 | 为过滤盖和罐不丢失用，黄铜制 |
| 5 | 塑料垫圈 | PACKING RING | 3926901000 | 扁平垫圈环，塑料（硅树脂）制 |
| 6 | 不锈钢螺钉 | SCREW M4×8 DIN921 | 7318159090 | 柄直径4mm，长度为8mm，抗拉强度为700MPa，不锈钢制 |
| 7 | 塑料罐 | ABSORBER POT | 8421999090 | 用于麻醉机呼吸回路中存放、过滤气体的碱石灰 |
| 8 | 不锈钢螺钉 | SCREW 4mm×6mm | 7318159090 | 柄直径4mm，长度为6mm，抗拉强度为700MPa，不锈钢制 |

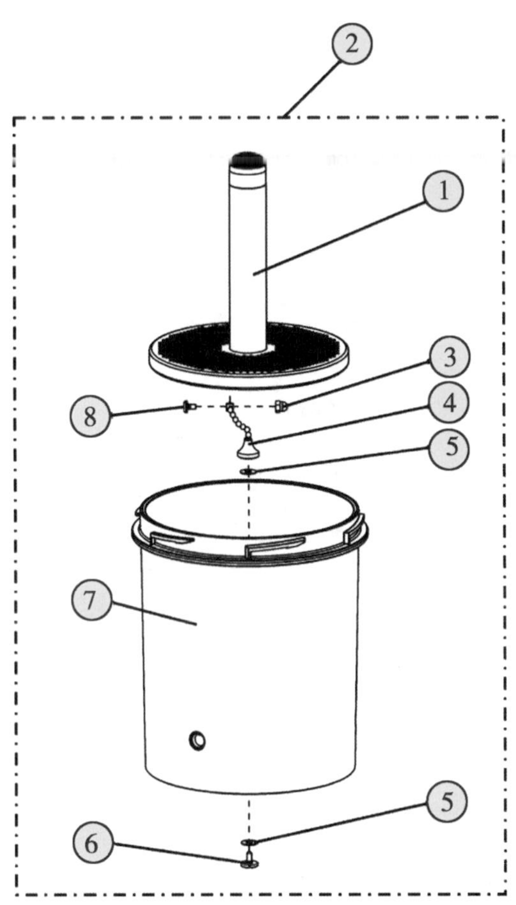


图 2-9-13　麻醉呼吸回路装置（呼末气体过滤罐）爆炸图

# 第十节　医用悬吊系统

医用悬吊系统也被称为医用吊塔，作为医院基础医疗设备已被广泛运用于医院的重症病房和手术室，它在中国的发展经历了 20 多年的时间。从前，人们对医用悬吊系统没有足够的认识，医用悬吊系统也未得到充分的利用。无论是在手术室还是在 ICU 重症病房，都因为随处摆放的医护设备和杂乱无章的电气线路，对工作效率产生很大的影响。

2000 年后，我国医疗机构先后颁布了《医院洁净手术部建筑技术规范》（以下简称《技术规范》）及《中国重症加强治疗病房（ICU）建设与管理指南》（以下简称《建设与管理指南》）。《技术规范》及《建设与管理指南》对手术室和 ICU 重症病房的建设提出了明确、统一的规范、标准和指南。医用悬吊系统的进口及其相关理念的引入，使医用悬吊系统的临床运用得到更明确的认可。现代医院在新建、改建手术室或重症病房时，通常都会采用医用悬吊系统。

从医用悬吊系统管理角度看，它在欧美国家严格按照医疗器械类产品进行管理；而在现阶段的中国，虽然在医疗工作者心目中有着很大的认知度，但仍不属于医疗器械类产品，进口产品按照产品所在地的要求进行管理，国产产品按照企业标准进行管理。

医用悬吊系统用途主要包含两个方面：一是基本医疗设备的承载；二是医疗设备供电、供气（随着通信技术发展，以后会整合通信接口等）的支持设备。

## 一、医用悬吊系统装置

| 序号 | 商品中文名称 | 商品英文名称/描述 | 商品编码 | 商品描述 |
|---|---|---|---|---|
| 1 | 医用悬吊系统 | MEDICAL SUSPENSION SYSTEM | 9402900000 | 医疗手术室、重症监护等医疗室的机械装置，提供医用气源、电源或通讯，可固定摆放其他医疗设备，固定在天花板结构上 |

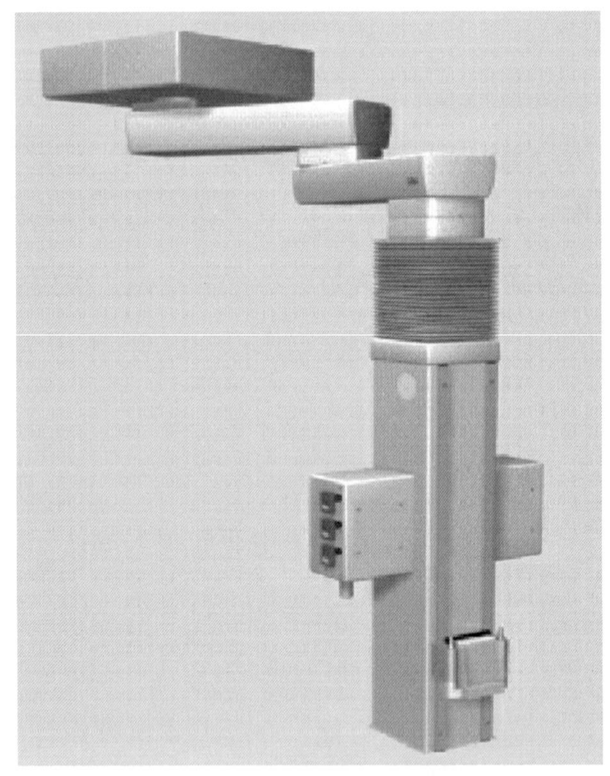

图 2-10-1　医用悬吊系统装置示意图

## 二、医用悬吊结构

| 序号 | 商品中文名称 | 商品英文名称/描述 | 商品编码 | 商品描述 |
|---|---|---|---|---|
| 1 | 中心吊柱 | MAIN BEARING | 7308900000 | 永久安装在建筑物中的钢制法兰管，用于连接两端的结构件 |
| 2 | 一级吊臂 | FIRST ARM | 7616991090 | 医用悬吊系统的吊臂，包括安装组件，材质以铝合金为主 |
| 3 | 中间轴承 | INTERMEDIATE BEARING | 8482400000 | 用于悬吊系统的连接和转动 |
| 4 | 二级吊臂 | SECOND ARM | 7616991090 | 医用悬吊系统的吊臂，包括安装组件，材质以铝合金为主 |
| 5 | 升降装置 | LIFTING MECHANISM, LINEAR LIFT IN LOWEST POSITION | 8479899990 | 由马达、螺杆、电源部件及执行器等组成，为吊起医疗设备和立柱的动力及机械装置，升降位置位于控制范围最低处 |
| 6 | 控制手柄 | CONTROL PANEL | 8537109090 | 医用吊臂的控制手柄，通过按钮控制电机启停、控制医用吊塔的升降和移动等 |
| 7 | 设备固定器/钢铁制接合器 | DEVICE MOUNTING | 7326901900 | 用于可固定悬挂麻醉机到医用悬吊连接固定的接合件 |
| 8 | 负压吸引连接器 | AIR-MOTOR COUPLING | 8481300000 | 提供负压吸气管道的连接 |
| 9 | 麻醉废气排放系统接口（AGSS） | ANESTHETIC GAS SCAVENGING SYSTEM (AGSS) | 8481300000 | 废气排放系统管道连接中的单向通气接口 |
| 10 | 前端轨道 | FRONT RAILS | 7616991090 | 固定在悬吊设备旁，为安装固定其他医疗部件或仪器用 |

续表

| 序号 | 商品中文名称 | 商品英文名称/描述 | 商品编码 | 商品描述 |
|---|---|---|---|---|
| 11 | 手柄 | HANDLES | 8538900000 | 医用悬吊系统上操作升降的手柄 |
| 12 | 医用气体终端装置 | TERMINAL UNITS FOR MEDICAL GASES | 8481300000 | 医用悬吊系统上提供各类气体单向止回供气的端口 |
| 13 | 电力供应终端插座 | ELECTRIC SUPPLY TERMINAL | 8536690000 | 医用悬吊系统上提供电源插座的端口 |
| 14 | 插座 | POWER SOCKETS | 8536690000 | 提供电源的连接 |
| 15 | 电位端子插座 | POTENTIAL EQUALIZATION SOCKETS | 8536690000 | 为保护使用要求环境和特殊需要的医疗设备提供连接 |

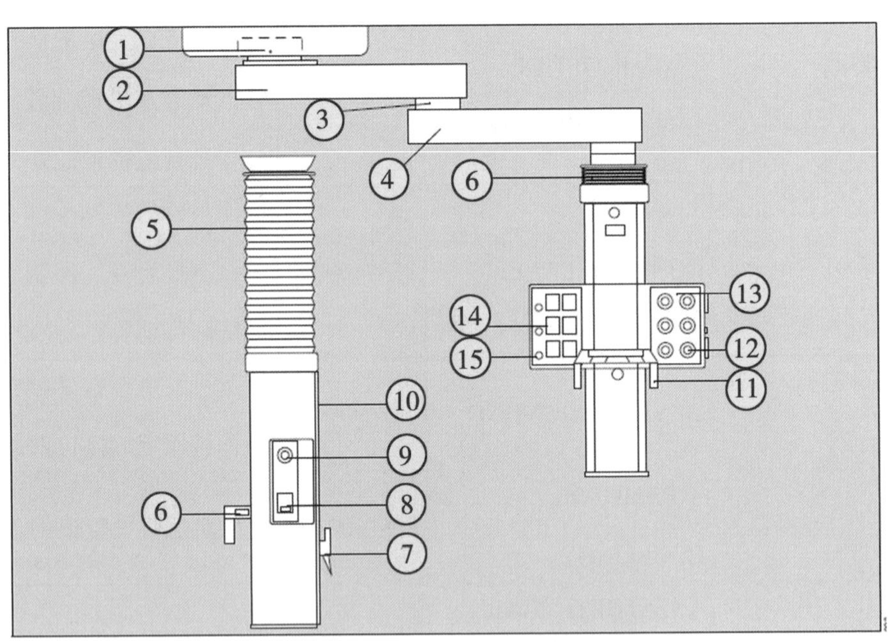


图 2-10-2　医用悬吊结构爆炸图

## 三、医用悬吊操作控制和电位装置

| 序号 | 商品中文名称 | 商品英文名称/描述 | 商品编码 | 商品描述 |
|---|---|---|---|---|
| 1 | 等电位接线端子插座 | INSTALLATION BOX DRAEGER | 8536690000 | 为保护使用要求环境和特殊需要的医疗设备提供连接 |
| 2 | 气动控制阀 | BREAK-KEY (COLUMN) | 8481804090 | 方向控制的集合阀，内径为3.3mm，额定压力为1000KPa，黄铜制 |
| 3 | 悬吊用薄膜操作面板 | KEYBOARD 2X BRAKE | 8538900000 | 悬吊用控制悬臂的升降和旋转刹车的操作面板，通过按下和松开薄膜面板实现对联络线路信号的接通和断开，并有LED联通的信号反馈，装有接头数据软排线 |

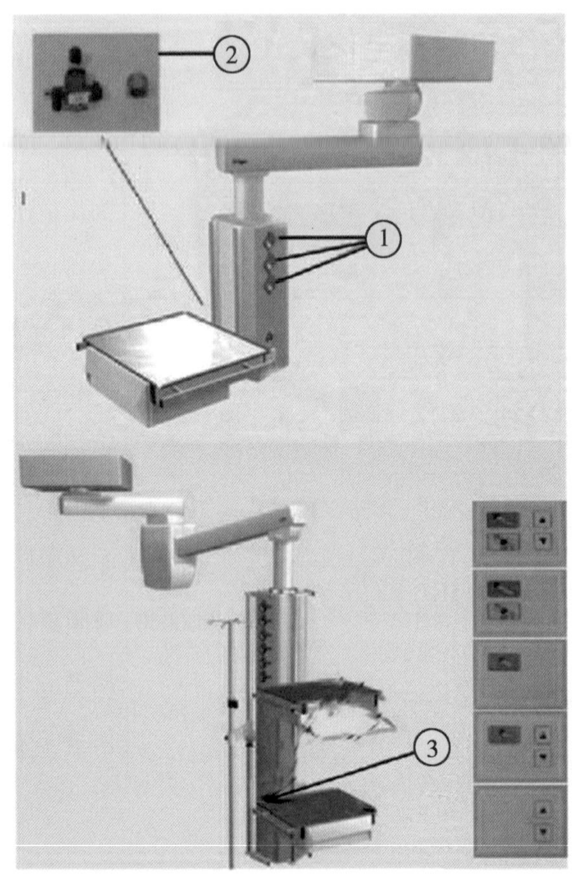


图 2-10-3　医用悬吊操作控制和电位装置示意图

## 四、终端止回阀

| 序号 | 商品中文名称 | 商品英文名称/描述 | 商品编码 | 商品描述 |
| --- | --- | --- | --- | --- |
| 1 | 止回阀 | MODIFICATION KIT PLUG COUPLING | 8481300000 | 医用气体连接插座，用于单向通气控制 |
| 2 | 止回阀 | PLUG-IN COUPLING $N_2$ | 8481300000 | 医用气体连接插座，用于单向通气控制 |
| 3 | 铜接头 | SOCKET WITH HOSE 6. 3mm | 7412209000 | 用于管路通气支撑和连接，黄铜制 |
| 4 | 铜螺母 | NUT | 7415339000 | 用作可释放紧固件，铜锌合金制，孔直径为6mm |
| 5 | 安全铜螺母 | SAFETY NUT | 7415339000 | 螺纹嵌件，用作可释放紧固件，铜锌合金制，孔径为6mm |
| 6 | 螺母 | SLOTTED ROUND NUT DIN546-M6-ST | 7318160000 | 非合金钢螺母，用作可释放紧固件 |
| 7 | 塑料底座 | GAS TRESTLE DRAEGER UNIVERSAL | 3926901000 | 安装终端气座并可固定在仪器设备或墙壁上，塑料（聚甲醛）制 |

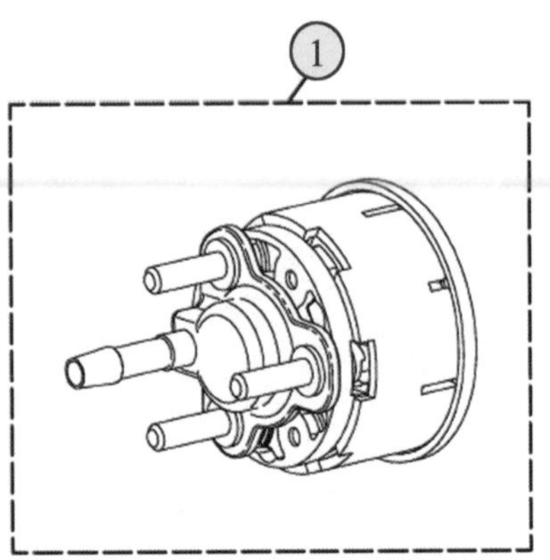


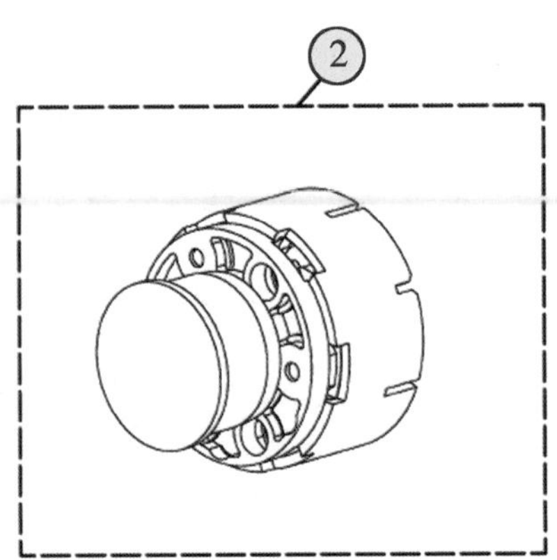


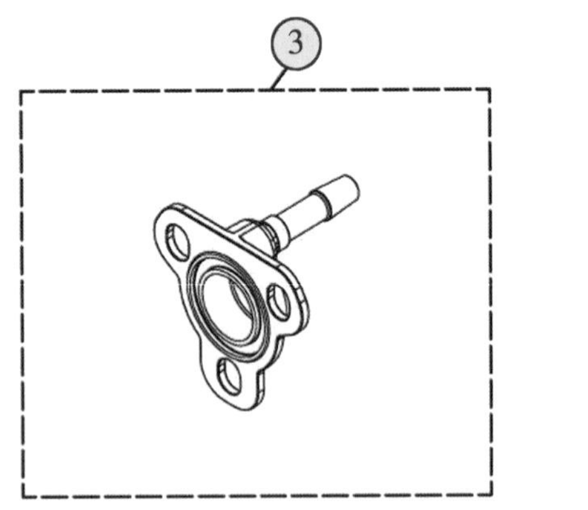


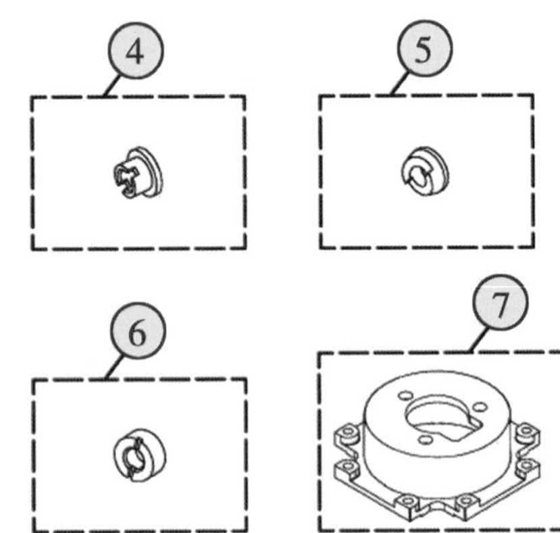


图 2-10-4　终端止回阀爆炸图

## 五、终端止回阀结构（一）

| 序号 | 商品中文名称 | 商品英文名称/描述 | 商品编码 | 商品描述 |
| --- | --- | --- | --- | --- |
| 1 | 麻醉废气排放止回阀 | REP. SET COVER | 8481300000 | 利用止回阀控制管路气体流通的废气排放系统的管道连接装置，单向通气 |
| 2 | 阀盖板 | CONNECTION PLATE | 8481901000 | 手动止回阀外壳特定部分，黄铜（合金铜）制 |
| 3 | 橡胶垫圈 | PACKING RING | 4016931000 | 管路连接的密封，橡胶制成的扁平垫圈，较柔软（柔性） |
| 4 | 钢铁制固定夹（喉箍） | CLIP | 7326901900 | 用于安装在设备机架上起支撑附件作用，不锈钢制 |
| 5 | 单向阀 | NONRETURN VALVE AIR-MOTOR | 8481300000 | 单向通气，有过滤件 |
| 6 | 塑料制O型圈 | O-RING SEAL | 3926901000 | 用于密封，硅胶制 |
| 7 | 塑料密封圈 | O-RING | 3926901000 | 仪器用密封圈，起密封作用 |
| 8 | 止回阀 | TU AIR-MOTOR CSU/EN | 8481300000 | 利用止回阀控制管路气体流通的机械装置 |

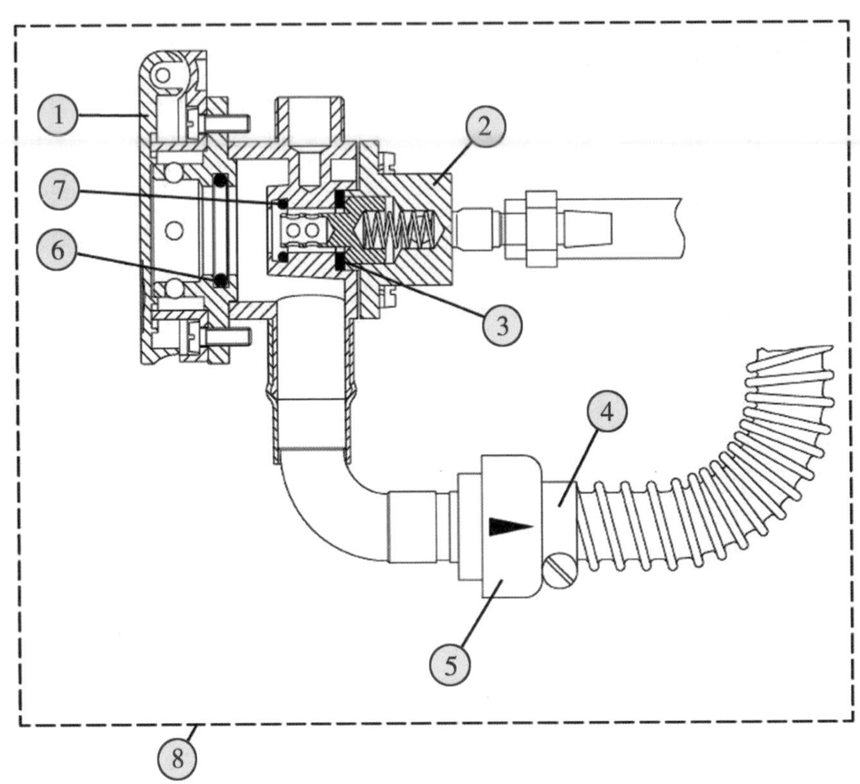


图 2-10-5　终端止回阀结构爆炸图（一）

## 六、终端止回阀结构（二）

| 序号 | 商品中文名称 | 商品英文名称/描述 | 商品编码 | 商品描述 |
|---|---|---|---|---|
| 1 | 塑料制 O 型圈 | O-RING SEAL | 3926901000 | 用于部件间的密封，硅胶制 |
| 2 | 阀盖板 | CONNECTION PLATE | 8481901000 | 手动止回阀外壳特定部分，黄铜（合金铜）制 |
| 3 | 橡胶垫圈 | PACKING RING | 4016931000 | 用于管路连接的密封，橡胶制成的扁平垫圈，较柔软（柔性） |
| 4 | 塑料密封圈 | O-RING | 3926901000 | 仪器用密封圈，起密封作用，塑料制 |

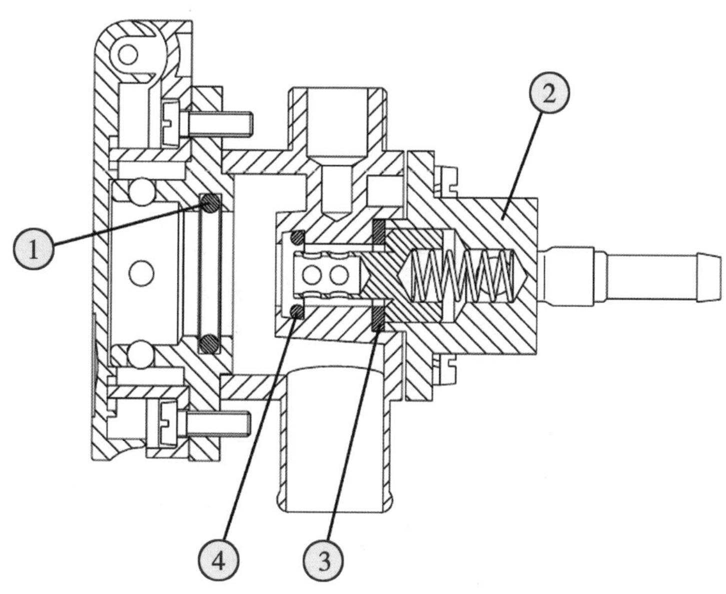


图 2-10-6　终端止回阀结构爆炸图（二）

## 七、气路安装附件

| 序号 | 商品中文名称 | 商品英文名称/描述 | 商品编码 | 商品描述 |
|---|---|---|---|---|
| 1 | 压力表 | PRESSURE GAUGE, VACUUM | 9026209090 | 带金属弹簧、测量配件的压力计 |
| 2 | 保养套件（铜接头为主） | INST. SET FORPRESSURE GAUGE | 7412209000 | 用于管路通气支撑和连接，包括螺母、喉箍、塑料垫圈，黄铜制 |
| 3 | 铜接头 | T CONNECTOR | 7412209000 | 用于管路通气支撑和连接，黄铜制 |

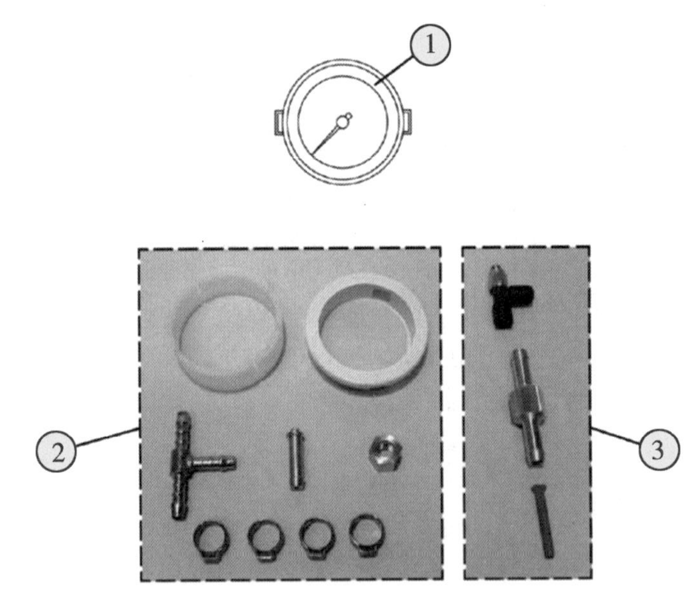


图 2-10-7　气路安装附件爆炸图

## 八、医用悬吊升降电控和气刹管路装置

| 序号 | 商品中文名称 | 商品英文名称/描述 | 商品编码 | 商品描述 |
|---|---|---|---|---|
| 1 | 吊塔提升装置主板 | MODULE CONTROL ELECTRONIC MAINBOARD SU | 8431390000 | 医用悬吊电动提升装置的主板和供电模块 |
| 2 | 电磁控制阀 | VALVEBLOCK BRAKE ASM | 8481804090 | 用于控制气体方向 |
| 3 | 铜接头 | T CONNECTOR | 7412209000 | 用于支撑和通气，黄铜制 |
| 4 | 塞子 | DUMMY PLUG | 3923500000 | 用于堵住三通气口，塑料（聚乙烯）制 |
| 5 | 塑料通气管 | HOSE 2.7×0.65 PA11W | 3917320000 | 用于制动时气路连接，爆破压力小于 27.6MPa，未合制、未加强，无接头软管，塑料（聚酰胺）制 |
| 6 | 塑料管接头 | Y-ADAPTER | 3917400000 | 软管连接件，塑料制，聚合物HF，无螺纹 |
| 7 | 气压传动阀 | CHECK VALVE 4mm | 8481202000 | 用于气压控制自动阀气流通向气路，塑料制的气动能量传输，内径为 4mm |

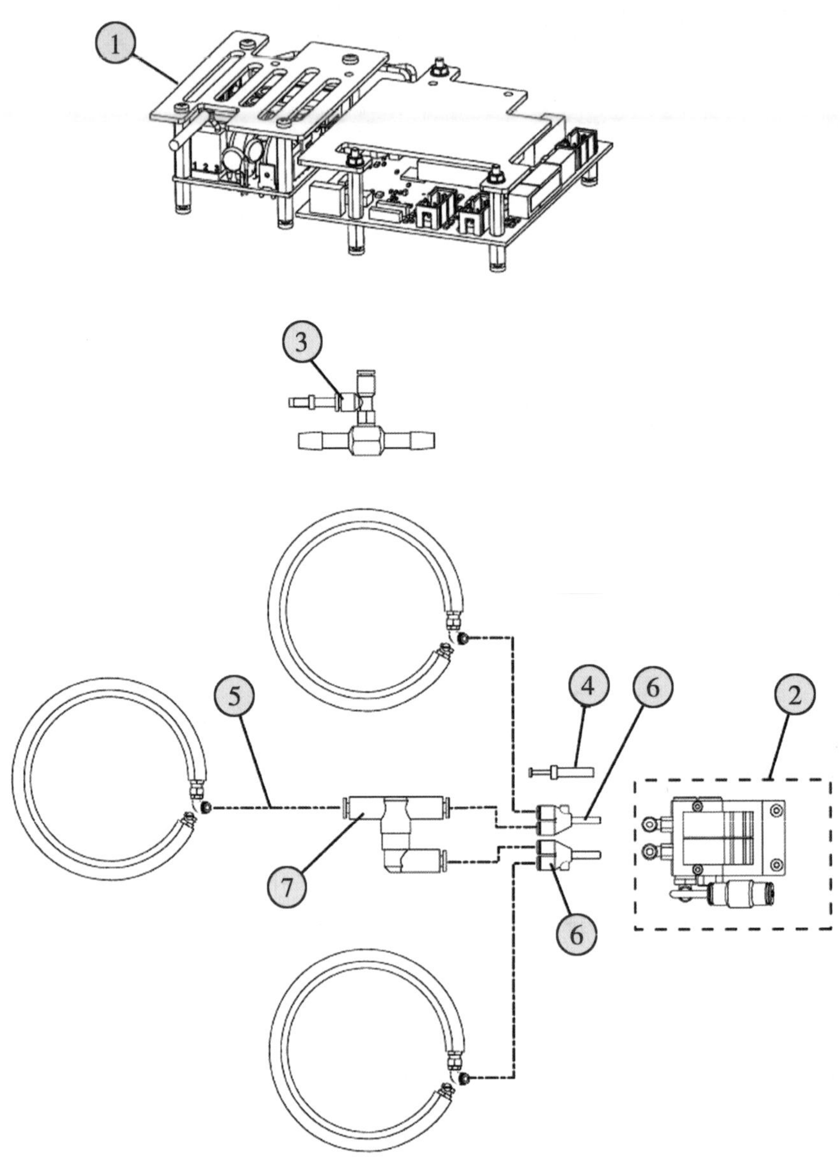


图 2-10-8　医用悬吊升降电控和气刹管路装置爆炸图

## 九、悬吊连接固定装置

| 序号 | 商品中文名称 | 商品英文名称/描述 | 商品编码 | 商品描述 |
|---|---|---|---|---|
| 1 | 悬吊制动外壳组件 | BRAKE HOUSING COMPL. | 8431390000 | 悬臂式制动器壳体，由铝合金制成，带外壳和橡皮圈 |
| 2 | 制动橡皮圈 | BRAKEHOSE，CPL. | 8431390000 | 机械单元部件，由橡胶制成，非多孔 |
| 3 | 滚针轴承 | NEEDLE BEARING，HEAD | 84824000000 | 用于悬吊系统的连接和转动 |

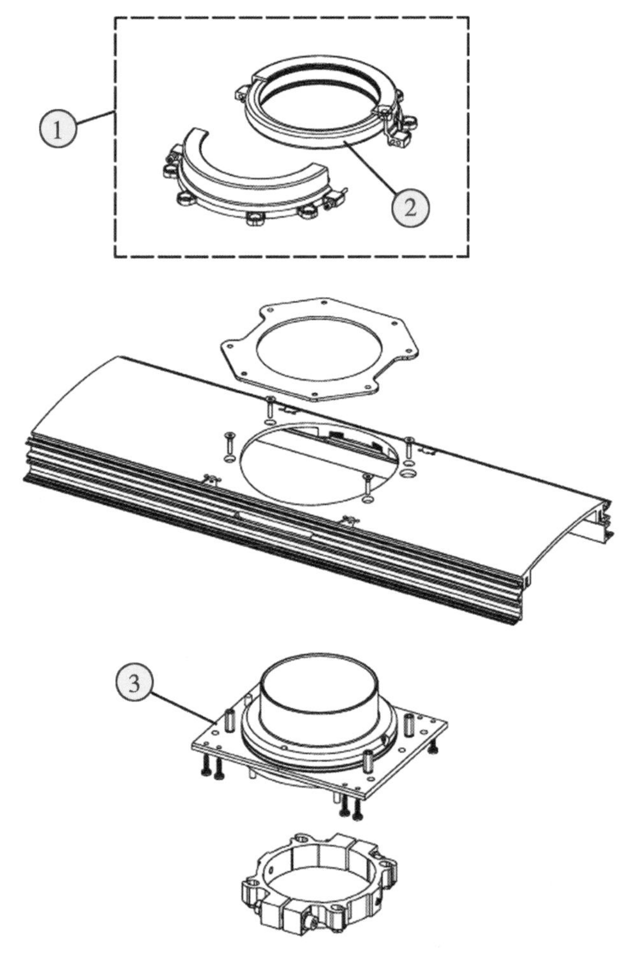


图 2-10-9 悬吊连接固定装置爆炸图

## 十、文丘里负压吸引装置

| 序号 | 商品中文名称 | 商品英文名称/描述 | 商品编码 | 商品描述 |
|---|---|---|---|---|
| 1 | 负压吸引泵装置 | MOD. KIT FOR EJECTOR CONTROL | 8414100090 | 悬吊系统提供的负压吸气管道的连接 |
| 2 | 铜接头 | T CONNECTOR | 7412209000 | 管道连接件，铜锌合金制 |
| 3 | 止回阀 | NONRETURN VALVEAIR-MOTOR | 8481300000 | 单向通气，有过滤件 |
| 4 | 橡胶垫圈 | TOROIDAL SEALING RING | 4016931000 | 用于管路连接的密封 |
| 5 | 射流泵 | EJECTOR AGSS | 8414100090 | 气泵，为管道内产生负压气流，金属制 |
| 6 | 橡胶垫圈 | O-RING | 4016931000 | 用于管路连接的密封 |
| 7 | 铜接头 | JOINING PIECE | 7412209000 | 管道连接件，铜锌合金制 |
| 8 | 铜接头 | SWIVELLING SCREW-FITTING | 7412209000 | 管道连接件，铜锌合金制 |
| 9 | 调流阀 | 3/2 - PORT DISTRIB-UTING VALVE | 8481804090 | 根据管路中气流大小进行调节和补充 |

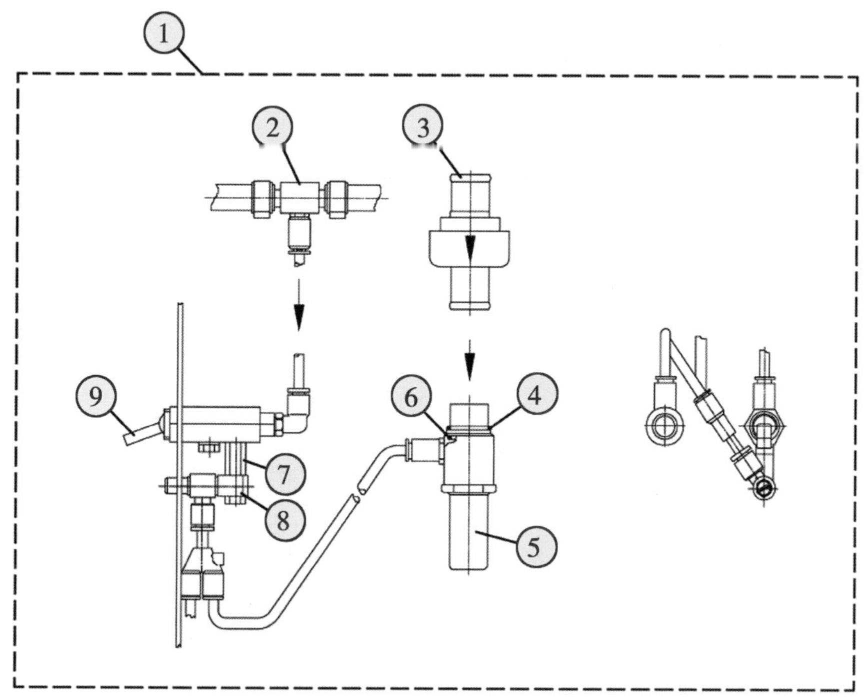


图 2-10-10 文丘里负压吸引装置爆炸图

## 十一、医用悬吊设备连通气源的结构

| 序号 | 商品中文名称 | 商品英文名称/描述 | 商品编码 | 商品描述 |
|---|---|---|---|---|
| 1 | 手动减压阀 | AMICOPURPOSE REGULATOR | 8481100090 | 带压力表，无流量计，无设备过滤器，铜锌合制 |
| 2 | 精炼铜管 | AMVEXRISER DISS ISO $O_2$ | 7411101990 | 由精制铜制成的、直的无缝管，现成的外径为 15. 8mm |
| 2 | 精炼铜接头 | AMVEXRISER DISS ISO AIR | 7412100000 | 精制铜制成的管接头（套筒），带螺纹 |
| 3 | 铜接头 | AMVEXHOSE ADAPTER DISS VAC | 7412209000 | 软管连接件，铜锡合金制，带螺纹 |
| 4 | 喉箍 | AMVEXFERRULE VAC | 7326909000 | 钢制夹箍，闭合件或固定带 |
| 5 | 塑料软管 | AMVEXBULK HOSE $O_2$ | 3917390000 | 塑料纺织纤维制成的软管，氯乙烯聚合物，医疗器械管道通气用，无缝，标称压力小于 27. 6MPa |
| 6 | 气插座框 | AMICOTRIM-PLATE FOR LATCH VAL | 3926909090 | 气体插座面盖，塑料（苯乙烯聚合物）的注塑件 |
| 7 | 止回阀 | AMICOLATCH AALVE OHMEDA FR $O_2$ | 8481300000 | 内置的、黄铜制手动止回阀，额定压力为 1379KPa，外径为 33mm，内径为 15mm，用于医院供气系统端口 |

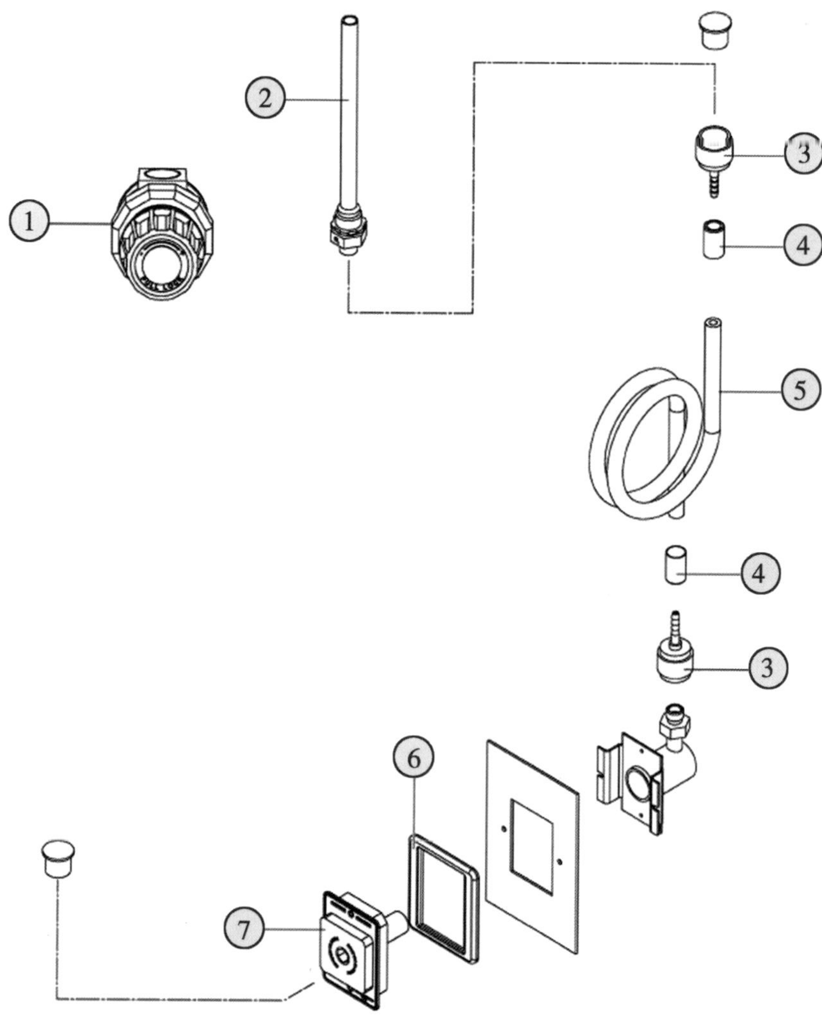


图 2-10-11 医用悬吊设备连通气源的结构示意图

# 第三章

# 医疗器械归类决定汇总

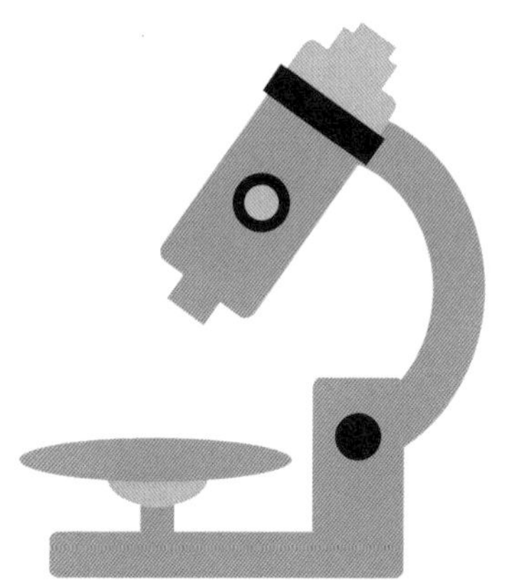

# 第一节　税目 90.18

| 商品中文名称 | 脑电系统 |
|---|---|
| 商品英文名称 | |
| 商品其他名称 | |
| 商品描述 | 该脑电系统是神经电生理信号采集、分析系统，通过 128 个导联的高密度网状电极，作用于感觉系统或脑的某一部位，研究在给予刺激或撤销刺激时，在脑区所引起的电位变化，并通过进一步数据分析，研究人的心理反应功能。 |
| 商品编码 | 90181990 |
| 分别归类 | 否 |
| 决定编号 | D-1-0000-2009-0279 |
| 归类意见 | 该商品是对脑神经电信号进行采集、分析的系统，根据《进出口税则商品及品目注释》（以下简称《品目注释》）对税目 90.18 的规定，该税目项下的电器诊断设备包括“脑电流描记器（用于检查脑部）”及“带有或与自动数据处理机连用的诊断设备，用于处理和显示临床检查的数据结果等”。因此，根据归类总规则一及六，该商品应归入税号 9018.1990。 |
| 归类决定编号 | Z2009-0177 |

| 商品中文名称 | 一次性毯 |
|---|---|
| 商品英文名称 | Single use blanket，Care quilt TM warming，blanket |
| 商品其他名称 | |
| 商品描述 | 由双层无纺布制成，一面有塑料涂层，层叠后在边缘处高温热封。其一端开口并装配一个喷嘴，借助加热设备可由此充入温暖的空气。用于预防和治疗住院病人体温降低的症状。 |
| 商品编码 | 901890 |
| 分别归类 | 否 |
| 决定编号 | D-1-0000-2010-0089 |
| 归类意见 | 根据归类总规则一［第九十章章注二（二）］及六，该商品应归入子目号9018.90；子目序号1。 |
| 归类决定编号 | W2010-030 |

| 商品中文名称 | 弹簧栓塞 |
|---|---|
| 商品英文名称 | |
| 商品其他名称 | |
| 商品描述 | 该商品由不锈钢丝和人造纤维（尼龙66）组成，产品不须电源，无菌包装，属于放射介入类一次性使用耗材，用于血管内的栓塞治疗。通过内径范围为0.018in至0.035in的导管将该商品输送到病变位置，对血管进行机械性堵塞，阻止血液养分、水及其他营养对血管肿瘤的供给，被堵塞的血管肿瘤逐渐萎缩直至消失，患者的疾病也因此被治愈。 |
| 商品编码 | 9018 |
| 分别归类 | 否 |
| 决定编号 | D-1-0000-2010-0109 |
| 归类意见 | 该商品用于治疗，可以在一定程度上消除病变。根据归类总规则一，将该商品归入《税则》税目90.18项下。 |
| 归类决定编号 | J2010-0020 |

| 商品中文名称 | 血细胞分离机 |
|---|---|
| 商品英文名称 | |
| 商品其他名称 | |
| 商品描述 | 该商品为医疗用血细胞分离机，采用离心原理，通过采血管将病员或献血者的血液采入主机，血液通过主机内的电极开始旋转，每通过一个电极，速度便提高一倍，最后达到极致，以一个稳定的速度不断地旋转。因血液中各种有形成分不同，可将所需血液成分通过离心分离出来，同时将其余血液成分回输给病员或献血者。该机本身含固化单片程序模块，电脑为国内自购。 |
| 商品编码 | 90189090 |
| 分别归类 | 否 |
| 决定编号 | D-1-0000-2014-0020 |
| 归类意见 | 该商品采用离心原理，可将所需血液成分通过离心分离出来，再将其余血液回输给病员或献血者，其功能超出了税目 84.21 的范围，根据归类总规则一及六，应归入税号 9018.9090。 |
| 归类决定编号 | Z2014-0006 |

| 商品中文名称 | 外科用针坯料 |
|---|---|
| 商品英文名称 | Blanks for surgical needles |
| 商品其他名称 | |
| 商品描述 | 由 44mm 长圆形截面不锈钢管制成，外径 1.3mm，内径 0.9mm，其一端与长度方向成直角切割，另一端则切成锐角，然后磨削成两个平面，相交成锐利端点。 |
| 商品编码 | 901832 |
| 分别归类 | 否 |
| 决定编号 | D-1-0000-2015-0323 |
| 归类意见 | 该商品归入子目号 9018.32；子目序号 1。 |
| 归类决定编号 | W2014-325 |

| 商品中文名称 | 全身低温治疗仓 |
| --- | --- |
| 商品英文名称 | Total body cryotherapy chamber |
| 商品其他名称 | |
| 商品描述 | 全身低温治疗仓用来治疗皮肤疾病、关节炎或风湿病，其包含以下独立的基本部件，这些部件同时报验且未组装。1. 低温治疗仓包括一个预治疗室(-60℃)和一个治疗室（约-110℃），两者通过一扇门连接。治疗仓由绝缘元件制成，其外部尺寸为2400mm（宽）×4200mm（长）×2550mm（高）。预治疗室的内部尺寸为1600mm（宽）×2250mm（高）×1760mm（长），治疗室内部尺寸为2100mm（宽）×2250mm（高）×1700mm（长）。预治疗室和治疗室的地面配备有特殊防水毯，装有入口门、窗户、照明设备、扩音器、紧急信号开关、带有蒸发器的压力平衡元件。蒸发器有三个能使空气循环的嵌入式风扇，并集成了除霜加热装置。治疗室还配备有一个沿着三个侧面的内部扶手杆、一个麦克风和一个视频监控系统。2. 制冷机安装在封闭的机壳里，是一个三级串联气冷式系统。制冷机和蒸发器位于低温仓外的一个空间里。该机可以使室内温度降至-110℃。制冷机的外形尺寸为1600mm（宽）×1700mm（高）×800mm（长）。3. 配电柜采用电开关系统，该系统是为了能够将全身低温治疗仓作为一个整体来进行操作。配电柜和上述制冷机摆放在同一个机体里。它的尺寸为1000mm（宽）×2000mm（高）×500mm（长）。4. 控制台包含一个带有纳米级服务器的自动数据处理设备、一个15in（38.1cm）的TFT触摸屏、一个对讲机、两个扩音器、一个麦克风、一个CD播放器和一个紧急停止开关，所有这些组件集成在同一机壳内。通过触屏，操作员可以控制所有的功能、调节和机值。控制台尺寸为600mm（宽）×980mm（高）×400mm（长），并与低温仓分开。5. 冷凝器由带有十字交叉双肋板的换热器和带有三相电动机的通风机构成。冷凝器放置在低温仓所在的大楼外面，用于低温仓内降温。上述部件通过铜管和电缆相连接，冷却剂通过铜管循环。 |
| 商品编码 | 901890 |
| 分别归类 | 否 |
| 决定编号 | D-1-0000-2015-0037 |
| 归类意见 | 根据归类总规则一（第九十章章注三和第十六类类注四）及六，该商品归入子目号9018.90；子目序号2。 |
| 归类决定编号 | W2014-383 |

| 商品中文名称 | 手柄（带机头和夹具） |
| --- | --- |
| 商品英文名称 | |
| 商品其他名称 | |
| 商品描述 | 该商品为微型电动手柄，属医疗器械二类产品范畴。它可经高温、高压消毒，用于配合临床用低速直机头或弯机头及国产电源控制器。手柄外观为银灰色金属外壳，内部是微型电机（马达），手柄尾部有弹簧电源线与电源控制器相连。通过输入 220V 电源到控制器，变压后控制器输出 32V（D/C）直流电源到电机（马达）上，电机带动前端临床专用直机头或弯机头使用。在直机头或弯机头的前端有个专用夹具，可配合各种形状的刀具及抛光类材料使用（例如，牙科专用钨钢刀头、牙科用抛光杯、抛光轮、切割片等）。主要用于口腔内部直接接触人体骨骼部分的打磨及钻孔。 |
| 商品编码 | 90184990 |
| 分别归类 | 否 |
| 决定编号 | D-1-0000-2015-0420 |
| 归类意见 | 若电动手柄、机头和夹具一同进口，数量匹配，根据归类总规则一及六，应一并归入税号 9018. 4990。 |
| 归类决定编号 | Z2015-0008（海关总署公告 2015 年第 31 号，2015 年 7 月 1 日执行） |

| 商品中文名称 | 含铜宫内节育器 |
| --- | --- |
| 商品英文名称 | |
| 商品其他名称 | NOVAT380 |
| 商品描述 | 该商品由聚乙烯制T型支架、尾丝及内含银芯的铜丝等组成。该商品为独立无菌包装，包装内附带有放置管、推杆等辅助工具。节育器的T型支架水平臂和垂直臂全长均约为3cm，其中垂直臂上缠绕铜丝且末端的小孔上系有尾丝。放置管和推杆均长约20cm，放置管上附有厘米标记和定位块。该商品主要用于妇女避孕，使用时要由专业卫生人员放置于子宫宫腔内。其避孕原理为支架本身具有机械避孕作用（缘于子宫内膜对节育器产生的异物反应），以及释放入子宫宫腔内的铜离子具有改变生殖道内环境和配子质量的特殊作用，而银芯可减缓和降低铜丝的腐蚀和消耗。 |
| 商品编码 | 90189091 |
| 分别归类 | 是 |
| 决定编号 | D-1-0000-2018-0102 |
| 归类意见 | 该商品不含化学药物，因此应作为一种医疗器具归入税号9018.9091。 |
| 归类决定编号 | Z2018-003（海关总署公告〔2018〕183号，2019年1月1日生效） |

| 商品中文名称 | B/M 型超声波扫描仪 |
| --- | --- |
| 商品英文名称 | |
| 商品其他名称 | |
| 商品描述 | 该商品有四种型号：SSH-140A 型、SSA-220A 型、SSA-240A 型和 SSA-340A 型。通过查阅该设备使用说明书，它们除具有 B 超功能外，还具有 M 超等其他功能。 |
| 商品编码 | 901812 |
| 分别归类 | 否 |
| 决定编号 | D-1-0000-2006-2196 |
| 归类意见 | 超声波扫描（诊断）仪按工作原理可分为 A 型，反射式振幅型；B 型，切面显像型；M 型，心动图形描记心动曲线型；多普勒型。税号 9018.1210 的 B 型超声波诊断仪仅指上述的 B 型设备。四种型号的 B/M 型超声波扫描仪除具有 B 超功能外，还具有 M 超等其他功能，是多功能的超声波扫描仪，故应归入税号 9018.1291 或 9018.1299。 |
| 归类决定编号 | Z2006-1037（1999—2006 年第一期） |

| 商品中文名称 | 电路板 |
| --- | --- |
| 商品英文名称 | |
| 商品其他名称 | |
| 商品描述 | 该电路板的种类大约有十种，主要包括 RF 板、CW 板、E/P 板、DSP 板、DSC 板、V/M 板等，功能各不相同，是彩超机上的专用电路板。进口以后通过简单工艺焊接插槽使之与仪器连接，构成彩超机的数据处理部分。 |
| 商品编码 | 90181291 |
| 分别归类 | 否 |
| 决定编号 | D-1-0000-2006-2197 |
| 归类意见 | 该电路板是彩色超声波诊断仪的专用电路板，具有多种规格，虽然其名称及功能各不相同，但结构都是在印刷电路板上安装各种集成电路构成的。因此，该商品应按彩色超声波诊断仪的零件归入税号 9018.1291。 |
| 归类决定编号 | Z2006-1038（1999—2006 年第一期） |

| 商品中文名称 | 运动心电测试系统 |
| --- | --- |
| 商品英文名称 | Exercise testing system |
| 商品其他名称 | 活动平板机 |
| 商品描述 | 该运动心电测试系统由主机、热敏记录仪、交流电源、AM114 采集器、活动平板等部分组成，其以 GE-MARQUETTE 医疗系统的心电分析程序为基础，引入先进的信号处理、微电子和运动 ECG 算法等技术，直接连接 MUSE CV 心血信息管理系统，实现网络化心电数据管理和数据共享，并可进入临床信息管理系统（CIS）。 |
| 商品编码 | 90181990 |
| 分别归类 | 否 |
| 决定编号 | D-1-0000-2006-2198 |
| 归类意见 | 该运动心电测试系统是检测对象在运动平板上进行跑动实验，通过人体在运动状态下生命体征的变化（例如，肺功能的变化、血压的变化、心肌供血等），检测心肌缺血、心律失常、心梗、冠状动脉等疾病。该系统的功能已超出了心电图记录仪的范围，根据《品目注释》关于税目 90.18 的解释，此系统应按电气诊断设备归入税号 9018.1990。 |
| 归类决定编号 | Z2006-1039（1999—2006 年第一期） |

| 商品中文名称 | BD 真空采血系统 |
|---|---|
| 商品英文名称 | |
| 商品其他名称 | |
| 商品描述 | 该 BD 真空采血系统由无菌针头、持针器和真空采血管组成。其中，无菌针头用于进入血管内，将血液标本采集至真空采血管内；持针器用于固定采血针头；真空采血管分玻璃管和塑料管两种，其内部都有不同的添加剂，并以不同颜色的头盖来区分管内的不同添加成分。采血时将真空采血管推上针头，刺穿真空采血管的隔板，管内真空造成的负压可主动将血液吸入管内，从而简化了采血过程。 |
| 商品编码 | 90183900 |
| 分别归类 | 否 |
| 决定编号 | D-1-0000-2006-2199 |
| 归类意见 | 该系统是一种医疗器具，应归入税号 9018. 3900。各部分单独进口时，归类如下：1. 无菌针头，用于刺入血管，将血液标本采集至真空采血管内，应按具体列名归入税号 9018. 3210；2. 持针器，用于固定采血针头，应作为真空采血装置的专用零件归入税号 9018. 3900；3. 真空采血管，分玻璃管和塑料管两种。其中玻璃制的真空采血管不同于《税则》第九十章章注一（五）排他条款所列税目 70. 17 的实验室、卫生及配药用的玻璃器，故玻璃制或塑料制的真空采血管均应作为真空采血装置的专用零件归入税号 9018. 3900。(通过 2016 版税则转版维护) |
| 归类决定编号 | Z2006-1040（1999—2006 年第一期） |

| 商品中文名称 | 输液泵 |
| --- | --- |
| 商品英文名称 | Automed infusion pump |
| 商品其他名称 | |
| 商品描述 | 该输液泵用于医疗输液，由主机与消耗品（包括无菌密封包装的输液管、输液袋套装）组成（主机与消耗品的数量不配套）。主机外观为装有控制按钮与液晶显示板的长方体塑料容器（190mm×75mm×25mm），通过内置马达的转轴与输液管相接；消耗品由输液管缠绕在类似于齿轮的齿面上。当主机上的马达带动消耗品上的齿轮转动时，可将处于两齿之间的输液管中的液柱挤压出去，从而达到控制液体流量及流速的目的。 |
| 商品编码 | 90183900 |
| 分别归类 | 否 |
| 决定编号 | D-1-0000-2006-2201 |
| 归类意见 | 数量配套的主机和消耗品一同进口时，可视为成套货品一并归入税号 9018.3900；多余数量的消耗品或消耗品单独进口或多余数量的主机或主机单独进口时，因均已构成注射器类似品的基本特征，故应按注射器的类似品归入税号 9018.3900。 |
| 归类决定编号 | Z2006-1042（1999—2006 年第一期） |

| 商品中文名称 | 毛血管采血管 |
| --- | --- |
| 商品英文名称 | |
| 商品其他名称 | |
| 商品描述 | 该毛血管采血管以熔融石英为原料，采用毛细管上升法直接采血，内腔涂层起抗凝血的作用，为辅助采血所设。该产品本身无测试功能，它用于血细胞计数仪，以计算血液中血细胞的数量。 |
| 商品编码 | 90183900 |
| 分别归类 | 否 |
| 决定编号 | D-1-0000-2006-2202 |
| 归类意见 | 虽然该商品可用作血细胞计数仪的附件，但根据《税则》第九十章章注二（一）的规定，其本身已构成采血器具，应作为医疗器具归入税号9018.3900。 |
| 归类决定编号 | Z2006-1043（1999—2006年第一期） |

| 商品中文名称 | 肝素帽 |
| --- | --- |
| 商品英文名称 | |
| 商品其他名称 | |
| 商品描述 | 该商品为塑料制注射管塞，表面光滑又称肝素帽。其一端有孔，是用于输液端封闭的抗血凝产品。该商品用在输液过程中，在留置针一次输液完毕后插入其末端防止血液凝固。 |
| 商品编码 | 90183900 |
| 分别归类 | 否 |
| 决定编号 | D-1-0000-2006-2203 |
| 归类意见 | 该商品是用于税目90.18产品的附件，根据《税则》第九十章章注二（二）的规定，应归入税号9018.3900。 |
| 归类决定编号 | Z2006-1044（1999—2006年第一期） |

| 商品中文名称 | 美肤激光器 |
|---|---|
| 商品英文名称 | |
| 商品其他名称 | |
| 商品描述 | 该商品是一种激光设备，其原理是应用激光频率转换技术，通过释放激光能量，形成局部冲击波，利用各种不同色素最佳吸收波长的不同，将色素组织击碎，用于去除胎记、痣、纹身等，可起到防止其病变的作用，也可治疗蜘蛛状毛细血管扩张、血管瘤等血管性病变，还可去除人体多余毛发。 |
| 商品编码 | 90189090 |
| 分别归类 | 否 |
| 决定编号 | D-1-0000-2006-2205 |
| 归类意见 | 该商品虽然也可用于去除纹身、人体多余毛发等美容目的，但根据《品目注释》关于税目 90.18 医疗设备的说明，该仪器已具备了预防、医治病症的功能，故应按医疗仪器归入税号 9018.9090。 |
| 归类决定编号 | Z2006-1046（1999—2006 年第一期） |

| 商品中文名称 | 便携式冷冻手术系统 |
|---|---|
| 商品英文名称 | |
| 商品其他名称 | |
| 商品描述 | 该便携式冷冻手术系统由装满液化气体的喷雾剂罐及涂敷头组成，罐内液化气体（即气雾剂）由二甲醚、内烷和异丁烷以 95：2：3 比例混合组成。其原理是利用液化气体混合物的挥发来吸收周围的热量，并对接触的皮肤进行冷冻，从而使治疗处的局部细胞坏死以达到治疗的目的。具体方法是把涂敷头插入喷雾剂罐，把液化气体喷到涂敷头上，当涂敷头达到-55℃的低温时，再把涂敷头垂直置于患处进行冷冻治疗。 |
| 商品编码 | 90189090 |
| 分别归类 | 否 |
| 决定编号 | D-1-0000-2006-2206 |
| 归类意见 | 该便携式冷冻手术系统是以涂敷的方式治疗患处，而不是“喷雾给药”的方法，因此不能按喷雾治疗器归类。由于其具有医治功能，因此，可按其他医疗设备归入税号 9018. 9090。 |
| 归类决定编号 | Z2006-1047（1999—2006 年第一期） |

| 商品中文名称 | 数据处理谱仪 |
| --- | --- |
| 商品英文名称 | DRX Console |
| 商品其他名称 | |
| 商品描述 | 该商品为RESONANCE牌，型号MARAN DRX/2。该商品在机箱内装有一个工业PC机主板，多块高速数据处理、数据合成及输入输出接口板（卡），带有网线接口和VGA显示器接口。该商品采用最新的中频软件无线电技术，用于低场永磁磁共振系统，其功能是全数字化的磁共振信号D/A变换采集及数字式的检波、滤波、差频及数字信号合成处理。该商品运行实时DOS操作系统，进口后由二次用户根据终端客户需求，设置或开发编写相应的序列程序，终端客户使用时只能通过网卡连接的另一台主机（WINDOWS操作系统）选择使用已设定好的序列程序来操作谱仪以完成相应功能，不能随意修改程序。其工作原理是从外部主计算机发送一个序列程序及参数给谱仪，谱仪合成数字波形，经D/A变换后输出到接口，经外部射频放大器后激发氢原子，返回的射频信号经A/D变换为数字信号，经滤波转换后储存在谱仪的内存中，再回传给外部的主计算机。该商品外接主计算机及磁体后构成核磁共振成像系统。核磁共振除用于医学检测外，还可用于波谱分析领域，例如，石油探测、声纳分析等。 |
| 商品编码 | 90181390 |
| 分别归类 | 否 |
| 决定编号 | D-1-0000-2007-1081 |
| 归类意见 | 一套完整的核磁共振系统包括控制终端、数据处理谱仪、射频放大器、发射线圈、接收线圈。该商品属于核磁共振成像装置的一个重要部件，在其中起必不可少的作用。该商品符合《税则》税目90.18及其子目条文的描述，根据归类总规则一及六，应将其按核磁共振成像装置的零部件归入税号9018.1300［9018.1390（2014年版）］。 |
| 归类决定编号 | Z2006-1528（1999—2006年第二期） |

| 商品中文名称 | 医用胶囊内镜图像诊断系统 |
| --- | --- |
| 商品英文名称 | |
| 商品其他名称 | |
| 商品描述 | 该内镜图像诊断系统型号为M2A，是一种消化道疾病诊断仪器，由发光二极管、CMOS取像器、信号发射装置及外置接收存储装置等组成。使用时，病人将胶囊内镜服下，内镜在胃肠道的蠕动下前进，以2幅/米的速度拍摄胃肠道内壁图像，同时将图像发射给人体外的接收存储装置，接收装置一般放置在人体腰部。医生通过计算机及专用软件观看存储装置内的图像来诊断病情。 |
| 商品编码 | 90189030 |
| 分别归类 | 否 |
| 决定编号 | D-1-0000-2007-1082 |
| 归类意见 | 该商品为内窥镜的一种，主要供医务人员专用于疾病的诊断，符合《税则》税目90.18及其注释的描述，根据归类总规则一及六，应将其按具体列名归入税号9018.9030。 |
| 归类决定编号 | Z2006-1529（1999—2006年第二期） |

| 商品中文名称 | 主动脉内球囊反搏仪 |
|---|---|
| 商品英文名称 | |
| 商品其他名称 | |
| 商品描述 | 该商品由主机（主动脉内球囊反搏仪及操作显示屏）、标准 5 导 ECG 联线、压力导线、可反复充气氦气瓶、车架等组成，用于增加冠脉血流和心肌供氧，减轻心脏后负荷，降低心肌耗氧。工作原理是主动脉内球囊反搏仪在理想的反搏时机对植入病人体内的主动脉内反搏球囊进行充气和排气，在充气和排气速度上接近理想的反搏状态，使病人获得最理想的反搏效果。主机通过双头泵马达驱动，采用了正压充气、负压放气原理。导管通过股动脉在左锁骨下动脉以远 1cm~2cm 的降主动脉处放置一个体积约 40ml 的长球囊。在主动脉瓣关闭后，球囊被触发膨胀，使主动脉舒张期压力增高，心输出量和舒张期冠脉灌注增加。在收缩期前球囊被抽瘪，使左室的后负荷降低，心脏做功降低，心肌耗氧量降低。 |
| 商品编码 | 90189090 |
| 分别归类 | 否 |
| 决定编号 | D-1-0000-2007-1083 |
| 归类意见 | 该主动脉内球囊反搏仪可改善心肌缺氧，用于治疗多种心血管病，为医疗用仪器，符合《税则》税目 90.18 的商品描述，根据归类总规则一及六，应将其按其他医疗仪器归入税号 9018.9090。 |
| 归类决定编号 | Z2006-1530（1999—2006 年第二期） |

| 商品中文名称 | 电子超声内窥镜 |
| --- | --- |
| 商品英文名称 | Endoscope system |
| 商品其他名称 | 环形扫描超声电子内窥镜 |
| 商品描述 | 该商品用于通过影像监视器提供上消化道（包括但不仅限于食道、胃和十二指肠）的光学和超声图像并进入该部位进行治疗。该商品实现了高水平的电子内窥镜和实时超声图像两种性能的结合，提供无闪烁、高分辨率的超声图像，同时具有直视型光学系统，可兼做彩色多普勒，提供彩色血流量图。主要部件包括一个超声波探头、两个内窥镜探头、超声波操作系统、超声波成像系统、超声监视器等。 |
| 商品编码 | 90181291 |
| 分别归类 | 否 |
| 决定编号 | D-1-0000-2007-1242 |
| 归类意见 | 该电子超声内窥镜包括光学内窥镜部分和超声波成像部分，可以同时利用光学和超声图像对人体进行诊断，其中超声波诊断是其主要功能。该商品符合《税则》税目 90.18 的商品描述，根据归类总规则一及六，应归入税号 9018.1291。 |
| 归类决定编号 | Z2007-0095（2007 年商品归类决定） |

| 商品中文名称 | 导事件相关电位系统 |
| --- | --- |
| 商品英文名称 | |
| 商品其他名称 | |
| 商品描述 | 该系统是利用脑电波提取技术，将心理活动产生的微弱脑电信号通过计算叠加技术，从电脑中提取出来形成事件相关脑电位，并通过研究该数据，来实现对神经生理和心理学的研究。系统由两部分组成：一是 Bratn Cap 电极帽及连接器；二是 Bratin Amp 放大器。Bratin Amp 是一套可精确采集人体神经生物电信号，并可进行放大和记录的系统。导联数从 32、64、128 直到 256 导，可采集脑电图（EEG）、肌电图（EMG）、眼电图（EOG）及诱发电位（包括体感诱发电位 SEP）。 |
| 商品编码 | 90181990 |
| 分别归类 | 否 |
| 决定编号 | D-1-0000-2007-1243 |
| 归类意见 | 该系统使用时直接戴在人体上，通过脑电波提取技术采集人体神经生物电信号，包括脑电图、肌电图、眼电图及诱发电位等，符合《税则》税目 90.18 的商品描述，根据归类总规则一及六，应归入税号 9018.1990。 |
| 归类决定编号 | Z2007-0096（2007 年商品归类决定） |

| 商品中文名称 | 腹腔镜系统 |
| --- | --- |
| 商品英文名称 | |
| 商品其他名称 | |
| 商品描述 | 该系统包含988i型数字化三晶片医用摄像控制器、988i型高分辨率三晶片摄像头、X7000声控兼容300瓦氙灯冷光源、光导纤维、30°腹腔镜。品牌都为STRYKER。该系统通过外接显示器让医生在进行内窥镜手术时实时看到腹腔内手术部位的状况。摄像控制器负责控制摄像头的变焦、光圈、白平衡等，不包括录像功能。 |
| 商品编码 | 90189030 |
| 分别归类 | 否 |
| 决定编号 | D-1-0000-2007-1244 |
| 归类意见 | 该腹腔镜系统由成像系统、光源系统和腹腔镜组合而成，用于人体腹腔内器官的观察，明显具备《税则》税目90.18的商品功能，符合《税则》第九十章章注三（第十六类类注四）有关功能机组的归类规定，根据归类总规则一及六，应一并归入税号9018.9030。 |
| 归类决定编号 | Z2007-0097（2007年商品归类决定） |

| 商品中文名称 | 活检针 |
|---|---|
| 商品英文名称 | |
| 商品其他名称 | |
| 商品描述 | 该活检针用于从肝、肾、前列腺、乳房、脾、淋巴结等软组织或各种软组织瘤及骨中获得活检组织。活检针主要由针、主体、外壳及胶针保护套管组成。 |
| 商品编码 | 90183900 |
| 分别归类 | 否 |
| 决定编号 | D-1-0000-2008-0420 |
| 归类意见 | 该商品属于组织提取装置，符合《税则》税目 90.18 及其子目条文的描述，根据归类总规则一及六，应按注射器、针、导管、插管的类似品归入税号 9018.3900。 |
| 归类决定编号 | Z2008-204（公告 2008-083） |

| 商品中文名称 | 麻醉用温毯机 |
|---|---|
| 商品英文名称 | Blood/fluid warming system and temperature managem |
| 商品其他名称 | |
| 商品描述 | 该商品共三种，前两种均为硬塑料外壳，上部安装手柄。其中，商品一标示品名为“Blood/Fluid warming System”，侧面开槽，可放入待加热的塑料袋等；商品二标示品名为“Temperature management system”，侧面为管出口，品牌均为“Bair Hugger”。上述商品供麻醉科室使用，商品一可加热手术时使用的血浆、输液药液等；商品二与保温毯配合，向保温毯内输入温暖气体。该类商品均为控制温度用，使病人体温保持在正常范围内，从而提高手术成功率。 |
| 商品编码 | 90189090 |
| 分别归类 | 否 |
| 决定编号 | D-1-0000-2008-0421 |
| 归类意见 | 该商品主要供医务人员对麻醉病人的体液和人体进行保温，由于其设计中对于温度控制等的特殊要求，具备医疗器具的特征，符合《税则》税目 90. 18 及其子目条文的描述。同时，由于其是对麻醉病人体温的加温，而非直接致人麻醉，不属于《税则》税目 90. 18 列名的麻醉设备，故应作为其他医疗设备归入税号 9018. 9090。 |
| 归类决定编号 | Z2008-205（公告 2008-083） |

| 商品中文名称 | 收集和运输血液的抽空管（带有化学添加物） |
|---|---|
| 商品英文名称 | Evacuated tubes for the collection and transport, "Vacuette" with chemical additives |
| 商品其他名称 | |
| 商品描述 | 该商品由塑料制成，在制作时预留能抽取一定量血液的空间。该管用于在短时间内收集、运输、保藏和存储血液以进行临床专门的血清、血浆或全血的检验。这类抽空管主要适用于由同一制造商生产的放血针和固定件。抽空管内部已经消毒并按照抽取的容积配有预定剂量的添加物。抽空管配有彩色编码的安全管帽，管帽内带有彩色编码的内置环。对血样而言，添加物既可以是惰性物质也可以是活性物质。化学惰性添加物（凝结催化剂、分离凝胶和聚苯乙烯珠粒）具有机械作用。化学添加物可作为抗凝血药剂［乙二胺四乙酸（EDTA），肝素（铵、锂、钠），柠檬酸钠，钾或草酸铵］或抗糖分解剂（氟化钠和碘乙酸锂）。 |
| 商品编码 | 901839 |
| 分别归类 | 否 |
| 决定编号 | D-1-0000-2008-0525 |
| 归类意见 | 根据归类总规则一及六，归入子目号 9018.39；子目序号 1。 |
| 归类决定编号 | W2008-095 |

| 商品中文名称 | 收集和运输血液的抽空管（无化学添加物） |
|---|---|
| 商品英文名称 | Evacuated tubes for the collection and transport o, "Vacuette" without any chemical additives |
| 商品其他名称 | |
| 商品描述 | 该商品由塑料制成，在制作时预留能抽取一定量血液的空间。该管用于在短时间内收集、运输、保藏和存储血液以进行临床专门的血清、血浆或全血的检验。这类抽空管主要适用于由同一制造商生产的放血针和固定件。抽空管内部已经消毒没有任何化学添加物。这种抽空管配有专用的彩色编码安全管帽。 |
| 商品编码 | 901839 |
| 分别归类 | 否 |
| 决定编号 | D-1-0000-2008-0526 |
| 归类意见 | 根据归类总规则一及六，归入子目号 9018.39；子目序号 2。 |
| 归类决定编号 | W2008-096 |

| 商品中文名称 | 立体显微镜 |
|---|---|
| 商品英文名称 | |
| 商品其他名称 | |
| 商品描述 | 该立体显微镜是光学显微镜的一种，主要由光学系统、照明系统与支架系统三部分组成。在显微镜下，组织被放大，且具有立体感，可有效辅助医生进行细微血管与神经的缝合及其他需要借助于显微镜进行的精细手术或检查。其光学系统主要指物镜、目镜组合成的光学放大设备，目镜为双目同时观察以产生具有空间位置感的立体视觉，放大倍率一般为6~25倍。照明系统指用于手术视野照明的冷光源与导光光纤，根据不同的临床需求，可分为卤素灯光源与氙灯光源。导光光纤的作用是引导照明光照射于手术视野。支架系统为光学系统与照明系统提供支撑，根据手术室实际空间要求，可有落地式、吊顶式、壁挂式等支架类型，支架可按需要向各方向移动、调节、固定，为手术操作者提供合适的手术空间。 |
| 商品编码 | 90185000 |
| 分别归类 | 否 |
| 决定编号 | D-1-0000-2009-0156 |
| 归类意见 | 该商品专用于眼科手术，为双目显微镜，且内置裂隙照明装置，符合《品目注释》品目90.18项下眼科仪器的描述“……双目显微镜（由显微镜、带裂隙器的电灯及头托组成，整个仪器安装在可调节的机座上，用于检查眼睛）”，且根据《品目注释》在品目90.11中的排他条款“本品目还不包括……（二）眼科用双目显微镜（品目90.18）”，该商品属于眼科用双目显微镜，符合《税则》税目90.18及其子目条文的描述，根据归类总规则一及六，应按眼科用其他仪器归入税号9018.5000。 |
| 归类决定编号 | Z2009-070（海关总署公告2009-005） |

# 第二节　税目 90.19

| 商品中文名称 | “AQUASPA”水流按摩装置 |
| --- | --- |
| 商品英文名称 | “AQUASPA” hydromassage |
| 商品其他名称 | |
| 商品描述 | 该装置由以下几个部分组成：1. 一个装有多个可调节喷嘴的聚丙烯塑料制浴缸；2. 一个可产生旋涡效果的水流按摩装置（含一个液泵用于产生压力，喷射水、水与空气的混合物；一个涡轮机或鼓风机，用以在一定压力下喷射空气。上述喷射的方向和强度是可以调整的，以便对部分身体或全身进行按摩）；3. 一个电子控制箱；4. 一个电热水加热系统；5. 一个过滤器用来过滤水并除去泡沫；6. 一个电照明系统；7. 一个防止触电的安全装置；8. 一个管道系统。 |
| 商品编码 | 901910 |
| 分别归类 | 否 |
| 决定编号 | D-1-0000-2005-0348 |
| 归类意见 | 该设备的功能符合九十章注释三的注释，应作为按摩设备归入子目 9019.10，由于其含有多个设计部件，综合了洗浴和水流按摩的功能。同时，由于这个设备具有一个明显的功能（水流按摩功能），该功能不同于该设备其他部件的功能，所以仍应归入九十章。 |
| 归类决定编号 | W2005-480 |

| 商品中文名称 | 按摩浴缸 |
| --- | --- |
| 商品英文名称 | |
| 商品其他名称 | |
| 商品描述 | 该按摩浴缸由水泵、可调喷头、电脑板和浴缸组成，浴缸材质为压克力（聚甲基丙烯酸甲酯）。按摩浴缸通过外部水源提供热水，本身内部没有加热器件和恒温器件。浴缸内部附挂水泵一个、喷头和喷管多个，在水泵的作用下，水从回水口被吸入，混合后向浴缸喷射出去，水流以不同频率冲击人的身体，从而达到按摩的目的。其按摩效果由水和空气循环控制，可手动调节也可用按钮由电脑调节水力强弱及喷嘴方向以达到最佳按摩效果。电机启动按钮采用轻触式控制开关，可直按控制水泵，由水力调节按钮来调节按摩水柱的强弱，能进行推拿式和脉冲式等多种按摩。 |
| 商品编码 | 90191010 |
| 分别归类 | 否 |
| 决定编号 | D-1-0000-2007-1084 |
| 归类意见 | 该商品带有水泵、喷头和喷管，具有按摩功能，符合《税则》税目 90.19 及其子目条文的描述，根据归类总规则一及六，应将其作为按摩器具归入税号 9019.1010。 |
| 归类决定编号 | Z2006-1531（1999—2006 年第二期） |

| 商品中文名称 | 药用喷雾治疗器零件 |
|---|---|
| 商品英文名称 | |
| 商品其他名称 | |
| 商品描述 | 该药用喷雾治疗器零件包括铝罐、阀门、阀门开关，构成药用气雾剂的喷雾器。进口后在铝罐内加入压缩气体和悬浮药液，将铝罐与阀门封装在一起，配合阀门开关一起使用。由于其阀门设计了喷雾治疗的专门的定量室及定量开关，保证每次精确地喷出 100μg 的治疗剂量。 |
| 商品编码 | 90192000 |
| 分别归类 | 否 |
| 决定编号 | D-1-0000-2007-1085 |
| 归类意见 | 根据《品目注释》对税目 90.19 中“喷雾治疗器”的解释，该套零件经装药并组装后，可视为一种小型的喷雾治疗器，应归入税号 9019.2000。 |
| 归类决定编号 | Z2006-1532（1999—2006 年第二期） |

| 商品中文名称 | 眼动仪 |
|---|---|
| 商品英文名称 | Tobii eye tracker |
| 商品其他名称 | |
| 商品描述 | 该商品型号为 Tobii T120，由一台主机、变压器、电源线、Tobii Studio 眼动数据分析软件及一套驱动光盘组成。Tobii T120 眼动仪整合在一台 17in 液晶显示器中，内置红外光源发射器与红外光源接收器，通过用户的角膜对眼动仪所发出的红外光线的接收（由内置红外光线接收器接收）来捕捉用户在观看屏幕的位置信息，同时内置一个用户摄像头，可在捕捉用户眼动信息的同时记录下用户的面部表情，作为眼动实验数据的辅助补充信息。该眼动仪需要与电脑（T120 眼动仪不包含电脑）相连接来记录、分析眼动信息。所有眼动记录及分析功能必须通过附带的软件 Tobii Studio 来实现。该商品通过眼动仪记录被试者眼睛在屏幕上的位置及移动轨迹，来研究人的注意稳定机制，利用 Tobii 分析工具分析被试者眼动次序、注视点等信息，来实现对广告、网页设计的评估及对驾驶疲劳的相关研究。 |
| 商品编码 | 90191090 |
| 分别归类 | 否 |
| 决定编号 | D-1-0000-2008-0422 |
| 归类意见 | 该商品测验人的生理和心理的反应或变化，符合《品目注释》关于税目 90. 19 项下“心理功能检测装置”的描述，根据归类总规则一及六，应按心理功能检测装置归入税号 9019. 1090。 |
| 归类决定编号 | Z2008-206（海关总署公告 2008-083） |

| 商品中文名称 | 带振动器的健慰器 |
| --- | --- |
| 商品英文名称 | |
| 商品其他名称 | |
| 商品描述 | 健慰器分为女用健慰器和男用健慰器两大类产品。其中，女用健慰器包括外套、刺激头、振动器、动作齿轮箱、电池盒、振动频率调节器等部件。男用健慰器包括外套、振动器、振动频率调节器、电池盒等部件。上述产品的外套均采用医用级 PVC、热可塑性弹性体（SBS）高分子材料制成，达到对人体无刺激、无毒害的标准。 |
| 商品编码 | 90191010 |
| 分别归类 | 否 |
| 决定编号 | D-1-0000-2011-0012 |
| 归类意见 | 该商品归入税号 9019. 1010。 |
| 归类决定编号 | J2011-0012 |

| 商品中文名称 | 悬浮颗粒手持喷射器 |
| --- | --- |
| 商品英文名称 | Aerosol-type hand-spray，Atomiseur A |
| 商品其他名称 | |
| 商品描述 | 该商品由牙科医生或病人自己用来喷洗牙齿或牙床。喷射作用是由具有螺纹接口可更换储气容器中的压力气体（如二氧化碳）产生的。所使用医药物质的作用及冲洗黏膜产生的按摩效果可清洁口腔并治疗特定疾病（例如，牙周病）。 |
| 商品编码 | 901920 |
| 分别归类 | 否 |
| 决定编号 | D-1-0000-2015-0341 |
| 归类意见 | 该商品归入子目号 9019. 20；子目序号 1。 |
| 归类决定编号 | W2014-326 |

# 第三节　税目 90.21

| 商品中文名称 | 药物缓释支架 |
|---|---|
| 商品英文名称 | |
| 商品其他名称 | 雷帕霉素药物洗脱支架 |
| 商品描述 | 该商品主要用于治疗冠心病、糖尿病等。商品由球囊输送系统、依附在球囊上的316L医用不锈钢的金属支架组成，支架表面均匀涂有雷帕霉素药物和聚合物的混合涂层，一个支架上的载药量约为140μg/cm$^2$。其中，球囊输送系统可将金属支架顺利送往体内血管病变的部分；金属支架覆盖病变血管的面积，提供充分的血管壁支持作用，保证血液在血管中流动顺畅；金属支架上涂有的雷帕霉素药物，具有抗炎、抗内膜增生的作用。 |
| 商品编码 | 902190 |
| 分别归类 | 否 |
| 决定编号 | D-1-0000-2009-0255 |
| 归类意见 | 由于该商品起主要作用的为支架本身，药物只起辅助作用，故将其归入税号9021.9000。 |
| 归类决定编号 | J2009-0024（海关总署公告2009-083） |

| 商品中文名称 | 称为“rollator”的助行器 |
| --- | --- |
| 商品英文名称 | Orthopaedic walking aid known as a “rollator” |
| 商品其他名称 | 助行车 |
| 商品描述 | 该商品能够帮助行走不便的人，通过推着它为行走提供支持。助行器包括带四个轮子的管状铝合金架（两个前轮可旋转）、扶手和手闸。助行器的高度可以调节，并装配了一个座椅（在扶手之间）和一个放置个人物品的铁丝筐。座椅可供使用者在需要的时候做短暂的休息。助行器采用可折叠设计，在搬运或储存时可折叠。 |
| 商品编码 | 902110 |
| 分别归类 | 否 |
| 决定编号 | D-1-0000-2013-0031 |
| 归类意见 | 根据归类总规则一（第九十章章注六）及六，该商品归入子目号 9021.10；子目序号 1。 |
| 归类决定编号 | W2012-015 |

| 商品中文名称 | 外伤手术用螺丝（W2018-68） |
|---|---|
| 商品英文名称 | Screw designed for use in the field of trauma surgery |
| 商品其他名称 | |
| 商品描述 | 该商品由超硬彩色钛合金制成，长约 12mm，由 3mm 恒定外径的全螺纹螺杆和一个螺头组成。螺杆具有不对称的螺纹。螺头也带螺纹，使用螺丝刀可将其拧入起固定作用的加压板。该产品符合植入螺钉的ISO/TC 150标准，采用无菌包装，标有识别码，可以在生产、分销和使用全过程中进行追踪。 |
| 商品编码 | 902110 |
| 分别归类 | 是 |
| 决定编号 | D-1-0000-2018-0068 |
| 归类意见 | 根据归类总规则一及六，该商品归入子目号 9021.10。 |
| 归类决定编号 | W2018-68（海关总署公告〔2018〕159 号，2018.12.1 生效） |

| 商品中文名称 | 外伤手术用螺丝（W2018-69） |
|---|---|
| 商品英文名称 | Screw designed for use in the field of trauma surgery |
| 商品其他名称 | |
| 商品描述 | 该商品是脊柱后稳定系统的组成部分，由超硬钛合金制成，长 20mm～45mm。由恒定外径 4mm 的全螺纹螺杆和含芯径变化过渡区的双芯螺纹组成。该产品具有自攻轮廓和钝头螺纹尖端，多轴（可移动）带内螺纹 U 形头，提供绕轴 25°角的灵活度以进行调节，并有一个专用的锁定帽用于将杆（单独报验）固定在螺丝头内。该产品符合植入螺钉的 ISO/TC 150 标准，标有识别码，可以在生产、分销和使用全过程中进行追踪。 |
| 商品编码 | 902110 |
| 分别归类 | 是 |
| 决定编号 | D-1-0000-2018-0069 |
| 归类意见 | 根据归类总规则一及六，该商品归入子目号 9021. 10。 |
| 归类决定编号 | W2018-69（海关总署公告〔2018〕159 号，2018. 12. 1 生效） |

# 第四节　税目 90.22

| 商品中文名称 | 直线加速器 |
|---|---|
| 商品英文名称 | Siemens primus |
| 商品其他名称 | |
| 商品描述 | 该直线加速器是用高能放射线对人体的病变部位进行照射，以杀死病变组织及细胞，达到一定治疗目的的一种放射治疗设备。主要部件为电子枪、微波发生器、加速管、限速系统。首先，电子枪发出电子在微波的电场中加速到一定能量（Mev 级，可以控制），经限速系统输出，用于浅部治疗，称 β 射线；其次，变速的电子（接近光速）在输出前打靶，产生大量的变能 X 射线，再经限速系统输出，用于较深部位的治疗。在实际应用中，可以调节系统，以输出不同能量的 β 线、X 线及不同的输出剂量率，以满足治疗的需要。 |
| 商品编码 | 9022 |
| 分别归类 | 否 |
| 决定编号 | D-1-0000-2006-2207 |
| 归类意见 | 电子直线加速器是一种粒子加速装置，可利用微波电场将电子加速，以获得高动能，主要用于原子核研究、医疗等。该加速器产生的高速电子，如再经过打靶即可产生 X 射线，进而形成 X 射线发生器。《税则》中将仅产生电子束的直线加速器归入税目 85.43，而将可以产生 X 射线的直线加速器归入税目 90.22。由于该直线加速器可以产生 X 射线和高速电子束，故应归入税目 90.22 项下相应子目。 |
| 归类决定编号 | Z2006-1048（1999—2006 年第一期） |

| 商品中文名称 | X 射线应用设备配件 |
| --- | --- |
| 商品英文名称 | |
| 商品其他名称 | |
| 商品描述 | 该套配件主要包括高压发生器、控制台、高压切换台、电源变压器、X 射线管、X 射线摄像器、监视器、X 射线影像增强器等，主要用于医院胸透，照射肠、胃等。 |
| 商品编码 | 90221400 |
| 分别归类 | 否 |
| 决定编号 | D-1-0000-2006-2208 |
| 归类意见 | 该 X 射线应用设备配件包含的配件已构成 X 射线设备的基本特征，根据《税则》归类总规则二（一），应按整机归入税号 9022. 1400。 |
| 归类决定编号 | Z2006-1049（1999—2006 年第一期） |

| 商品中文名称 | 神经外科手术床 |
|---|---|
| 商品英文名称 | |
| 商品其他名称 | |
| 商品描述 | 该神经外科手术床实际为神经外科疾病诊断治疗组合装置，包括手术台、脑部透视装置、脑部 X 光照相配套器具、机械和液压动力装置、神经外科手术台专用头部固定架和麻醉机座。其能够进行 360°的旋转，左右 20°的倾斜，纵向 30°的移动，在上述角度内可进行任意位置的锁定。 |
| 商品编码 | 90221400 |
| 分别归类 | 否 |
| 决定编号 | D-1-0000-2006-2209 |
| 归类意见 | 该商品通过 X 光透视及照相装置使患者脑部透视照相效果达到最佳，适合在手术中使用，并可对适当的部位进行 X 光治疗。根据《品目注释》关于税目 90. 22 和 94. 02 的解释，该商品可按进行 X 射线检查或治疗专用的设备归入税号 9022. 1400。 |
| 归类决定编号 | Z2006-1050（1999—2006 年第一期） |

| 商品中文名称 | 心血管介入治疗诊断仪 |
| --- | --- |
| 商品英文名称 | |
| 商品其他名称 | 移动式数字成像系统、移动式 C 型臂机 |
| 商品描述 | 该设备称为“移动式数字成像系统”，又可称为“移动式 C 型臂机”（属中型移动式 C 型臂机）。本次所述的 GE-OEC 9800 系统是低剂量的 X 射线应用设备（绿色环保机型），配备的软件是血管组织软件包，专门用于血管外科和神经血管外科介入治疗，故本机又被称为心血管介入治疗诊断仪。本设备只要安装不同的功能软件，就可以进行广泛的临床应用。系统由以下几个部分组成：1. 超级 C 臂系统；2. 大功率高频发生器；3. X 线球管；4. 束线器；5. 9″三视野影像增强器；6. CCD 摄像机；7. 工作站。其中1~6项为一整体，组成一套 C 臂系统，即 2~6 项配置在 1 项中。第 7 项为独立的工作站，通过电缆线与 C 臂系统连接，接收数据进行图像处理及存储，实施影像的动态分析。 |
| 商品编码 | 90221400 |
| 分别归类 | 否 |
| 决定编号 | D-1-0000-2006-2210 |
| 归类意见 | 该系统只要安装不同的功能软件，便可以进行广泛的临床应用。此次配备的是血管组织软件包，专门用于血管外科和神经外科介入治疗，故本机又被称为心血管介入治疗诊断仪。由于 C 臂系统与工作站已经构成了功能机组，因此可一并归类。同时，《税则》子目 9022. 19 是指非医疗、外科或兽医用 X 射线应用设备，但此次申报的设备属于医疗用途，因此不能归入税号 9022. 1910。根据其用途和功能，可归入税号 9022. 1400。 |
| 归类决定编号 | Z2006-1051（1999—2006 年第一期） |

| 商品中文名称 | 直接数字成像系统 |
|---|---|
| 商品英文名称 | |
| 商品其他名称 | |
| 商品描述 | 该系统由高频发生器、直接数字化成像板、数字系统工作站、软件及相关零配件组成。其工作原理是系统通过高频发生器产生 X 光线穿透人体，随后在直接数字化成像板上留下影像。该成像板将采集、存储的影像传输到工作站上，由专用软件对图像信息进行处理后可显示诊断图像与病理报告。 |
| 商品编码 | 90221400 |
| 分别归类 | 否 |
| 决定编号 | D-1-0000-2006-2211 |
| 归类意见 | 该直接数字成像系统由多个部件组成，其组成后的功能在《税则》中已有列名，因此，其符合功能机组的定义，可一并归类。根据其功能，可按 X 射线的应用设备归入税号 9022. 1400。 |
| 归类决定编号 | Z2006-1052（1999—2006 年第一期） |

| 商品中文名称 | 血液辅照仪 |
| --- | --- |
| 商品英文名称 | |
| 商品其他名称 | |
| 商品描述 | 该商品型号为 GAMMACELL GC-3000I 型，主要包括 Cs137（铯 137）放射源、射线防护罩、辐照室、控制面板。该仪器主要通过控制面板控制 Cs137（铯 137）放射源，在原子衰变过程中发出 γ 射线辅照穿透血液，从而灭活血液或血液成分中的有免疫活性的淋巴细胞。射线防护罩由铅板制成，将放射源和辅照室置于罩中以使射线不外溢，从而保证周围环境和工作人员的安全。辅照室为一个可移动的不锈钢杯，辅照室靠控制面板控制电机进行自动旋转，保证杯中样品得到均匀照射，操作面板由微电脑控制。其用途是通过控制射线剂量选择灭活免疫活性淋巴细胞，从而防止输血相关的移植物抗宿主病的发生，提高供血的安全性。 |
| 商品编码 | 90222100 |
| 分别归类 | 否 |
| 决定编号 | D-1-0000-2006-2212 |
| 归类意见 | 该商品应用 γ 射线对血液进行辅照，属于应用 γ 射线的医疗设备，符合《税则》税目 90.22 及其子目条文的描述，根据归类总规则一和六，应将其按医疗用 γ 射线应用设备归入税号 9022.2100。 |
| 归类决定编号 | Z2006-1053（1999—2006 年第一期） |

| 商品中文名称 | X 光机配件 |
| --- | --- |
| 商品英文名称 | |
| 商品其他名称 | |
| 商品描述 | 该套配件主要包括限束器、X 线球管、自动曝光控制器、自动曝光探测器、球管支架、立式胸片架、检查床等。如配备高压发生器、控制台等主要部件，即可构成整套 X 光机。 |
| 商品编码 | 90229090 |
| 分别归类 | 否 |
| 决定编号 | D-1-0000-2007-1086 |
| 归类意见 | 由于 X 光机的主要功能是由 X 射线发生器实现的，缺少高压发生器就无法实现 X 光机的功能，因此该套配件不具备整机特征，故应按 X 射线应用设备的零部件归入税号 9022.9090。 |
| 归类决定编号 | Z2006-1533（1999—2006 年第二期） |

| 商品中文名称 | 核通模拟定位机 |
| --- | --- |
| 商品英文名称 | |
| 商品其他名称 | |
| 商品描述 | 该商品是通过 X 线球管、高压发生器产生的低计量 X 射线获取实时肿瘤状态影像，是 CT 机、磁共振对肿瘤诊断定位的重要补充手段，获得肿瘤病灶部位的精确数据及影像资料，为肿瘤的诊断提供依据。模拟定位机自身不具备治疗功能，但其通过 X 线扫描获得的优质图像和相关数据为癌症的诊断、研究及学术交流提供了宝贵的资料。该机具有独特的将已获得的影像资料进行优化、倒转、放大、全屏显示、多幅图像显示，并标示肿瘤病灶的解剖位置、形态、大小、深浅的功能，使临床诊断及教学工作更为方便、直观。 |
| 商品编码 | 90221400 |
| 分别归类 | 否 |
| 决定编号 | D-1-0000-2007-1245 |
| 归类意见 | 该机通过 X 光线获取实时肿瘤状态影像，符合《税则》税目 90.22 的商品描述。由于其并非计算机断层摄影装置（CT），根据归类总规则一及六，应归入税号 9022.1400。 |
| 归类决定编号 | Z2007-0098（2007 年商品归类决定） |

| 商品中文名称 | 探头 |
| --- | --- |
| 商品英文名称 | |
| 商品其他名称 | |
| 商品描述 | 该探头的品牌为 Therm Fisher，型号为 Density PRO。测量器利用放射性物质产生的 γ 射线穿过管道中的液体介质，利用介质散射和吸收的原理，测量管道内各种液体介质连续变化的密度参数。探头用于接受放射源发出的 γ 射线。该探头通过软件设定可用于流量、液位、液面的测量。 |
| 商品编码 | 90229090 |
| 分别归类 | 否 |
| 决定编号 | D-1-0000-2009-0229 |
| 归类意见 | 该商品为 γ 射线接收传感器，专用于利用 γ 射线检测的检测仪，用于接收检测仪器其他部件发射的 γ 射线，应根据《税则》第九十章章注二的归类原则确定归类。该商品未被第九十章章注一的排他条款中排除，属于专用于 γ 射线的应用设备，符合《税则》税目 90. 22 及其子目条文的描述，根据归类总规则一及六，应按 γ 射线应用设备的专用零件归入税号 9022. 9090。 |
| 归类决定编号 | Z2009-143 |

| 商品中文名称 | X 射线管用石墨基靶盘 |
| --- | --- |
| 商品英文名称 | |
| 商品其他名称 | |
| 商品描述 | 该商品为医用 X 射线球管旋转阳极靶盘，主要由石墨基体和钼基钨铼复合靶盘两部分组成，金属靶盘和石墨基体之间通过高温钎焊的方式牢固地焊接在一起，在金属靶盘上层复合有 0.8mm~1.6mm 厚的钨铼合金。X 射线管在工作时，经加速后的高能电子流轰击到靶盘表面的钨铼合金上，99%的能量转化为热能，通过石墨散热。 |
| 商品编码 | 90229090 |
| 分别归类 | 否 |
| 决定编号 | D-1-0000-2009-0280 |
| 归类意见 | 该商品专用于 X 射线设备，主要由石墨基体和钼基钨铼复合靶盘两部分组成，钨铼合金起到受电子流轰击后激发 X 射线的作用，且本身非耗材；而石墨基体仅起散热作用，非电气用途，其尺寸和结构具备了专用零件的特性。根据《税则》第九十章章注二关于机器、仪器零件的归类原则，该商品符合《税则》税目 90.22 及其子目条文的描述，根据归类总规则一及六，应按 X 射线设备零件归入税号 9022.9090。 |
| 归类决定编号 | Z2009-0178 |

| 商品中文名称 | 液位检测机 |
| --- | --- |
| 商品英文名称 | Inspection Machine |
| 商品其他名称 | |
| 商品描述 | 该商品由液位检测单元、控制单元、瓶盖检测单元、瓶子剔除单元构成，安装在产品灌装后、包装之前的生产线相应位置上，通过 X 射线检测技术对从灌装机出来的成品瓶子进行检测，X 射线由主机端发出并照射到每一瓶产品上，当照射到液位不足的产品后该射线会透过瓶子直接与传送带另一端折射板产生反馈信号提供给主机控制单元，控制单元收到信号后会控制瓶子剔除装置将液位达不到规定要求的瓶子剔除出来。 |
| 商品编码 | 90221990 |
| 分别归类 | 否 |
| 决定编号 | D-1-0000-2015-0421 |
| 归类意见 | 该商品通过 X 射线检测技术对从灌装机出来的成品瓶子进行检测，并将液位或瓶盖状态达不到规定要求的瓶子剔除出来。它符合《税则》税目 90.22 及其子目条文的描述，根据归类总规则一及六，应将其归入税号 9022.1990。 |
| 归类决定编号 | Z2015-0009（海关总署公告 2015 年第 31 号，2015 年 7 月 1 日执行） |

# 第四章

# 医疗器械税政调研案例选编

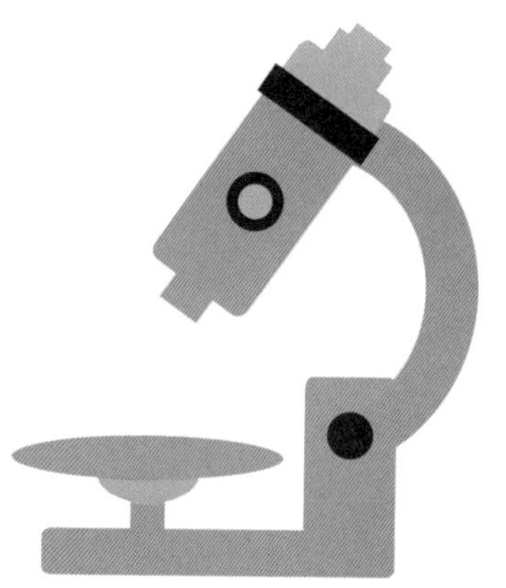

# 第一节 血管支架

血管支架（见图 4-1-1）由支架和导管输送系统两部分组成，通过导管输送器将支架输送至病变部位，通过植入支架以达到支撑狭窄闭塞段血管，保持管壁血流通畅的目地。血管支架主要分为冠脉支架、脑血管支架、肾动脉支架、大动脉支架等。支架通常由金属材料、覆膜材料或生物材料制成，部分支架表面涂覆治疗药物。支架按照在血管内展开的方式可分为自展式和球囊扩张式两种。根据归类总规则一及六，归入税号 9021.9011 项下。

为了支持国内医疗器械企业的发展，从 2012 年起为血管支架新增本国子目 9021.9011，并从 2015 年起，将血管支架的出口退税率由 15%提高至 17%（现在为 13%），增强了我国自主产品的国际竞争力，间接降低了百姓的医疗负担。

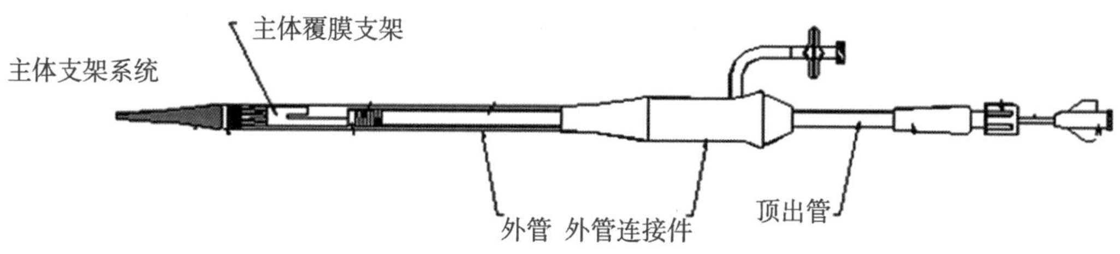


（a）输送器的结构及主体覆膜支架的装配位置

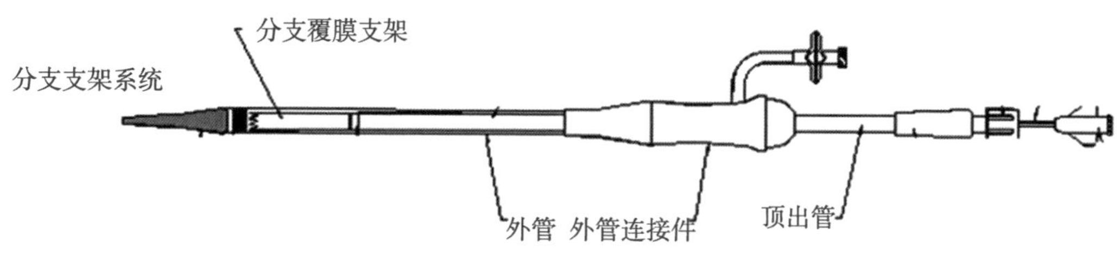


（b）输送器的结构及分支覆膜支架的装配位置

**图 4-1-1 血管支架示意图**

# 第二节　口腔种植体及零件

口腔种植体（见图4-2-1）又称为牙种植体，在人工牙根部位的上下颌骨内，待其手术伤口愈合后，在上部安装修复假牙的装置。由体部、颈部、基桩或基台部组成，常用材料主要是纯钛及钛合金、生物活性陶瓷及一些复合材料等。根据归类总规则一及六，口腔种植体及零件归入税号9021.2900项下。

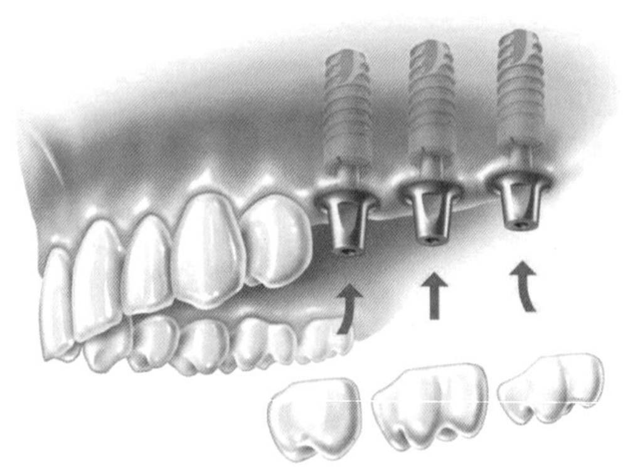

图4-2-1　口腔种植体

从2018年起新增口腔种植体及零件进口暂定税率，暂定税率为2%。暂定税率的新增可以降低种植假牙成本，减轻百姓就医负担，提升百姓幸福指数。

数字化X射线摄影系统平板探测器（见图4-2-2）是DR（直接数字化X射线摄影系统）产品的关键部件，主要用于将X线能量转换成电信号，再通过数据读取形成诊断的影像。主要包含光电转化层和半导体阵列两层结构，光电转化层用于将接收到的X射线能量转化为电信号，而半导体阵列则将转化后的电信号收集、存储，并通过驱动电路和读出电路将电信号读出，最后通过A/D转换器转化为数字影像。根据归类总规则一及六，该商品归入税号9022.9090项下。

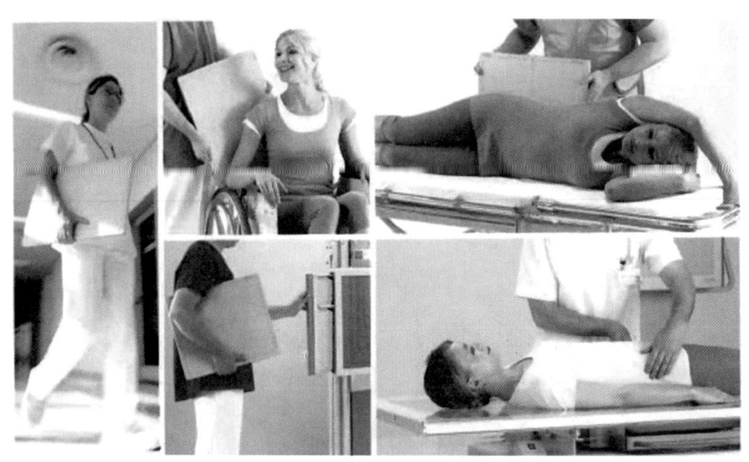

图 4-2-2　数字化 X 射线系统平板探测器

从 2018 年起新增数字化 X 射线摄影系统平板探测器进口暂定税率，暂定税率为 3%。暂定税率的新增可以直接降低相关企业的生产成本，有利于我国医疗产业的发展，带动降低医疗成本。

## 第三节　按摩器具

按摩器具（见图 4-3-1）是根据物理学、仿生学、生物电学、中医学等相关学科结合多年临床实践而研制开发出的保健器材，多是以摩、震颤等方法按摩人体各个部位，以达到防治各类急慢性疾病、缓解身体疲劳甚至是美容的作用。按摩器具的种类丰富，不仅包括简单的橡胶滚筒或类似的器具，也包括水涡浴缸、乳房按摩器和预防或治疗褥疮的褥垫等。其中部分按摩器具可以配备多种配件，进行多种方式的按摩治疗，功能强大。根据归类总规则一及六，归入税号 9019. 1010 项下。

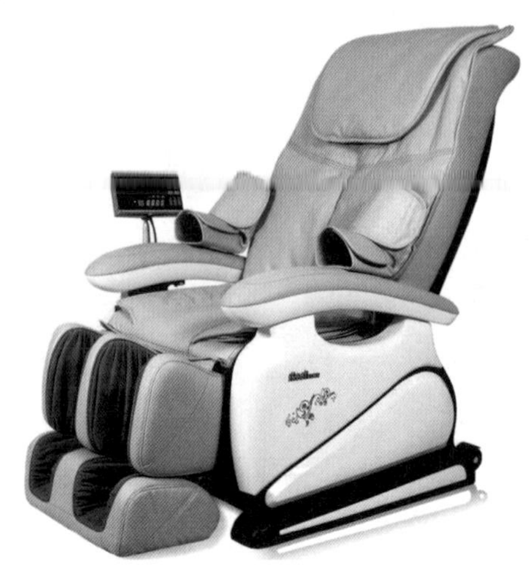

**图 4-3-1　按摩器具**

从 2018 年 11 月 1 日起将按摩器具的进口最惠国税率由 15%下调为 10%。税率的下调有利于为百姓提供更多高品质的进口产品，同时也可以倒逼国内按摩器具制造企业产品的优化升级。

# 第五章

# 医疗器械相关法规选编

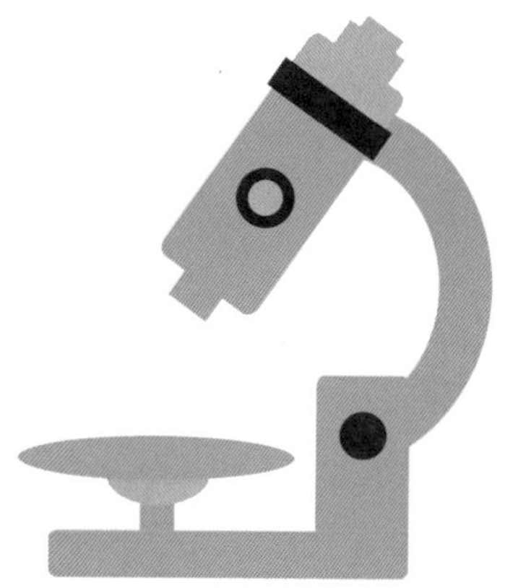

# 进口医疗器械检验监督管理办法

国家质量监督检验检疫总局令〔2007〕第 95 号

2007 年 6 月 18 日

《进口医疗器械检验监督管理办法》已经 2007 年 5 月 30 日国家质量监督检验检疫总局局务会议审议通过，现予公布，自 2007 年 12 月 1 日起施行。

国家质量监督检验检疫总局局长　李长江

附件：进口医疗器械检验监督管理办法

## 第一章　总　则

**第一条**　为加强进口医疗器械检验监督管理，保障人体健康和生命安全，根据《中华人民共和国进出口商品检验法》（以下简称商检法）及其实施条例和其他有关法律法规规定，制定本办法。

**第二条**　本办法适用于：

（一）对医疗器械进口单位实施分类管理；

（二）对进口医疗器械实施检验监管；

（三）对进口医疗器械实施风险预警及快速反应管理。

**第三条**　国家质量监督检验检疫总局（以下简称国家质检总局）主管全国进口医疗器械检验监督管理工作，负责组织收集整理与进口医疗器械相关的风险信息、风险评估并采取风险预警及快速反应措施。

国家质检总局设在各地的出入境检验检疫机构（以下简称检验检疫机构）负责所辖地区进口医疗器械检验监督管理工作，负责收集与进口医疗器械相关的风险信息及快速反应措施的具体实施。

## 第二章　医疗器械进口单位分类监管

**第四条**　检验检疫机构根据医疗器械进口单位的管理水平、诚信度、进口医疗器械产品的风险等级、质量状况和进口规模，对医疗器械进口单位实施分类监管，具体分为三类。

医疗器械进口单位可以根据条件自愿提出分类管理申请。

**第五条**　一类进口单位应当符合下列条件：

（一）严格遵守商检法及其实施条例、国家其他有关法律法规以及国家质检总局的相关规定，诚信度高，连续 5 年无不良记录；

（二）具有健全的质量管理体系，获得 ISO9000 质量体系认证，具备健全的质量管理制度，包括进口报检、进货验收、仓储保管、质量跟踪和缺陷报告等制度；

（三）具有 2 名以上经检验检疫机构培训合格的质量管理人员，熟悉相关产品的基本技术、性能和结构，了解我国对进口医疗器械检验监督管理；

（四）代理或者经营实施强制性产品认证制的进口医疗器械产品的，应当获得相应的证明文件；

（五）代理或者经营的进口医疗器械产品质量信誉良好，2 年内未发生由于产品质量责任方面的退货、索赔或者其他事故等；

（六）连续从事医疗器械进口业务不少于 6 年，并能提供相应的证明文件；

（七）近 2 年每年进口批次不少于 30 批；

（八）收集并保存有关医疗器械的国家标准、行业标准及医疗器械的法规规章及专项规定，建立和保存比较完善的进口医疗器械资料档案，保存期不少于10年；

（九）具备与其进口的医疗器械产品相适应的技术培训和售后服务能力，或者约定由第三方提供技术支持；

（十）具备与进口医疗器械产品范围与规模相适应的、相对独立的经营场所和仓储条件。

**第六条** 二类进口单位应当具备下列条件：

（一）严格遵守商检法及其实施条例、国家其他有关法律法规以及国家质检总局的相关规定，诚信度较高，连续3年无不良记录；

（二）具有健全的质量管理体系，具备健全的质量管理制度，包括进口报检、进货验收、仓储保管、质量跟踪和缺陷报告等制度；

（三）具有1名以上经检验检疫机构培训合格的质量管理人员，熟悉相关产品的基本技术、性能和结构，了解我国对进口医疗器械检验监督管理的人员；

（四）代理或者经营实施强制性产品认证制度的进口医疗器械产品的，应当获得相应的证明文件；

（五）代理或者经营的进口医疗器械产品质量信誉良好，1年内未发生由于产品质量责任方面的退货、索赔或者其他事故等；

（六）连续从事医疗器械进口业务不少于3年，并能提供相应的证明文件；

（七）近2年每年进口批次不少于10批；

（八）收集并保存有关医疗器械的国家标准、行业标准及医疗器械的法规规章及专项规定，建立和保存比较完善的进口医疗器械资料档案，保存期不少于10年；

（九）具备与其进口的医疗器械产品相适应的技术培训和售后服务能力，或者约定由第三方提供技术支持；

（十）具备与进口医疗器械产品范围与规模相适应的、相对独立的经营场所。

**第七条** 三类进口单位包括：

（一）从事进口医疗器械业务不满3年的进口单位；

（二）从事进口医疗器械业务已满 3 年，但未提出分类管理申请的进口单位；

（三）提出分类申请，经考核不符合一、二类进口单位条件，未列入一、二类分类管理的进口单位。

**第八条**　申请一类进口单位或者二类进口单位的医疗器械进口单位（以下简称申请单位），应当向所在地直属检验检疫局提出申请，并提交以下材料：

（一）书面申请书，并有授权人签字和单位盖章；

（二）法人营业执照、医疗器械经营企业许可证；

（三）质量管理体系认证证书、质量管理文件；

（四）质量管理人员经检验检疫机构培训合格的证明文件；

（五）近 2 年每年进口批次的证明材料；

（六）遵守国家相关法律法规以及提供资料真实性的承诺书（自我声明）。

**第九条**　直属检验检疫局应当在 5 个工作日内完成对申请单位提交的申请的书面审核。申请材料不齐的，应当要求申请单位补正。

申请一类进口单位的，直属检验检疫局应当在完成书面审核后组织现场考核，考核合格的，将考核结果和相关材料报国家质检总局。国家质检总局对符合一类进口单位条件的申请单位进行核准，并定期对外公布一类进口单位名单。

申请二类进口单位的，直属检验检疫局完成书面审核后，可以自行或者委托进口单位所在地检验检疫机构组织现场考核。考核合格的，由直属检验检疫局予以核准并报国家质检总局备案，直属检验检疫局负责定期对外公布二类进口单位名单。

## 第三章　进口医疗器械风险等级及检验监管

**第十条**　检验检疫机构按照进口医疗器械的风险等级、进口单位的分类情况，根据国家质检总局的相关规定，对进口医疗器械实施现场检验，以及与后续监督管理（以下简称监督检验）相结合的检验监管模式。

**第十一条** 国家质检总局根据进口医疗器械的结构特征、使用形式、使用状况、国家医疗器械分类的相关规则以及进口检验管理的需要等，将进口医疗器械产品分为：高风险、较高风险和一般风险三个风险等级。

进口医疗器械产品风险等级目录由国家质检总局确定、调整，并在实施之日前60日公布。

**第十二条** 符合下列条件的进口医疗器械产品为高风险等级：

（一）植入人体的医疗器械；

（二）介入人体的有源医疗器械；

（三）用于支持、维持生命的医疗器械；

（四）对人体有潜在危险的医学影像设备及能量治疗设备；

（五）产品质量不稳定，多次发生重大质量事故，对其安全性有效性必须严格控制的医疗器械。

**第十三条** 符合下列条件的进口医疗器械产品为较高风险等级：

（一）介入人体的无源医疗器械；

（二）不属于高风险的其他与人体接触的有源医疗器械；

（三）产品质量较不稳定，多次发生质量问题，对其安全性有效性必须严格控制的医疗器械。

**第十四条** 未列入高风险、较高风险等级的进口医疗器械属于一般风险等级。

**第十五条** 进口高风险医疗器械的，按照以下方式进行检验管理：

（一）一类进口单位进口的，实施现场检验与监督检验相结合的方式，其中年批次现场检验率不低于50%；

（二）二、三类进口单位进口的，实施批批现场检验。

**第十六条** 进口较高风险医疗器械的，按照以下方式进行检验管理：

（一）一类进口单位进口的，年批次现场检验率不低于30%；

（二）二类进口单位进口的，年批次现场检验率不低于50%；

（三）三类进口单位进口的，实施批批现场检验。

**第十七条** 进口一般风险医疗器械的，实施现场检验与监督检验相结合的方式进行检验管理，其中年批次现场检验率分别为：

（一）一类进口单位进口的，年批次现场检验率不低于10%；

（二）二类进口单位进口的，年批次现场检验率不低于30%；

（三）三类进口单位进口的，年批次现场检验率不低于50%。

**第十八条** 根据需要，国家质检总局对高风险的进口医疗器械可以按照对外贸易合同约定，组织实施监造、装运前检验和监装。

**第十九条** 进口医疗器械进口时，进口医疗器械的收货人或者其代理人（以下简称报检人）应当向报关地检验检疫机构报检，并提供下列材料：

（一）报检规定中要求提供的单证；

（二）属于《实施强制性产品认证的产品目录》内的医疗器械，应当提供中国强制性认证证书；

（三）国务院药品监督管理部门审批注册的进口医疗器械注册证书；

（四）进口单位为一、二类进口单位的，应当提供检验检疫机构签发的进口单位分类证明文件。

**第二十条** 口岸检验检疫机构应当对报检材料进行审查，不符合要求的，应当通知报检人；经审查符合要求的，签发《入境货物通关单》，货物办理海关报关手续后，应当及时向检验检疫机构申请检验。

**第二十一条** 进口医疗器械应当在报检人报检时申报的目的地检验。

对需要结合安装调试实施检验的进口医疗器械，应当在报检时明确使用地，由使用地检验检疫机构实施检验。需要结合安装调试实施检验的进口医疗器械目录由国家质检总局对外公布实施。

对于植入式医疗器械等特殊产品，应当在国家质检总局指定的检验检疫机构实施检验。

**第二十二条**　检验检疫机构按照国家技术规范的强制性要求对进口医疗器械进行检验；尚未制定国家技术规范的强制性要求的，可以参照国家质检总局指定的国外有关标准进行检验。

**第二十三条**　检验检疫机构对进口医疗器械实施现场检验和监督检验的内容可以包括：

（一）产品与相关证书一致性的核查；

（二）数量、规格型号、外观的检验；

（三）包装、标签及标志的检验，如使用木质包装的，须实施检疫；

（四）说明书、随机文件资料的核查；

（五）机械、电气、电磁兼容等安全方面的检验；

（六）辐射、噪声、生化等卫生方面的检验；

（七）有毒有害物质排放、残留以及材料等环保方面的检验；

（八）涉及诊断、治疗的医疗器械性能方面的检验；

（九）产品标识、标志以及中文说明书的核查。

**第二十四条**　检验检疫机构对实施强制性产品认证制度的进口医疗器械实行入境验证，查验单证，核对证货是否相符，必要时抽取样品送指定实验室，按照强制性产品认证制度和国家规定的相关标准进行检测。

**第二十五条**　进口医疗器械经检验未发现不合格的，检验检疫机构应当出具《入境货物检验检疫证明》。

经检验发现不合格的，检验检疫机构应当出具《检验检疫处理通知书》，需要索赔的应当出具检验证书。涉及人身安全、健康、环境保护项目不合格的，或者可以技术处理的项目经技术处理后经检验仍不合格的，由检验检疫机构责令当事人销毁，或者退货并书面告知海关，并上报国家质检总局。

## 第四章　进口捐赠医疗器械检验监管

**第二十六条**　进口捐赠的医疗器械应当未经使用，且不得夹带有害环境、公共卫生的物品或者其他违禁物品。

**第二十七条**　进口捐赠医疗器械禁止夹带列入我国《禁止进口货物目录》的物品。

**第二十八条**　向中国境内捐赠医疗器械的境外捐赠机构，须由其或者其在中国的代理机构向国家质检总局办理捐赠机构及其捐赠医疗器械的备案。

**第二十九条**　国家质检总局在必要时可以对进口捐赠的医疗器械组织实施装运前预检验。

**第三十条**　接受进口捐赠医疗器械的单位或者其代理人应当持相关批准文件向报关地的检验检疫机构报检，向使用地的检验检疫机构申请检验。

检验检疫机构凭有效的相关批准文件接受报检，实施口岸查验，使用地检验。

**第三十一条**　境外捐赠的医疗器械经检验检疫机构检验合格并出具《入境货物检验检疫证明》后，受赠人方可使用；经检验不合格的，按照商检法及其实施条例的有关规定处理。

## 第五章　风险预警与快速反应

**第三十二条**　国家质检总局建立对进口医疗器械的风险预警机制。通过对缺陷进口医疗器械等信息的收集和评估，按照有关规定发布警示信息，并采取相应的风险预警措施及快速反应措施。

**第三十三条**　检验检疫机构需定期了解辖区内使用的进口医疗器械的质量状况，发现进口医疗器械发生重大质量事故，应及时报告国家质检总局。

**第三十四条** 进口医疗器械的制造商、进口单位和使用单位在发现其医疗器械中有缺陷的应当向检验检疫机构报告，对检验检疫机构采取的风险预警措施及快速反应措施应当予以配合。

**第三十五条** 对缺陷进口医疗器械的风险预警措施包括：

（一）向检验检疫机构发布风险警示通报，加强对缺陷产品制造商生产的和进口单位进口的医疗器械的检验监管；

（二）向缺陷产品的制造商、进口单位发布风险警示通告，敦促其及时采取措施，消除风险；

（三）向消费者和使用单位发布风险警示通告，提醒其注意缺陷进口医疗器械的风险和危害；

（四）向国内有关部门、有关国家和地区驻华使馆或者联络处、有关国际组织和机构通报情况，建议其采取必要的措施。

**第三十六条** 对缺陷进口医疗器械的快速反应措施包括：

（一）建议暂停使用存在缺陷的医疗器械；

（二）调整缺陷进口医疗器械进口单位的分类管理的类别；

（三）停止缺陷医疗器械的进口；

（四）暂停或者撤销缺陷进口医疗器械的国家强制性产品认证证书；

（五）其他必要的措施。

## 第六章 监督管理

**第三十七条** 检验检疫机构每年对一、二类进口单位进行至少一次监督审核，发现下列情况之一的，可以根据情节轻重对其作降类处理：

（一）进口单位出现不良诚信记录的；

（二）所进口的医疗器械存在重大安全隐患或者发生重大质量问题的；

（三）经检验检疫机构检验，进口单位年进口批次中出现不合格批次达10%；

（四）进口单位年进口批次未达到要求的；

（五）进口单位有违反法律法规其他行为的。

降类的进口单位必须在12个月后才能申请恢复原来的分类管理类别，且必须经过重新考核、核准、公布。

**第三十八条** 进口医疗器械出现下列情况之一的，检验检疫机构经本机构负责人批准，可以对进口医疗器械实施查封或者扣押，但海关监管货物除外：

（一）属于禁止进口的；

（二）存在安全卫生缺陷或者可能造成健康隐患、环境污染的；

（三）可能危害医患者生命财产安全，情况紧急的。

**第三十九条** 国家质检总局负责对检验检疫机构实施进口医疗器械检验监督管理人员资格的培训和考核工作。未经考核合格的人员不得从事进口医疗器械的检验监管工作。

**第四十条** 用于科研及其他非作用于患者目的的进口旧医疗器械，经国家质检总局及其他相关部门批准后，方可进口。

经原厂再制造的进口医疗器械，其安全及技术性能满足全新医疗器械应满足的要求，并符合国家其他有关规定的，由检验检疫机构进行合格评定后，经国家质检总局批准方可进口。

禁止进口前两款规定以外的其他旧医疗器械。

## 第七章 法律责任

**第四十一条** 擅自销售、使用未报检或者未经检验的属于法定检验的进口医疗器械，或者擅自销售、使用应当申请进口验证而未申请的进口医疗器械的，由检验检疫机构没收违法所得，并处商品货值金额5%以上20%以下罚款；构成犯罪的，依法追究刑事责任。

**第四十二条**　销售、使用经法定检验、抽查检验或者验证不合格的进口医疗器械的，由检验检疫机构责令停止销售、使用，没收违法所得和违法销售、使用的商品，并处违法销售、使用的商品货值金额等值以上3倍以下罚款；构成犯罪的，依法追究刑事责任。

**第四十三条**　医疗器械的进口单位进口国家禁止进口的旧医疗器械的，按照国家有关规定予以退货或者销毁。进口旧医疗器械属机电产品的，情节严重的，由检验检疫机构并处100万元以下罚款。

**第四十四条**　检验检疫机构的工作人员滥用职权，故意刁难的，徇私舞弊，伪造检验结果的，或者玩忽职守，延误检验出证的，依法给予行政处分；构成犯罪的，依法追究刑事责任。

## 第八章　附　则

**第四十五条**　本办法所指的进口医疗器械，是指从境外进入到中华人民共和国境内的，单独或者组合使用于人体的仪器、设备、器具、材料或者其他物品，包括所配套使用的软件，其使用旨在对疾病进行预防、诊断、治疗、监护、缓解，对损伤或者残疾进行诊断、治疗、监护、缓解、补偿，对解剖或者生理过程进行研究、替代、调节，对妊娠进行控制等。

本办法所指的缺陷进口医疗器械，是指不符合国家强制性标准的规定的，或者存在可能危及人身、财产安全的不合理危险的进口医疗器械。

本办法所指的进口单位是指具有法人资格，对外签订并执行进口医疗器械贸易合同或者委托外贸代理进口医疗器械的中国境内企业。

**第四十六条**　从境外进入保税区、出口加工区等海关监管区域供使用的医疗器械，以及从保税区、出口加工区等海关监管区域进入境内其他区域的医疗器械，按照本办法执行。

**第四十七条** 用于动物的进口医疗器械参照本办法执行。

**第四十八条** 进口医疗器械中属于锅炉压力容器的，其安全监督检验还应当符合国家质检总局其他相关规定。属于《中华人民共和国进口计量器具型式审查目录》内的进口医疗器械，还应当符合国家有关计量法律法规的规定。

**第四十九条** 本办法由国家质检总局负责解释。

**第五十条** 本办法自2007年12月1日起施行。

# 医疗器械注册管理办法

国家食品药品监督管理总局令第4号

2014年7月30日

《医疗器械注册管理办法》已于2014年6月27日经国家食品药品监督管理总局局务会议审议通过，现予公布，自2014年10月1日起施行。

局　长　张　勇

## 第一章　总　则

**第一条** 为规范医疗器械的注册与备案管理，保证医疗器械的安全、有效，根据《医疗器械监督管理条例》，制定本办法。

**第二条** 在中华人民共和国境内销售、使用的医疗器械，应当按照本办法的规定申请注册或者办理备案。

**第三条** 医疗器械注册是食品药品监督管理部门根据医疗器械注册申请人的申请，依照法定程序，对其拟上市医疗器械的安全性、有效性研究及其结果进行系统评价，以决定是否同意其申请的过程。

医疗器械备案是医疗器械备案人向食品药品监督管理部门提交备案资料，食品药品监督管理部门对提交的备案资料存档备查。

**第四条** 医疗器械注册与备案应当遵循公开、公平、公正的原则。

**第五条** 第一类医疗器械实行备案管理。第二类、第三类医疗器械实行注册管理。

境内第一类医疗器械备案，备案人向设区的市级食品药品监督管理部门提交备案资料。

境内第二类医疗器械由省、自治区、直辖市食品药品监督管理部门审查，批准后发给医疗器械注册证。

境内第三类医疗器械由国家食品药品监督管理总局审查，批准后发给医疗器械注册证。

进口第一类医疗器械备案，备案人向国家食品药品监督管理总局提交备案资料。

进口第二类、第三类医疗器械由国家食品药品监督管理总局审查，批准后发给医疗器械注册证。

香港、澳门、台湾地区医疗器械的注册、备案，参照进口医疗器械办理。

**第六条** 医疗器械注册人、备案人以自己名义把产品推向市场，对产品负法律责任。

**第七条** 食品药品监督管理部门依法及时公布医疗器械注册、备案相关信息。申请人可以查询审批进度和结果，公众可以查阅审批结果。

**第八条** 国家鼓励医疗器械的研究与创新，对创新医疗器械实行特别审批，促进医疗器械新技术的推广与应用，推动医疗器械产业的发展。

## 第二章　基本要求

**第九条**　医疗器械注册申请人和备案人应当建立与产品研制、生产有关的质量管理体系，并保持有效运行。

按照创新医疗器械特别审批程序审批的境内医疗器械申请注册时，样品委托其他企业生产的，应当委托具有相应生产范围的医疗器械生产企业；不属于按照创新医疗器械特别审批程序审批的境内医疗器械申请注册时，样品不得委托其他企业生产。

**第十条**　办理医疗器械注册或者备案事务的人员应当具有相应的专业知识，熟悉医疗器械注册或者备案管理的法律、法规、规章和技术要求。

**第十一条**　申请人或者备案人申请注册或者办理备案，应当遵循医疗器械安全有效基本要求，保证研制过程规范，所有数据真实、完整和可溯源。

**第十二条**　申请注册或者办理备案的资料应当使用中文。根据外文资料翻译的，应当同时提供原文。引用未公开发表的文献资料时，应当提供资料所有者许可使用的证明文件。

申请人、备案人对资料的真实性负责。

**第十三条**　申请注册或者办理备案的进口医疗器械，应当在申请人或者备案人注册地或者生产地址所在国家（地区）已获准上市销售。

申请人或者备案人注册地或者生产地址所在国家（地区）未将该产品作为医疗器械管理的，申请人或者备案人需提供相关证明文件，包括注册地或者生产地址所在国家（地区）准许该产品上市销售的证明文件。

**第十四条**　境外申请人或者备案人应当通过其在中国境内设立的代表机构或者指定中国境内的企业法人作为代理人，配合境外申请人或者备案人开展相关工作。

代理人除办理医疗器械注册或者备案事宜外，还应当承担以下责任：

（一）与相应食品药品监督管理部门、境外申请人或者备案人的联络；

（二）向申请人或者备案人如实、准确传达相关的法规和技术要求；

（三）收集上市后医疗器械不良事件信息并反馈境外注册人或者备案人，同时向相应的食品药品监督管理部门报告；

（四）协调医疗器械上市后的产品召回工作，并向相应的食品药品监督管理部门报告；

（五）其他涉及产品质量和售后服务的连带责任。

## 第三章　产品技术要求和注册检验

**第十五条**　申请人或者备案人应当编制拟注册或者备案医疗器械的产品技术要求。第一类医疗器械的产品技术要求由备案人办理备案时提交食品药品监督管理部门。第二类、第三类医疗器械的产品技术要求由食品药品监督管理部门在批准注册时予以核准。

产品技术要求主要包括医疗器械成品的性能指标和检验方法，其中性能指标是指可进行客观判定的成品的功能性、安全性指标以及与质量控制相关的其他指标。

在中国上市的医疗器械应当符合经注册核准或者备案的产品技术要求。

**第十六条**　申请第二类、第三类医疗器械注册，应当进行注册检验。医疗器械检验机构应当依据产品技术要求对相关产品进行注册检验。

注册检验样品的生产应当符合医疗器械质量管理体系的相关要求，注册检验合格的方可进行临床试验或者申请注册。

办理第一类医疗器械备案的，备案人可以提交产品自检报告。

**第十七条**　申请注册检验，申请人应当向检验机构提供注册检验所需要的有关技术资料、注册检验用样品及产品技术要求。

**第十八条**　医疗器械检验机构应当具有医疗器械检验资质、在其承检范围内进行检验，并对申请人提交的产品技术要求进行预评价。预评价意见随注册检验报告一同出具给申请人。

尚未列入医疗器械检验机构承检范围的医疗器械，由相应的注册审批部门指定有能力的检验机构进行检验。

**第十九条** 同一注册单元内所检验的产品应当能够代表本注册单元内其他产品的安全性和有效性。

## 第四章 临床评价

**第二十条** 医疗器械临床评价是指申请人或者备案人通过临床文献资料、临床经验数据、临床试验等信息对产品是否满足使用要求或者适用范围进行确认的过程。

**第二十一条** 临床评价资料是指申请人或者备案人进行临床评价所形成的文件。

需要进行临床试验的，提交的临床评价资料应当包括临床试验方案和临床试验报告。

**第二十二条** 办理第一类医疗器械备案，不需进行临床试验。申请第二类、第三类医疗器械注册，应当进行临床试验。

有下列情形之一的，可以免于进行临床试验：

（一）工作机理明确、设计定型，生产工艺成熟，已上市的同品种医疗器械临床应用多年且无严重不良事件记录，不改变常规用途的；

（二）通过非临床评价能够证明该医疗器械安全、有效的；

（三）通过对同品种医疗器械临床试验或者临床使用获得的数据进行分析评价，能够证明该医疗器械安全、有效的。

免于进行临床试验的医疗器械目录由国家食品药品监督管理总局制定、调整并公布。未列入免于进行临床试验的医疗器械目录的产品，通过对同品种医疗器械临床试验或者临床使用获得的数据进行分析评价，能够证明该医疗器械安全、有效的，申请人可以在申报注册时予以说明，并提交相关证明资料。

**第二十三条** 开展医疗器械临床试验，应当按照医疗器械临床试验质量管理规范的要求，在取得资质的临床试验机构内进行。临床试验样品的生产应当符合医疗器械质量管理体系的相关要求。

**第二十四条** 第三类医疗器械进行临床试验对人体具有较高风险的，应当经国家食品药品监督管理总局批准。需进行临床试验审批的第三类医疗器械目录由国家食品药品监督管理总局制定、调整并公布。

**第二十五条** 临床试验审批是指国家食品药品监督管理总局根据申请人的申请，对拟开展临床试验的医疗器械的风险程度、临床试验方案、临床受益与风险对比分析报告等进行综合分析，以决定是否同意开展临床试验的过程。

**第二十六条** 需进行医疗器械临床试验审批的，申请人应当按照相关要求向国家食品药品监督管理总局报送申报资料。

**第二十七条** 国家食品药品监督管理总局受理医疗器械临床试验审批申请后，应当自受理申请之日起3个工作日内将申报资料转交医疗器械技术审评机构。

技术审评机构应当在40个工作日内完成技术审评。国家食品药品监督管理总局应当在技术审评结束后20个工作日内作出决定。准予开展临床试验的，发给医疗器械临床试验批件；不予批准的，应当书面说明理由。

**第二十八条** 技术审评过程中需要申请人补正资料的，技术审评机构应当一次告知需要补正的全部内容。申请人应当在1年内按照补正通知的要求一次提供补充资料。技术审评机构应当自收到补充资料之日起40个工作日内完成技术审评。申请人补充资料的时间不计算在审评时限内。

申请人逾期未提交补充资料的，由技术审评机构终止技术审评，提出不予批准的建议，国家食品药品监督管理总局核准后作出不予批准的决定。

**第二十九条** 有下列情形之一的，国家食品药品监督管理总局应当撤销已获得的医疗器械临床试验批准文件：

（一）临床试验申报资料虚假的；

（二）已有最新研究证实原批准的临床试验伦理性和科学性存在问题的；

（三）其他应当撤销的情形。

**第三十条** 医疗器械临床试验应当在批准后3年内实施；逾期未实施的，原批准文件自行废止，仍需进行临床试验的，应当重新申请。

## 第五章 产品注册

**第三十一条** 申请医疗器械注册，申请人应当按照相关要求向食品药品监督管理部门报送申报资料。

**第三十二条** 食品药品监督管理部门收到申请后对申报资料进行形式审查，并根据下列情况分别作出处理：

（一）申请事项属于本部门职权范围，申报资料齐全、符合形式审查要求的，予以受理；

（二）申报资料存在可以当场更正的错误的，应当允许申请人当场更正；

（三）申报资料不齐全或者不符合形式审查要求的，应当在5个工作日内一次告知申请人需要补正的全部内容，逾期不告知的，自收到申报资料之日起即为受理；

（四）申请事项不属于本部门职权范围的，应当即时告知申请人不予受理。

食品药品监督管理部门受理或者不予受理医疗器械注册申请，应当出具加盖本部门专用印章并注明日期的受理或者不予受理的通知书。

**第三十三条** 受理注册申请的食品药品监督管理部门应当自受理之日起3个工作日内将申报资料转交技术审评机构。

技术审评机构应当在60个工作日内完成第二类医疗器械注册的技术审评工作，在90个工作日内完成第三类医疗器械注册的技术审评工作。

需要外聘专家审评、药械组合产品需与药品审评机构联合审评的，所需时间不计算在内，技术审评机构应当将所需时间书面告知申请人。

**第三十四条**　食品药品监督管理部门在组织产品技术审评时可以调阅原始研究资料，并组织对申请人进行与产品研制、生产有关的质量管理体系核查。

境内第二类、第三类医疗器械注册质量管理体系核查，由省、自治区、直辖市食品药品监督管理部门开展，其中境内第三类医疗器械注册质量管理体系核查，由国家食品药品监督管理总局技术审评机构通知相应省、自治区、直辖市食品药品监督管理部门开展核查，必要时参与核查。省、自治区、直辖市食品药品监督管理部门应当在30个工作日内根据相关要求完成体系核查。

国家食品药品监督管理总局技术审评机构在对进口第二类、第三类医疗器械开展技术审评时，认为有必要进行质量管理体系核查的，通知国家食品药品监督管理总局质量管理体系检查技术机构根据相关要求开展核查，必要时技术审评机构参与核查。

质量管理体系核查的时间不计算在审评时限内。

**第三十五条**　技术审评过程中需要申请人补正资料的，技术审评机构应当一次告知需要补正的全部内容。申请人应当在1年内按照补正通知的要求一次提供补充资料；技术审评机构应当自收到补充资料之日起60个工作日内完成技术审评。申请人补充资料的时间不计算在审评时限内。

申请人对补正资料通知内容有异议的，可以向相应的技术审评机构提出书面意见，说明理由并提供相应的技术支持资料。

申请人逾期未提交补充资料的，由技术审评机构终止技术审评，提出不予注册的建议，由食品药品监督管理部门核准后作出不予注册的决定。

**第三十六条**　受理注册申请的食品药品监督管理部门应当在技术审评结束后20个工作日内作出决定。对符合安全、有效要求的，准予注册，自作出审批决定之日起10个工作日内发给医疗器械注册证，经过核准的产品技术要求以附件形式发给申请人。对不予注册的，应当书面说明理由，并同时告知申请人享有申请复审和依法申请行政复议或者提起行政诉讼的权利。

医疗器械注册证有效期为 5 年。

**第三十七条** 医疗器械注册事项包括许可事项和登记事项。许可事项包括产品名称、型号、规格、结构及组成、适用范围、产品技术要求、进口医疗器械的生产地址等；登记事项包括注册人名称和住所、代理人名称和住所、境内医疗器械的生产地址等。

**第三十八条** 对用于治疗罕见疾病以及应对突发公共卫生事件急需的医疗器械，食品药品监督管理部门可以在批准该医疗器械注册时要求申请人在产品上市后进一步完成相关工作，并将要求载明于医疗器械注册证中。

**第三十九条** 对于已受理的注册申请，有下列情形之一的，食品药品监督管理部门作出不予注册的决定，并告知申请人：

（一）申请人对拟上市销售医疗器械的安全性、有效性进行的研究及其结果无法证明产品安全、有效的；

（二）注册申报资料虚假的；

（三）注册申报资料内容混乱、矛盾的；

（四）注册申报资料的内容与申报项目明显不符的；

（五）不予注册的其他情形。

**第四十条** 对于已受理的注册申请，申请人可以在行政许可决定作出前，向受理该申请的食品药品监督管理部门申请撤回注册申请及相关资料，并说明理由。

**第四十一条** 对于已受理的注册申请，有证据表明注册申报资料可能虚假的，食品药品监督管理部门可以中止审批。经核实后，根据核实结论继续审查或者作出不予注册的决定。

**第四十二条** 申请人对食品药品监督管理部门作出的不予注册决定有异议的，可以自收到不予注册决定通知之日起 20 个工作日内，向作出审批决定的食品药品监督管理部门提出复审申请。复审申请的内容仅限于原申请事项和原申报资料。

**第四十三条**　食品药品监督管理部门应当自受理复审申请之日起30个工作日内作出复审决定，并书面通知申请人。维持原决定的，食品药品监督管理部门不再受理申请人再次提出的复审申请。

**第四十四条**　申请人对食品药品监督管理部门作出的不予注册的决定有异议，且已申请行政复议或者提起行政诉讼的，食品药品监督管理部门不受理其复审申请。

**第四十五条**　医疗器械注册证遗失的，注册人应当立即在原发证机关指定的媒体上登载遗失声明。自登载遗失声明之日起满1个月后，向原发证机关申请补发，原发证机关在20个工作日内予以补发。

**第四十六条**　医疗器械注册申请直接涉及申请人与他人之间重大利益关系的，食品药品监督管理部门应当告知申请人、利害关系人可以依照法律、法规以及国家食品药品监督管理总局的其他规定享有申请听证的权利；对医疗器械注册申请进行审查时，食品药品监督管理部门认为属于涉及公共利益的重大许可事项，应当向社会公告，并举行听证。

**第四十七条**　对新研制的尚未列入分类目录的医疗器械，申请人可以直接申请第三类医疗器械产品注册，也可以依据分类规则判断产品类别并向国家食品药品监督管理总局申请类别确认后，申请产品注册或者办理产品备案。

直接申请第三类医疗器械注册的，国家食品药品监督管理总局按照风险程度确定类别。境内医疗器械确定为第二类的，国家食品药品监督管理总局将申报资料转申请人所在地省、自治区、直辖市食品药品监督管理部门审评审批；境内医疗器械确定为第一类的，国家食品药品监督管理总局将申报资料转申请人所在地设区的市级食品药品监督管理部门备案。

**第四十八条**　注册申请审查过程中及批准后发生专利权纠纷的，应当按照有关法律、法规的规定处理。

## 第六章　注册变更

**第四十九条**　已注册的第二类、第三类医疗器械，医疗器械注册证及其附件载明的内容发生变化，注册人应当向原注册部门申请注册变更，并按照相关要求提交申报资料。

产品名称、型号、规格、结构及组成、适用范围、产品技术要求、进口医疗器械生产地址等发生变化的，注册人应当向原注册部门申请许可事项变更。

注册人名称和住所、代理人名称和住所发生变化的，注册人应当向原注册部门申请登记事项变更；境内医疗器械生产地址变更的，注册人应当在相应的生产许可变更后办理注册登记事项变更。

**第五十条**　登记事项变更资料符合要求的，食品药品监督管理部门应当在 10 个工作日内发给医疗器械注册变更文件。登记事项变更资料不齐全或者不符合形式审查要求的，食品药品监督管理部门应当一次告知需要补正的全部内容。

**第五十一条**　对于许可事项变更，技术审评机构应当重点针对变化部分进行审评，对变化后产品是否安全、有效作出评价。

受理许可事项变更申请的食品药品监督管理部门应当按照本办法第五章规定的时限组织技术审评。

**第五十二条**　医疗器械注册变更文件与原医疗器械注册证合并使用，其有效期与该注册证相同。取得注册变更文件后，注册人应当根据变更内容自行修改产品技术要求、说明书和标签。

**第五十三条**　许可事项变更申请的受理与审批程序，本章未作规定的，适用本办法第五章的相关规定。

## 第七章　延续注册

**第五十四条**　医疗器械注册证有效期届满需要延续注册的，注册人应当在医疗器械注册证有效期届满6个月前，向食品药品监督管理部门申请延续注册，并按照相关要求提交申报资料。

除有本办法第五十五条规定情形外，接到延续注册申请的食品药品监督管理部门应当在医疗器械注册证有效期届满前作出准予延续的决定。逾期未作决定的，视为准予延续。

**第五十五条**　有下列情形之一的，不予延续注册：

（一）注册人未在规定期限内提出延续注册申请的；

（二）医疗器械强制性标准已经修订，该医疗器械不能达到新要求的；

（三）对用于治疗罕见疾病以及应对突发公共卫生事件急需的医疗器械，批准注册部门在批准上市时提出要求，注册人未在规定期限内完成医疗器械注册证载明事项的。

**第五十六条**　医疗器械延续注册申请的受理与审批程序，本章未作规定的，适用本办法第五章的相关规定。

## 第八章　产品备案

**第五十七条**　第一类医疗器械生产前，应当办理产品备案。

**第五十八条**　办理医疗器械备案，备案人应当按照《医疗器械监督管理条例》第九条的规定提交备案资料。

备案资料符合要求的，食品药品监督管理部门应当当场备案；备案资料不齐全或者不符合规定形式的，应当一次告知需要补正的全部内容，由备案人补正后备案。

对备案的医疗器械，食品药品监督管理部门应当按照相关要求的格式制作备案凭证，并将备案信息表中登载的信息在其网站上予以公布。

**第五十九条** 已备案的医疗器械，备案信息表中登载内容及备案的产品技术要求发生变化的，备案人应当提交变化情况的说明及相关证明文件，向原备案部门提出变更备案信息。备案资料符合形式要求的，食品药品监督管理部门应当将变更情况登载于变更信息中，将备案资料存档。

**第六十条** 已备案的医疗器械管理类别调整的，备案人应当主动向食品药品监督管理部门提出取消原备案；管理类别调整为第二类或者第三类医疗器械的，按照本办法规定申请注册。

## 第九章 监督管理

**第六十一条** 国家食品药品监督管理总局负责全国医疗器械注册与备案的监督管理工作，对地方食品药品监督管理部门医疗器械注册与备案工作进行监督和指导。

**第六十二条** 省、自治区、直辖市食品药品监督管理部门负责本行政区域的医疗器械注册与备案的监督管理工作，组织开展监督检查，并将有关情况及时报送国家食品药品监督管理总局。

**第六十三条** 省、自治区、直辖市食品药品监督管理部门按照属地管理原则，对进口医疗器械代理人注册与备案相关工作实施日常监督管理。

**第六十四条** 设区的市级食品药品监督管理部门应当定期对备案工作开展检查，并及时向省、自治区、直辖市食品药品监督管理部门报送相关信息。

**第六十五条** 已注册的医疗器械有法律、法规规定应当注销的情形，或者注册证有效期未满但注册人主动提出注销的，食品药品监督管理部门应当依法注销，并向社会公布。

**第六十六条** 已注册的医疗器械，其管理类别由高类别调整为低类别的，在有效期内的医疗器械注册证继续有效。如需延续的，注册人应当在医疗器械注册证有效期届满6个月前，按照改变后的类别向食品药品监督管理部门申请延续注册或者办理备案。

医疗器械管理类别由低类别调整为高类别的，注册人应当依照本办法第五章的规定，按照改变后的类别向食品药品监督管理部门申请注册。国家食品药品监督管理总局在管理类别调整通知中应当对完成调整的时限作出规定。

**第六十七条** 省、自治区、直辖市食品药品监督管理部门违反本办法规定实施医疗器械注册的，由国家食品药品监督管理总局责令限期改正；逾期不改正的，国家食品药品监督管理总局可以直接公告撤销该医疗器械注册证。

**第六十八条** 食品药品监督管理部门、相关技术机构及其工作人员，对申请人或者备案人提交的试验数据和技术秘密负有保密义务。

## 第十章 法律责任

**第六十九条** 提供虚假资料或者采取其他欺骗手段取得医疗器械注册证的，按照《医疗器械监督管理条例》第六十四条第一款的规定予以处罚。

备案时提供虚假资料的，按照《医疗器械监督管理条例》第六十五条第二款的规定予以处罚。

**第七十条** 伪造、变造、买卖、出租、出借医疗器械注册证的，按照《医疗器械监督管理条例》第六十四条第二款的规定予以处罚。

**第七十一条** 违反本办法规定，未依法办理第一类医疗器械变更备案或者第二类、第三类医疗器械注册登记事项变更的，按照《医疗器械监督管理条例》有关未备案的情形予以处罚。

**第七十二条** 违反本办法规定，未依法办理医疗器械注册许可事项变更的，按照《医疗器械监督管理条例》有关未取得医疗器械注册证的情形予以处罚。

**第七十三条** 申请人未按照《医疗器械监督管理条例》和本办法规定开展临床试验的，由县级以上食品药品监督管理部门责令改正，可以处3万元以下罚款；情节严重的，应当立即停止临床试验，已取得临床试验批准文件的，予以注销。

## 第十一章 附 则

**第七十四条** 医疗器械注册或者备案单元原则上以产品的技术原理、结构组成、性能指标和适用范围为划分依据。

**第七十五条** 医疗器械注册证中"结构及组成"栏内所载明的组合部件，以更换耗材、售后服务、维修等为目的，用于原注册产品的，可以单独销售。

**第七十六条** 医疗器械注册证格式由国家食品药品监督管理总局统一制定。

注册证编号的编排方式为：

×1械注×2××××3×4××5××××6。其中：

×1为注册审批部门所在地的简称：

境内第三类医疗器械、进口第二类、第三类医疗器械为"国"字；

境内第二类医疗器械为注册审批部门所在地省、自治区、直辖市简称；

×2为注册形式：

"准"字适用于境内医疗器械；

"进"字适用于进口医疗器械；

"许"字适用于香港、澳门、台湾地区的医疗器械；

××××3为首次注册年份；

×4为产品管理类别；

××5为产品分类编码；

××××6为首次注册流水号。

延续注册的，××××3和××××6数字不变。产品管理类别调整的，应当重新编号。

**第七十七条** 第一类医疗器械备案凭证编号的编排方式为：

×1 械备××××2××××3 号。

其中：

×1 为备案部门所在地的简称：

进口第一类医疗器械为“国”字；

境内第一类医疗器械为备案部门所在地省、自治区、直辖市简称加所在地设区的市级行政区域的简称（无相应设区的市级行政区域时，仅为省、自治区、直辖市的简称）；

××××2 为备案年份；

××××3 为备案流水号。

**第七十八条** 按医疗器械管理的体外诊断试剂的注册与备案适用《体外诊断试剂注册管理办法》。

**第七十九条** 医疗器械应急审批程序和创新医疗器械特别审批程序由国家食品药品监督管理总局另行制定。

**第八十条** 根据工作需要，国家食品药品监督管理总局可以委托省、自治区、直辖市食品药品监督管理部门或者技术机构、相关社会组织承担医疗器械注册有关的具体工作。

**第八十一条** 医疗器械产品注册收费项目、收费标准按照国务院财政、价格主管部门的有关规定执行。

**第八十二条** 本办法自 2014 年 10 月 1 日起施行。2004 年 8 月 9 日公布的《医疗器械注册管理办法》（原国家食品药品监督管理局令第 16 号）同时废止。

# 医疗器械监督管理条例（2017年修订）

中华人民共和国国务院令第680号

2017年5月4日

（2000年1月4日中华人民共和国国务院令第276号公布　2014年2月12日国务院第39次常务会议修订通过　根据2017年5月4日《国务院关于修改〈医疗器械监督管理条例〉的决定》修订）

## 第一章　总　则

**第一条**　为了保证医疗器械的安全、有效，保障人体健康和生命安全，制定本条例。

**第二条**　在中华人民共和国境内从事医疗器械的研制、生产、经营、使用活动及其监督管理，应当遵守本条例。

**第三条**　国务院食品药品监督管理部门负责全国医疗器械监督管理工作。国务院有关部门在各自的职责范围内负责与医疗器械有关的监督管理工作。

县级以上地方人民政府食品药品监督管理部门负责本行政区域的医疗器械监督管理工作。县级以上地方人民政府有关部门在各自的职责范围内负责与医疗器械有关的监督管理工作。

国务院食品药品监督管理部门应当配合国务院有关部门，贯彻实施国家医疗器械产业规划和政策。

**第四条**　国家对医疗器械按照风险程度实行分类管理。

第一类是风险程度低，实行常规管理可以保证其安全、有效的医疗器械。

第二类是具有中度风险，需要严格控制管理以保证其安全、有效的医疗器械。

第三类是具有较高风险，需要采取特别措施严格控制管理以保证其安全、有效的医疗器械。

评价医疗器械风险程度，应当考虑医疗器械的预期目的、结构特征、使用方法等因素。

国务院食品药品监督管理部门负责制定医疗器械的分类规则和分类目录，并根据医疗器械生产、经营、使用情况，及时对医疗器械的风险变化进行分析、评价，对分类目录进行调整。制定、调整分类目录，应当充分听取医疗器械生产经营企业以及使用单位、行业组织的意见，并参考国际医疗器械分类实践。医疗器械分类目录应当向社会公布。

**第五条**　医疗器械的研制应当遵循安全、有效和节约的原则。国家鼓励医疗器械的研究与创新，发挥市场机制的作用，促进医疗器械新技术的推广和应用，推动医疗器械产业的发展。

**第六条**　医疗器械产品应当符合医疗器械强制性国家标准；尚无强制性国家标准的，应当符合医疗器械强制性行业标准。

一次性使用的医疗器械目录由国务院食品药品监督管理部门会同国务院卫生计生主管部门制定、调整并公布。重复使用可以保证安全、有效的医疗器械，不列入一次性使用的医疗器械目录。对因设计、生产工艺、消毒灭菌技术等改进后重复使用可以保证安全、有效的医疗器械，应当调整出一次性使用的医疗器械目录。

**第七条**　医疗器械行业组织应当加强行业自律，推进诚信体系建设，督促企业依法开展生产经营活动，引导企业诚实守信。

## 第二章　医疗器械产品注册与备案

**第八条**　第一类医疗器械实行产品备案管理，第二类、第三类医疗器械实行产品注册管理。

**第九条** 第一类医疗器械产品备案和申请第二类、第三类医疗器械产品注册，应当提交下列资料：

（一）产品风险分析资料；

（二）产品技术要求；

（三）产品检验报告；

（四）临床评价资料；

（五）产品说明书及标签样稿；

（六）与产品研制、生产有关的质量管理体系文件；

（七）证明产品安全、有效所需的其他资料。

医疗器械注册申请人、备案人应当对所提交资料的真实性负责。

**第十条** 第一类医疗器械产品备案，由备案人向所在地设区的市级人民政府食品药品监督管理部门提交备案资料。其中，产品检验报告可以是备案人的自检报告；临床评价资料不包括临床试验报告，可以是通过文献、同类产品临床使用获得的数据证明该医疗器械安全、有效的资料。

向我国境内出口第一类医疗器械的境外生产企业，由其在我国境内设立的代表机构或者指定我国境内的企业法人作为代理人，向国务院食品药品监督管理部门提交备案资料和备案人所在国（地区）主管部门准许该医疗器械上市销售的证明文件。

备案资料载明的事项发生变化的，应当向原备案部门变更备案。

**第十一条** 申请第二类医疗器械产品注册，注册申请人应当向所在地省、自治区、直辖市人民政府食品药品监督管理部门提交注册申请资料。申请第三类医疗器械产品注册，注册申请人应当向国务院食品药品监督管理部门提交注册申请资料。

向我国境内出口第二类、第三类医疗器械的境外生产企业，应当由其在我国境内设立的代表机构或者指定我国境内的企业法人作为代理人，向国务院食品药品监督管理部门提交注册申请资料和注册申请人所在国（地区）主管部门准许该医疗器械上市销售的证明文件。

第二类、第三类医疗器械产品注册申请资料中的产品检验报告应当是医疗器械检验机构出具的检验报告，临床评价资料应当包括临床试验报告，但依照本条例第十七条的规定免于进行临床试验的医疗器械除外。

**第十二条**　受理注册申请的食品药品监督管理部门应当自受理之日起3个工作日内将注册申请资料转交技术审评机构。技术审评机构应当在完成技术审评后向食品药品监督管理部门提交审评意见。

**第十三条**　受理注册申请的食品药品监督管理部门应当自收到审评意见之日起20个工作日内作出决定。对符合安全、有效要求的，准予注册并发给医疗器械注册证；对不符合要求的，不予注册并书面说明理由。

国务院食品药品监督管理部门在组织对进口医疗器械的技术审评时认为有必要对质量管理体系进行核查的，应当组织质量管理体系检查技术机构开展质量管理体系核查。

**第十四条**　已注册的第二类、第三类医疗器械产品，其设计、原材料、生产工艺、适用范围、使用方法等发生实质性变化，有可能影响该医疗器械安全、有效的，注册人应当向原注册部门申请办理变更注册手续；发生非实质性变化，不影响该医疗器械安全、有效的，应当将变化情况向原注册部门备案。

**第十五条**　医疗器械注册证有效期为5年。有效期届满需要延续注册的，应当在有效期届满6个月前向原注册部门提出延续注册的申请。

除有本条第三款规定情形外，接到延续注册申请的食品药品监督管理部门应当在医疗器械注册证有效期届满前作出准予延续的决定。逾期未作决定的，视为准予延续。

有下列情形之一的，不予延续注册：

（一）注册人未在规定期限内提出延续注册申请的；

（二）医疗器械强制性标准已经修订，申请延续注册的医疗器械不能达到新要求的；

（三）对用于治疗罕见疾病以及应对突发公共卫生事件急需的医疗器械，未在规定期限内完成医疗器械注册证载明事项的。

**第十六条**　对新研制的尚未列入分类目录的医疗器械，申请人可以依照本条例有关第三类医疗器械产品注册的规定直接申请产品注册，也可以依据分类规则判断产品类别并向国务院食品药品监督管理部门申请类别确认后依照本条例的规定申请注册或者进行产品备案。

直接申请第三类医疗器械产品注册的，国务院食品药品监督管理部门应当按照风险程度确定类别，对准予注册的医疗器械及时纳入分类目录。申请类别确认的，国务院食品药品监督管理部门应当自受理申请之日起20个工作日内对该医疗器械的类别进行判定并告知申请人。

**第十七条**　第一类医疗器械产品备案，不需要进行临床试验。申请第二类、第三类医疗器械产品注册，应当进行临床试验；但是，有下列情形之一的，可以免于进行临床试验：

（一）工作机理明确、设计定型，生产工艺成熟，已上市的同品种医疗器械临床应用多年且无严重不良事件记录，不改变常规用途的；

（二）通过非临床评价能够证明该医疗器械安全、有效的；

（三）通过对同品种医疗器械临床试验或者临床使用获得的数据进行分析评价，能够证明该医疗器械安全、有效的。

免于进行临床试验的医疗器械目录由国务院食品药品监督管理部门制定、调整并公布。

**第十八条**　开展医疗器械临床试验，应当按照医疗器械临床试验质量管理规范的要求，在具备相应条件的临床试验机构进行，并向临床试验提出者所在地省、自治区、直辖市人民政府食品药品监督管理部门备案。接受临床试验备案的食品药品监督管理部门应当将备案情况通报临床试验机构所在地的同级食品药品监督管理部门和卫生计生主管部门。

医疗器械临床试验机构实行备案管理。医疗器械临床试验机构应当具备的条件及备案管理办法和临床试验质量管理规范，由国务院食品药品监督管理部门会同国务院卫生计生主管部门制定并公布。

**第十九条**　第三类医疗器械进行临床试验对人体具有较高风险的，应当经国务院食品药品监督管理部门批准。临床试验对人体具有较高风险的第三类医疗器械目录由国务院食品药品监督管理部门制定、调整并公布。

国务院食品药品监督管理部门审批临床试验，应当对拟承担医疗器械临床试验的机构的设备、专业人员等条件，该医疗器械的风险程度，临床试验实施方案，临床受益与风险对比分析报告等进行综合分析。准予开展临床试验的，应当通报临床试验提出者以及临床试验机构所在地省、自治区、直辖市人民政府食品药品监督管理部门和卫生计生主管部门。

## 第三章　医疗器械生产

**第二十条**　从事医疗器械生产活动，应当具备下列条件：

（一）有与生产的医疗器械相适应的生产场地、环境条件、生产设备以及专业技术人员；

（二）有对生产的医疗器械进行质量检验的机构或者专职检验人员以及检验设备；

（三）有保证医疗器械质量的管理制度；

（四）有与生产的医疗器械相适应的售后服务能力；

（五）产品研制、生产工艺文件规定的要求。

**第二十一条**　从事第一类医疗器械生产的，由生产企业向所在地设区的市级人民政府食品药品监督管理部门备案并提交其符合本条例第二十条规定条件的证明资料。

**第二十二条** 从事第二类、第三类医疗器械生产的，生产企业应当向所在地省、自治区、直辖市人民政府食品药品监督管理部门申请生产许可并提交其符合本条例第二十条规定条件的证明资料以及所生产医疗器械的注册证。

受理生产许可申请的食品药品监督管理部门应当自受理之日起30个工作日内对申请资料进行审核，按照国务院食品药品监督管理部门制定的医疗器械生产质量管理规范的要求进行核查。对符合规定条件的，准予许可并发给医疗器械生产许可证；对不符合规定条件的，不予许可并书面说明理由。

医疗器械生产许可证有效期为5年。有效期届满需要延续的，依照有关行政许可的法律规定办理延续手续。

**第二十三条** 医疗器械生产质量管理规范应当对医疗器械的设计开发、生产设备条件、原材料采购、生产过程控制、企业的机构设置和人员配备等影响医疗器械安全、有效的事项作出明确规定。

**第二十四条** 医疗器械生产企业应当按照医疗器械生产质量管理规范的要求，建立健全与所生产医疗器械相适应的质量管理体系并保证其有效运行；严格按照经注册或者备案的产品技术要求组织生产，保证出厂的医疗器械符合强制性标准以及经注册或者备案的产品技术要求。

医疗器械生产企业应当定期对质量管理体系的运行情况进行自查，并向所在地省、自治区、直辖市人民政府食品药品监督管理部门提交自查报告。

**第二十五条** 医疗器械生产企业的生产条件发生变化，不再符合医疗器械质量管理体系要求的，医疗器械生产企业应当立即采取整改措施；可能影响医疗器械安全、有效的，应当立即停止生产活动，并向所在地县级人民政府食品药品监督管理部门报告。

**第二十六条** 医疗器械应当使用通用名称。通用名称应当符合国务院食品药品监督管理部门制定的医疗器械命名规则。

**第二十七条** 医疗器械应当有说明书、标签。说明书、标签的内容应当与经注册或者备案的相关内容一致。

医疗器械的说明书、标签应当标明下列事项：

（一）通用名称、型号、规格；

（二）生产企业的名称和住所、生产地址及联系方式；

（三）产品技术要求的编号；

（四）生产日期和使用期限或者失效日期；

（五）产品性能、主要结构、适用范围；

（六）禁忌症、注意事项以及其他需要警示或者提示的内容；

（七）安装和使用说明或者图示；

（八）维护和保养方法，特殊储存条件、方法；

（九）产品技术要求规定应当标明的其他内容。

第二类、第三类医疗器械还应当标明医疗器械注册证编号和医疗器械注册人的名称、地址及联系方式。

由消费者个人自行使用的医疗器械还应当具有安全使用的特别说明。

**第二十八条** 委托生产医疗器械，由委托方对所委托生产的医疗器械质量负责。受托方应当是符合本条例规定、具备相应生产条件的医疗器械生产企业。委托方应当加强对受托方生产行为的管理，保证其按照法定要求进行生产。

具有高风险的植入性医疗器械不得委托生产，具体目录由国务院食品药品监督管理部门制定、调整并公布。

## 第四章 医疗器械经营与使用

**第二十九条** 从事医疗器械经营活动，应当有与经营规模和经营范围相适应的经营场所和贮存条件，以及与经营的医疗器械相适应的质量管理制度和质量管理机构或者人员。

**第三十条** 从事第二类医疗器械经营的，由经营企业向所在地设区的市级人民政府食品药品监督管理部门备案并提交其符合本条例第二十九条规定条件的证明资料。

**第三十一条** 从事第三类医疗器械经营的，经营企业应当向所在地设区的市级人民政府食品药品监督管理部门申请经营许可并提交其符合本条例第二十九条规定条件的证明资料。

受理经营许可申请的食品药品监督管理部门应当自受理之日起30个工作日内进行审查，必要时组织核查。对符合规定条件的，准予许可并发给医疗器械经营许可证；对不符合规定条件的，不予许可并书面说明理由。

医疗器械经营许可证有效期为5年。有效期届满需要延续的，依照有关行政许可的法律规定办理延续手续。

**第三十二条** 医疗器械经营企业、使用单位购进医疗器械，应当查验供货者的资质和医疗器械的合格证明文件，建立进货查验记录制度。从事第二类、第三类医疗器械批发业务以及第三类医疗器械零售业务的经营企业，还应当建立销售记录制度。

记录事项包括：

（一）医疗器械的名称、型号、规格、数量；

（二）医疗器械的生产批号、有效期、销售日期；

（三）生产企业的名称；

（四）供货者或者购货者的名称、地址及联系方式；

（五）相关许可证明文件编号等。

进货查验记录和销售记录应当真实，并按照国务院食品药品监督管理部门规定的期限予以保存。国家鼓励采用先进技术手段进行记录。

**第三十三条**　运输、贮存医疗器械，应当符合医疗器械说明书和标签标示的要求；对温度、湿度等环境条件有特殊要求的，应当采取相应措施，保证医疗器械的安全、有效。

**第三十四条**　医疗器械使用单位应当有与在用医疗器械品种、数量相适应的贮存场所和条件。医疗器械使用单位应当加强对工作人员的技术培训，按照产品说明书、技术操作规范等要求使用医疗器械。

医疗器械使用单位配置大型医用设备，应当符合国务院卫生计生主管部门制定的大型医用设备配置规划，与其功能定位、临床服务需求相适应，具有相应的技术条件、配套设施和具备相应资质、能力的专业技术人员，并经省级以上人民政府卫生计生主管部门批准，取得大型医用设备配置许可证。

大型医用设备配置管理办法由国务院卫生计生主管部门会同国务院有关部门制定。大型医用设备目录由国务院卫生计生主管部门商国务院有关部门提出，报国务院批准后执行。

**第三十五条**　医疗器械使用单位对重复使用的医疗器械，应当按照国务院卫生计生主管部门制定的消毒和管理的规定进行处理。

一次性使用的医疗器械不得重复使用，对使用过的应当按照国家有关规定销毁并记录。

**第三十六条**　医疗器械使用单位对需要定期检查、检验、校准、保养、维护的医疗器械，应当按照产品说明书的要求进行检查、检验、校准、保养、维护并予以记录，及时进行分析、评估，确保医疗器械处于良好状态，保障使用质量；对使用期限长的大型医疗器械，应当逐台建立使用档案，记录其使用、维护、转让、实际使用时间等事项。记录保存期限不得少于医疗器械规定使用期限终止后 5 年。

**第三十七条**　医疗器械使用单位应当妥善保存购入第三类医疗器械的原始资料，并确保信息具有可追溯性。

使用大型医疗器械以及植入和介入类医疗器械的，应当将医疗器械的名称、关键性技术参数等信息以及与使用质量安全密切相关的必要信息记载到病历等相关记录中。

**第三十八条** 发现使用的医疗器械存在安全隐患的，医疗器械使用单位应当立即停止使用，并通知生产企业或者其他负责产品质量的机构进行检修；经检修仍不能达到使用安全标准的医疗器械，不得继续使用。

**第三十九条** 食品药品监督管理部门和卫生计生主管部门依据各自职责，分别对使用环节的医疗器械质量和医疗器械使用行为进行监督管理。

**第四十条** 医疗器械经营企业、使用单位不得经营、使用未依法注册、无合格证明文件以及过期、失效、淘汰的医疗器械。

**第四十一条** 医疗器械使用单位之间转让在用医疗器械，转让方应当确保所转让的医疗器械安全、有效，不得转让过期、失效、淘汰以及检验不合格的医疗器械。

**第四十二条** 进口的医疗器械应当是依照本条例第二章的规定已注册或者已备案的医疗器械。

进口的医疗器械应当有中文说明书、中文标签。说明书、标签应当符合本条例规定以及相关强制性标准的要求，并在说明书中载明医疗器械的原产地以及代理人的名称、地址、联系方式。没有中文说明书、中文标签或者说明书、标签不符合本条规定的，不得进口。

**第四十三条** 出入境检验检疫机构依法对进口的医疗器械实施检验；检验不合格的，不得进口。

国务院食品药品监督管理部门应当及时向国家出入境检验检疫部门通报进口医疗器械的注册和备案情况。进口口岸所在地出入境检验检疫机构应当及时向所在地设区的市级人民政府食品药品监督管理部门通报进口医疗器械的通关情况。

**第四十四条** 出口医疗器械的企业应当保证其出口的医疗器械符合进口国（地区）的要求。

**第四十五条** 医疗器械广告应当真实合法，不得含有虚假、夸大、误导性的内容。

医疗器械广告应当经医疗器械生产企业或者进口医疗器械代理人所在地省、自治区、直辖市人民政府食品药品监督管理部门审查批准，并取得医疗器械广告批准文件。广告发布者发布医疗器械广告，应当事先核查广告的批准文件及其真实性，不得发布未取得批准文件、批准文件的真实性未经核实或者广告内容与批准文件不一致的医疗器械广告。省、自治区、直辖市人民政府食品药品监督管理部门应当公布并及时更新已经批准的医疗器械广告目录以及批准的广告内容。

省级以上人民政府食品药品监督管理部门责令暂停生产、销售、进口和使用的医疗器械，在暂停期间不得发布涉及该医疗器械的广告。

医疗器械广告的审查办法由国务院食品药品监督管理部门会同国务院工商行政管理部门制定。

## 第五章　不良事件的处理与医疗器械的召回

**第四十六条**　国家建立医疗器械不良事件监测制度，对医疗器械不良事件及时进行收集、分析、评价、控制。

**第四十七条**　医疗器械生产经营企业、使用单位应当对所生产经营或者使用的医疗器械开展不良事件监测；发现医疗器械不良事件或者可疑不良事件，应当按照国务院食品药品监督管理部门的规定，向医疗器械不良事件监测技术机构报告。

任何单位和个人发现医疗器械不良事件或者可疑不良事件，有权向食品药品监督管理部门或者医疗器械不良事件监测技术机构报告。

**第四十八条**　国务院食品药品监督管理部门应当加强医疗器械不良事件监测信息网络建设。

医疗器械不良事件监测技术机构应当加强医疗器械不良事件信息监测，主动收集不良事件信息；发现不良事件或者接到不良事件报告的，应当及时进行核实、调查、分析，对不良事件进行评估，并向食品药品监督管理部门和卫生计生主管部门提出处理建议。

医疗器械不良事件监测技术机构应当公布联系方式，方便医疗器械生产经营企业、使用单位等报告医疗器械不良事件。

**第四十九条** 食品药品监督管理部门应当根据医疗器械不良事件评估结果及时采取发布警示信息以及责令暂停生产、销售、进口和使用等控制措施。

省级以上人民政府食品药品监督管理部门应当会同同级卫生计生主管部门和相关部门组织对引起突发、群发的严重伤害或者死亡的医疗器械不良事件及时进行调查和处理，并组织对同类医疗器械加强监测。

**第五十条** 医疗器械生产经营企业、使用单位应当对医疗器械不良事件监测技术机构、食品药品监督管理部门开展的医疗器械不良事件调查予以配合。

**第五十一条** 有下列情形之一的，省级以上人民政府食品药品监督管理部门应当对已注册的医疗器械组织开展再评价：

（一）根据科学研究的发展，对医疗器械的安全、有效有认识上的改变的；

（二）医疗器械不良事件监测、评估结果表明医疗器械可能存在缺陷的；

（三）国务院食品药品监督管理部门规定的其他需要进行再评价的情形。

再评价结果表明已注册的医疗器械不能保证安全、有效的，由原发证部门注销医疗器械注册证，并向社会公布。被注销医疗器械注册证的医疗器械不得生产、进口、经营、使用。

**第五十二条** 医疗器械生产企业发现其生产的医疗器械不符合强制性标准、经注册或者备案的产品技术要求或者存在其他缺陷的，应当立即停止生产，通知相关生产经营企业、使用单位和消费者停止经营和使用，召回已经上市销售的医疗器械，采取补救、销毁等措施，记录相关情况，发布相关信息，并将医疗器械召回和处理情况向食品药品监督管理部门和卫生计生主管部门报告。

医疗器械经营企业发现其经营的医疗器械存在前款规定情形的，应当立即停止经营，通知相关生产经营企业、使用单位、消费者，并记录停止经营和通知情况。医疗器械生产企业认为属于依照前款规定需要召回的医疗器械，应当立即召回。

医疗器械生产经营企业未依照本条规定实施召回或者停止经营的，食品药品监督管理部门可以责令其召回或者停止经营。

## 第六章　监督检查

**第五十三条**　食品药品监督管理部门应当对医疗器械的注册、备案、生产、经营、使用活动加强监督检查，并对下列事项进行重点监督检查：

（一）医疗器械生产企业是否按照经注册或者备案的产品技术要求组织生产；

（二）医疗器械生产企业的质量管理体系是否保持有效运行；

（三）医疗器械生产经营企业的生产经营条件是否持续符合法定要求。

**第五十四条**　食品药品监督管理部门在监督检查中有下列职权：

（一）进入现场实施检查、抽取样品；

（二）查阅、复制、查封、扣押有关合同、票据、账簿以及其他有关资料；

（三）查封、扣押不符合法定要求的医疗器械，违法使用的零配件、原材料以及用于违法生产医疗器械的工具、设备；

（四）查封违反本条例规定从事医疗器械生产经营活动的场所。

食品药品监督管理部门进行监督检查，应当出示执法证件，保守被检查单位的商业秘密。

有关单位和个人应当对食品药品监督管理部门的监督检查予以配合，不得隐瞒有关情况。

**第五十五条**　对人体造成伤害或者有证据证明可能危害人体健康的医疗器械，食品药品监督管理部门可以采取暂停生产、进口、经营、使用的紧急控制措施。

**第五十六条**　食品药品监督管理部门应当加强对医疗器械生产经营企业和使用

单位生产、经营、使用的医疗器械的抽查检验。抽查检验不得收取检验费和其他任何费用，所需费用纳入本级政府预算。省级以上人民政府食品药品监督管理部门应当根据抽查检验结论及时发布医疗器械质量公告。

卫生计生主管部门应当对大型医用设备的使用状况进行监督和评估；发现违规使用以及与大型医用设备相关的过度检查、过度治疗等情形的，应当立即纠正，依法予以处理。

**第五十七条** 医疗器械检验机构资质认定工作按照国家有关规定实行统一管理。经国务院认证认可监督管理部门会同国务院食品药品监督管理部门认定的检验机构，方可对医疗器械实施检验。

食品药品监督管理部门在执法工作中需要对医疗器械进行检验的，应当委托有资质的医疗器械检验机构进行，并支付相关费用。

当事人对检验结论有异议的，可以自收到检验结论之日起 7 个工作日内选择有资质的医疗器械检验机构进行复检。承担复检工作的医疗器械检验机构应当在国务院食品药品监督管理部门规定的时间内作出复检结论。复检结论为最终检验结论。

**第五十八条** 对可能存在有害物质或者擅自改变医疗器械设计、原材料和生产工艺并存在安全隐患的医疗器械，按照医疗器械国家标准、行业标准规定的检验项目和检验方法无法检验的，医疗器械检验机构可以补充检验项目和检验方法进行检验；使用补充检验项目、检验方法得出的检验结论，经国务院食品药品监督管理部门批准，可以作为食品药品监督管理部门认定医疗器械质量的依据。

**第五十九条** 设区的市级和县级人民政府食品药品监督管理部门应当加强对医疗器械广告的监督检查；发现未经批准、篡改经批准的广告内容的医疗器械广告，应当向所在地省、自治区、直辖市人民政府食品药品监督管理部门报告，由其向社会公告。

工商行政管理部门应当依照有关广告管理的法律、行政法规的规定，对医疗器械广告进行监督检查，查处违法行为。食品药品监督管理部门发现医疗器械广告违法发布行为，应当提出处理建议并按照有关程序移交所在地同级工商行政管理部门。

**第六十条**　国务院食品药品监督管理部门建立统一的医疗器械监督管理信息平台。食品药品监督管理部门应当通过信息平台依法及时公布医疗器械许可、备案、抽查检验、违法行为查处情况等日常监督管理信息。但是，不得泄露当事人的商业秘密。

食品药品监督管理部门对医疗器械注册人和备案人、生产经营企业、使用单位建立信用档案，对有不良信用记录的增加监督检查频次。

**第六十一条**　食品药品监督管理等部门应当公布本单位的联系方式，接受咨询、投诉、举报。食品药品监督管理等部门接到与医疗器械监督管理有关的咨询，应当及时答复；接到投诉、举报，应当及时核实、处理、答复。对咨询、投诉、举报情况及其答复、核实、处理情况，应当予以记录、保存。

有关医疗器械研制、生产、经营、使用行为的举报经调查属实的，食品药品监督管理等部门对举报人应当给予奖励。

**第六十二条**　国务院食品药品监督管理部门制定、调整、修改本条例规定的目录以及与医疗器械监督管理有关的规范，应当公开征求意见；采取听证会、论证会等形式，听取专家、医疗器械生产经营企业和使用单位、消费者以及相关组织等方面的意见。

## 第七章　法律责任

**第六十三条**　有下列情形之一的，由县级以上人民政府食品药品监督管理部门没收违法所得、违法生产经营的医疗器械和用于违法生产经营的工具、设备、原材料等物品；违法生产经营的医疗器械货值金额不足 1 万元的，并处 5 万元以上 10 万元以下罚款；货值金额 1 万元以上的，并处货值金额 10 倍以上 20 倍以下罚款；情节严重的，5 年内不受理相关责任人及企业提出的医疗器械许可申请：

（一）生产、经营未取得医疗器械注册证的第二类、第三类医疗器械的；

（二）未经许可从事第二类、第三类医疗器械生产活动的；

（三）未经许可从事第三类医疗器械经营活动的。

有前款第一项情形、情节严重的，由原发证部门吊销医疗器械生产许可证或者医疗器械经营许可证。

未经许可擅自配置使用大型医用设备的，由县级以上人民政府卫生计生主管部门责令停止使用，给予警告，没收违法所得；违法所得不足 1 万元的，并处 1 万元以上 5 万元以下罚款；违法所得 1 万元以上的，并处违法所得 5 倍以上 10 倍以下罚款；情节严重的，5 年内不受理相关责任人及单位提出的大型医用设备配置许可申请。

**第六十四条**　提供虚假资料或者采取其他欺骗手段取得医疗器械注册证、医疗器械生产许可证、医疗器械经营许可证、大型医用设备配置许可证、广告批准文件等许可证件的，由原发证部门撤销已经取得的许可证件，并处 5 万元以上 10 万元以下罚款，5 年内不受理相关责任人及单位提出的医疗器械许可申请。

伪造、变造、买卖、出租、出借相关医疗器械许可证件的，由原发证部门予以收缴或者吊销，没收违法所得；违法所得不足 1 万元的，处 1 万元以上 3 万元以下罚款；违法所得 1 万元以上的，处违法所得 3 倍以上 5 倍以下罚款；构成违反治安管理行为的，由公安机关依法予以治安管理处罚。

**第六十五条**　未依照本条例规定备案的，由县级以上人民政府食品药品监督管理部门责令限期改正；逾期不改正的，向社会公告未备案单位和产品名称，可以处 1 万元以下罚款。

备案时提供虚假资料的，由县级以上人民政府食品药品监督管理部门向社会公告备案单位和产品名称；情节严重的，直接责任人员 5 年内不得从事医疗器械生产经营活动。

**第六十六条**　有下列情形之一的，由县级以上人民政府食品药品监督管理部门责令改正，没收违法生产、经营或者使用的医疗器械；违法生产、经营或者使用的医疗器械货值金额不足1万元的，并处2万元以上5万元以下罚款；货值金额1万元以上的，并处货值金额5倍以上10倍以下罚款；情节严重的，责令停产停业，直至由原发证部门吊销医疗器械注册证、医疗器械生产许可证、医疗器械经营许可证：

（一）生产、经营、使用不符合强制性标准或者不符合经注册或者备案的产品技术要求的医疗器械的；

（二）医疗器械生产企业未按照经注册或者备案的产品技术要求组织生产，或者未依照本条例规定建立质量管理体系并保持有效运行的；

（三）经营、使用无合格证明文件、过期、失效、淘汰的医疗器械，或者使用未依法注册的医疗器械的；

（四）食品药品监督管理部门责令其依照本条例规定实施召回或者停止经营后，仍拒不召回或者停止经营医疗器械的；

（五）委托不具备本条例规定条件的企业生产医疗器械，或者未对受托方的生产行为进行管理的。

医疗器械经营企业、使用单位履行了本条例规定的进货查验等义务，有充分证据证明其不知道所经营、使用的医疗器械为前款第一项、第三项规定情形的医疗器械，并能如实说明其进货来源的，可以免予处罚，但应当依法没收其经营、使用的不符合法定要求的医疗器械。

**第六十七条** 有下列情形之一的，由县级以上人民政府食品药品监督管理部门责令改正，处1万元以上3万元以下罚款；情节严重的，责令停产停业，直至由原发证部门吊销医疗器械生产许可证、医疗器械经营许可证：

（一）医疗器械生产企业的生产条件发生变化、不再符合医疗器械质量管理体系要求，未依照本条例规定整改、停止生产、报告的；

（二）生产、经营说明书、标签不符合本条例规定的医疗器械的；

（三）未按照医疗器械说明书和标签标示要求运输、贮存医疗器械的；

（四）转让过期、失效、淘汰或者检验不合格的在用医疗器械的。

**第六十八条** 有下列情形之一的，由县级以上人民政府食品药品监督管理部门和卫生计生主管部门依据各自职责责令改正，给予警告；拒不改正的，处5000元以上2万元以下罚款；情节严重的，责令停产停业，直至由原发证部门吊销医疗器械生产许可证、医疗器械经营许可证：

（一）医疗器械生产企业未按照要求提交质量管理体系自查报告的；

（二）医疗器械经营企业、使用单位未依照本条例规定建立并执行医疗器械进货查验记录制度的；

（三）从事第二类、第三类医疗器械批发业务以及第三类医疗器械零售业务的经营企业未依照本条例规定建立并执行销售记录制度的；

（四）对重复使用的医疗器械，医疗器械使用单位未按照消毒和管理的规定进行处理的；

（五）医疗器械使用单位重复使用一次性使用的医疗器械，或者未按照规定销毁使用过的一次性使用的医疗器械的；

（六）对需要定期检查、检验、校准、保养、维护的医疗器械，医疗器械使用单位未按照产品说明书要求检查、检验、校准、保养、维护并予以记录，及时进行分析、评估，确保医疗器械处于良好状态的；

（七）医疗器械使用单位未妥善保存购入第三类医疗器械的原始资料，或者未按照规定将大型医疗器械以及植入和介入类医疗器械的信息记载到病历等相关记录中的；

（八）医疗器械使用单位发现使用的医疗器械存在安全隐患未立即停止使用、通知检修，或者继续使用经检修仍不能达到使用安全标准的医疗器械的；

（九）医疗器械使用单位违规使用大型医用设备，不能保障医疗质量安全的；

（十）医疗器械生产经营企业、使用单位未依照本条例规定开展医疗器械不良事件监测，未按照要求报告不良事件，或者对医疗器械不良事件监测技术机构、食品药品监督管理部门开展的不良事件调查不予配合的。

**第六十九条** 违反本条例规定开展医疗器械临床试验的，由县级以上人民政府食品药品监督管理部门责令改正或者立即停止临床试验，可以处5万元以下罚款；造成严重后果的，依法对直接负责的主管人员和其他直接责任人员给予降级、撤职或者开除的处分；该机构5年内不得开展相关专业医疗器械临床试验。

医疗器械临床试验机构出具虚假报告的，由县级以上人民政府食品药品监督管理部门处5万元以上10万元以下罚款；有违法所得的，没收违法所得；对直接负责的主管人员和其他直接责任人员，依法给予撤职或者开除的处分；该机构10年内不得开展相关专业医疗器械临床试验。

**第七十条** 医疗器械检验机构出具虚假检验报告的，由授予其资质的主管部门撤销检验资质，10年内不受理其资质认定申请；处5万元以上10万元以下罚款；有违法所得的，没收违法所得；对直接负责的主管人员和其他直接责任人员，依法给予撤职或者开除的处分；受到开除处分的，自处分决定作出之日起10年内不得从事医疗器械检验工作。

**第七十一条** 违反本条例规定，发布未取得批准文件的医疗器械广告，未事先核实批准文件的真实性即发布医疗器械广告，或者发布广告内容与批准文件不一致的医疗器械广告的，由工商行政管理部门依照有关广告管理的法律、行政法规的规定给予处罚。

篡改经批准的医疗器械广告内容的，由原发证部门撤销该医疗器械的广告批准文件，2年内不受理其广告审批申请。

发布虚假医疗器械广告的，由省级以上人民政府食品药品监督管理部门决定暂停销售该医疗器械，并向社会公布；仍然销售该医疗器械的，由县级以上人民政府食品药品监督管理部门没收违法销售的医疗器械，并处2万元以上5万元以下罚款。

**第七十二条** 医疗器械技术审评机构、医疗器械不良事件监测技术机构未依照本条例规定履行职责，致使审评、监测工作出现重大失误的，由县级以上人民政府食品药品监督管理部门责令改正，通报批评，给予警告；造成严重后果的，对直接负责的主管人员和其他直接责任人员，依法给予降级、撤职或者开除的处分。

**第七十三条** 食品药品监督管理部门、卫生计生主管部门及其工作人员应当严格依照本条例规定的处罚种类和幅度，根据违法行为的性质和具体情节行使行政处罚权，具体办法由国务院食品药品监督管理部门、卫生计生主管部门依据各自职责制定。

**第七十四条** 违反本条例规定，县级以上人民政府食品药品监督管理部门或者其他有关部门不履行医疗器械监督管理职责或者滥用职权、玩忽职守、徇私舞弊的，由监察机关或者任免机关对直接负责的主管人员和其他直接责任人员依法给予警告、记过或者记大过的处分；造成严重后果的，给予降级、撤职或者开除的处分。

**第七十五条** 违反本条例规定，构成犯罪的，依法追究刑事责任；造成人身、财产或者其他损害的，依法承担赔偿责任。

## 第八章 附 则

**第七十六条** 本条例下列用语的含义：

医疗器械，是指直接或者间接用于人体的仪器、设备、器具、体外诊断试剂及校准物、材料以及其他类似或者相关的物品，包括所需要的计算机软件；其效用主要通过物理等方式获得，不是通过药理学、免疫学或者代谢的方式获得，或者虽然有这些方式参与但是只起辅助作用；其目的是：

（一）疾病的诊断、预防、监护、治疗或者缓解；

（二）损伤的诊断、监护、治疗、缓解或者功能补偿；

（三）生理结构或者生理过程的检验、替代、调节或者支持；

（四）生命的支持或者维持；

（五）妊娠控制；

（六）通过对来自人体的样本进行检查，为医疗或者诊断目的提供信息。

医疗器械使用单位，是指使用医疗器械为他人提供医疗等技术服务的机构，包括取得医疗机构执业许可证的医疗机构，取得计划生育技术服务机构执业许可证的计划生育技术服务机构，以及依法不需要取得医疗机构执业许可证的血站、单采血浆站、康复辅助器具适配机构等。

大型医用设备，是指使用技术复杂、资金投入量大、运行成本高、对医疗费用影响大且纳入目录管理的大型医疗器械。

**第七十七条**　医疗器械产品注册可以收取费用。具体收费项目、标准分别由国务院财政、价格主管部门按照国家有关规定制定。

**第七十八条**　非营利的避孕医疗器械管理办法以及医疗卫生机构为应对突发公共卫生事件而研制的医疗器械的管理办法，由国务院食品药品监督管理部门会同国务院卫生计生主管部门制定。

中医医疗器械的管理办法，由国务院食品药品监督管理部门会同国务院中医药管理部门依据本条例的规定制定；康复辅助器具类医疗器械的范围及其管理办法，由国务院食品药品监督管理部门会同国务院民政部门依据本条例的规定制定。

**第七十九条**　军队医疗器械使用的监督管理，由军队卫生主管部门依据本条例和军队有关规定组织实施。

**第八十条**　本条例自 2014 年 6 月 1 日起施行。

# 索 引

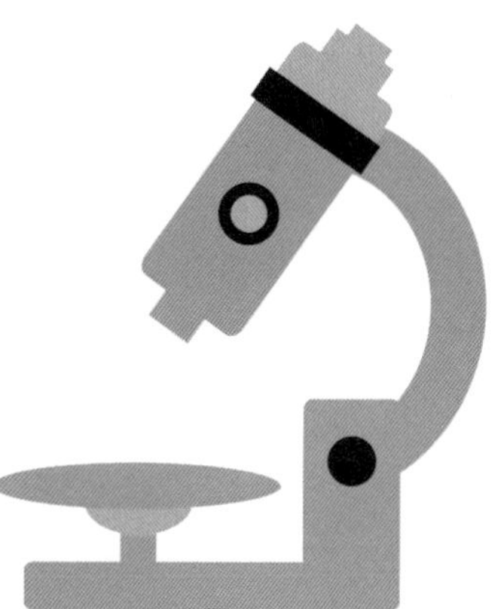

# 医疗器械归类指南索引


| 序号 | 商品中文名称 | 商品编码 | 页码 |
|---|---|---|---|
| 第一节 呼吸机 | | | 43 |
| 一、多功能呼吸机 | | | 44 |
| 1 | 多功能呼吸机 | 9019200000 | 44 |
| 二、呼吸机主机机头 | | | 46 |
| 1 | 按钮操作器 | 8538900000 | 46 |
| 2 | 塑料防尘端面 | 3926901000 | 46 |
| 3 | 塑料固定件 | 3926901000 | 46 |
| 4 | 排气塞 | 3923500000 | 46 |
| 5 | 过滤器 | 8421399090 | 46 |
| 6 | 支架杆 | 7326901000 | 46 |
| 7 | 塑料防尘端面 | 3926901000 | 46 |
| 8 | 端插管 | 7326901900 | 46 |
| 9 | 有接头电缆 | 8544422100 | 46 |
| 10 | 铜制密封塞 | 7419999100 | 46 |
| 11 | 呼吸机用外壳盖板 | 9019200000 | 46 |
| 12 | 塑料固定件 | 3926901000 | 47 |
| 13 | 有接头电缆 | 8544422100 | 47 |
| 14 | 塑料接头 | 3917400000 | 47 |
| 15 | 控制阀 | 8481804090 | 47 |
| 16 | 呼吸机操作显示单元 | 9019200000 | 47 |
| 17 | 医疗家具用盖板 | 9402900000 | 47 |
| 18 | 呼吸机专用侧板 | 9019200000 | 47 |
| 三、气体流量装置 | | | 49 |
| 1 | 流量传感器 | 9026801000 | 49 |
| 2 | 有接头电缆 | 8544422100 | 49 |
| 3 | 气体流量装置用线路板 | 9026900000 | 49 |

| 序号 | 商品中文名称 | 商品编码 | 页码 |
|---|---|---|---|
| 四、流量部件固定装置 | | | 50 |
| 1 | 呼吸机回路固定盖板 | 9019200000 | 50 |
| 2 | 钢铁支架 | 7326901900 | 50 |
| 3 | 固定插销 | 7318240000 | 50 |
| 4 | 钢铁制固定件 | 7326901900 | 50 |
| 5 | 呼吸机专用侧板 | 9019200000 | 50 |
| 6 | 有接头电缆 | 8544422100 | 50 |
| 7 | 呼吸机塑料接口 | 9019200000 | 50 |
| 8 | 塑料软管 | 3917320000 | 50 |
| 9 | 片簧 | 7320109000 | 50 |
| 10 | 有接头电缆 | 8544421100 | 50 |
| 11 | 橡胶片 | 4008210000 | 50 |
| 12 | 塑料密封圈 | 3926901000 | 50 |
| 13 | 钢铁固定支架 | 7326909000 | 50 |
| 14 | 钢铁盖板 | 7326901900 | 50 |
| 五、流量阀组模块 | | | 52 |
| 1 | 微电磁阀 | 8481804090 | 52 |
| 2 | 单向阀 | 8481300000 | 52 |
| 3 | 橡胶密封圈 | 4016931000 | 52 |
| 4 | 呼吸机进气模块 | 9019200000 | 52 |
| 5 | 过滤器 | 8421399090 | 52 |
| 6 | 控制阀组件 | 8481804090 | 52 |
| 7 | 阀门凸子 | 8481901000 | 52 |
| 8 | 分隔膜 | 8481901000 | 52 |
| 9 | 减压阀 | 8481100090 | 52 |
| 六、呼出末端阀组 | | | 54 |
| 1 | 塑料垫圈 | 3926901000 | 54 |
| 2 | 不锈钢滤网 | 7326901900 | 54 |
| 3 | 塑料分隔膜 | 3926901000 | 54 |
| 4 | 控制阀 | 8481804090 | 54 |
| 5 | 呼出阀体 | 8481901000 | 54 |

| 序号 | 商品中文名称 | 商品编码 | 页码 |
|---|---|---|---|
| 6 | 塑料密封圈 | 3926901000 | 54 |
| 7 | 塑料接头 | 3917400000 | 54 |
| 8 | 过滤器 | 8421399090 | 54 |
| 9 | 积水罐 | 8419909000 | 54 |
| 10 | 阀盖 | 8481901000 | 54 |
| 11 | 塑料密封圈 | 3926901000 | 54 |
| 12 | 塑料垫片 | 3926901000 | 54 |
| 13 | 塑料垫圈 | 3926901000 | 54 |
| 14 | 阀片组件 | 8481901000 | 54 |
| 15 | 精炼铜弯管 | 7411101901 | 55 |
| 16 | 塑料塞子 | 3923500000 | 55 |
| **七、气体数据处理线路板** | | | 56 |
| 1 | 有接头电线 | 8544421900 | 56 |
| 2 | 呼吸机用线路板 | 9019200000 | 56 |
| 3 | 塑料密封圈 | 3926901000 | 56 |
| 4 | 铜螺钉 | 7415339000 | 56 |
| 5 | 呼吸机用线路板 | 9019200000 | 56 |
| 6 | 有接头电缆 | 8544421100 | 56 |
| 7 | 铝电解电容 | 8532229000 | 56 |
| **八、电源模块** | | | 58 |
| 1 | 不间断电源 | 8504402000 | 58 |
| 2 | 呼吸机用塑料盖板 | 9019200000 | 58 |
| 3 | 铅酸电池套件 | 8507200000 | 58 |
| **九、操作界面和显示设备** | | | 59 |
| 1 | 呼吸机操作显示单元 | 9019200000 | 59 |
| 2 | 呼吸机旋钮 | 3926901000 | 59 |
| 3 | 钢铁片簧 | 7320109000 | 59 |
| 4 | 呼吸机操作单元外框 | 9019200000 | 59 |
| 5 | 内铜螺母 | 7415339000 | 59 |
| 6 | 螺旋弹簧 | 7320209000 | 59 |
| 7 | 导杆 | 3926901000 | 59 |

| 序号 | 商品中文名称 | 商品编码 | 页码 |
|---|---|---|---|
| 8 | 塑料固定件 | 3926901000 | 59 |
| 9 | 螺钉 | 7318159090 | 59 |
| 10 | 塑料密封圈 | 3926901000 | 59 |
| 11 | 液晶显示板 | 8531200000 | 59 |
| 12 | 触摸控制屏 | 8537109090 | 59 |
| 13 | 呼吸机用塑料框 | 9019200000 | 59 |
| 14 | 塑料垫圈 | 3926901000 | 59 |
| 15 | 圆头螺钉 | 7318159090 | 60 |
| 16 | 有接头电缆 | 8544422100 | 60 |
| 17 | 呼吸机用线路板 | 9019200000 | 60 |
| 十、流量阀组件 | | | 61 |
| 1 | 阀盖 | 8481901000 | 61 |
| 2 | 橡胶阀膜 | 4016991090 | 61 |
| 3 | 橡胶密封圈 | 4016931000 | 61 |
| 4 | 呼吸机吸入装置 | 9019200000 | 61 |
| 5 | 塑料分隔膜 | 3926901000 | 61 |
| 6 | 呼吸回路板 | 9019200000 | 61 |
| 7 | 有接头电缆 | 8544421100 | 61 |
| 8 | 塑料密封圈 | 3926901000 | 61 |
| 9 | 塑料密封圈 | 3926901000 | 61 |
| 10 | 橡胶膜片 | 4016991090 | 61 |
| 11 | 不锈钢阀片 | 8481901000 | 62 |
| 12 | 硅胶密封圈 | 3926901000 | 62 |
| 13 | 黏合胶 | 3506912000 | 62 |
| 十一、呼吸机车架 | | | 63 |
| 1 | 呼吸机车架 | 9402900000 | 63 |
| 2 | 拉簧 | 7320909000 | 63 |
| 3 | 顶盖 | 7326909000 | 63 |
| 4 | 呼吸机专用连接扣 | 901920000 | 63 |
| 5 | 螺钉 | 7318159090 | 63 |
| 6 | 塑料手柄 | 3926300000 | 63 |

| 序号 | 商品中文名称 | 商品编码 | 页码 |
|---|---|---|---|
| 7 | 塑料盖板 | 3926909090 | 63 |
| 8 | 呼吸机用塑料盖板 | 9019200000 | 63 |
| 9 | 塑料轮子 | 3926909090 | 63 |
| 10 | 塑料轮子 | 3926909090 | 63 |
| 11 | 螺钉 | 7318159090 | 63 |
| 12 | 不锈钢垫圈 | 7318220090 | 63 |
| **十二、呼吸设备易损、易耗件** | | | 65 |
| 1 | 维修保养套件（分隔膜为主） | 3926901000 | 65 |
| 2 | 塑料垫片 | 3926901000 | 65 |
| 3 | 塑料垫圈 | 3926901000 | 65 |
| 4 | 锂电池 | 8506500000 | 65 |
| 5 | 轴流风扇 | 8414599050 | 65 |
| 6 | 分隔膜 | 8481901000 | 65 |
| 7 | 橡胶阀膜 | 4016991090 | 65 |
| 8 | 阀门凸子 | 8481901000 | 65 |
| 9 | 实时时钟芯片 | 8473309000 | 65 |
| 10 | 有接头电缆 | 8544422100 | 66 |
| 11 | 橡胶密封圈 | 4016931000 | 66 |
| **十三、日常病人端附件** | | | 67 |
| 1 | 呼吸管路系统 | 9033000090 | 67 |
| 2 | 呼吸管路系统 | 9033000090 | 67 |
| 3 | 气体过滤器 | 8421399090 | 67 |
| 4 | 氧浓度传感器 | 9027809900 | 67 |
| 5 | 气体流量计 | 9026801000 | 67 |
| 6 | 压力调节阀 | 8481804090 | 67 |
| 7 | 口鼻面罩 | 9019200000 | 67 |
| 8 | 口鼻面罩 | 9019200000 | 67 |
| 9 | 口鼻面罩 | 9019200000 | 68 |
| 10 | 气体传感器适配器 | 9027900000 | 68 |
| 11 | 呼吸管路系统 | 9019200000 | 68 |
| **第二节 经济型麻醉机** | | | 69 |

| 序号 | 商品中文名称 | 商品编码 | 页码 |
|---|---|---|---|
| 一、麻醉机 | | | 69 |
| 1 | 麻醉机 | 9018907010 | 69 |
| 二、麻醉呼吸回路（一） | | | 71 |
| 1 | 麻醉机集成呼吸回路 | 9018907010 | 71 |
| 2 | 麻醉机集成呼吸回路 | 9018907010 | 71 |
| 三、麻醉呼吸回路（二） | | | 72 |
| 1 | 铜制螺母 | 7415339000 | 72 |
| 2 | 塑料防护罩 | 9018907010 | 72 |
| 3 | 塑料密封圈 | 3926901000 | 72 |
| 4 | 陶瓷阀片 | 6909190000 | 72 |
| 5 | 阀片座 | 8481901000 | 72 |
| 6 | 塑料盖 | 3923500000 | 72 |
| 7 | 阀盖 | 8481901000 | 72 |
| 8 | 铜制密封环 | 7419999100 | 72 |
| 9 | 塑料垫片 | 3926901000 | 72 |
| 10 | 阀板 | 8481901000 | 72 |
| 11 | 塑料垫圈 | 3926901000 | 72 |
| 12 | 塑料垫片 | 3926901000 | 72 |
| 13 | 活接头 | 7412209000 | 72 |
| 14 | 溢流阀 | 8481400000 | 73 |
| 15 | 限压阀操作轮 | 8481901000 | 73 |
| 16 | 铜制螺栓 | 7415339000 | 73 |
| 17 | 阀盖 | 8481901000 | 73 |
| 18 | 阀片顶片座 | 8481901000 | 73 |
| 19 | 阀片 | 8481901000 | 73 |
| 四、麻醉呼吸回路（三） | | | 74 |
| 1 | 塑料接头 | 3917400000 | 74 |
| 2 | 塑料制 O 型圈 | 3926901000 | 74 |
| 3 | 塑料垫圈 | 3926901000 | 74 |
| 4 | 夹紧螺栓 | 7415339000 | 74 |
| 5 | 止回阀 | 8481300000 | 74 |

| 序号 | 商品中文名称 | 商品编码 | 页码 |
|---|---|---|---|
| 6 | 接头盖 | 3926901000 | 74 |
| 7 | 回路顶盖 | 9018907010 | 74 |
| 8 | 呼吸回路吸收罐 | 9019200000 | 74 |
| 9 | 塑料垫圈 | 3926901000 | 74 |
| 10 | 铜接头 | 7412209000 | 74 |
| 11 | 塑料密封圈 | 3926901000 | 74 |
| 12 | 塑料接头 | 3917400000 | 74 |
| **五、麻醉蒸发器固定和连接通气装置** | | | 76 |
| 1 | 铜固定块 | 7419999100 | 76 |
| 2 | 塑料自粘标签 | 3919909090 | 76 |
| 3 | 铜固定块 | 7419999100 | 76 |
| 4 | 螺口塞 | 8309900000 | 76 |
| 5 | 黏合剂 | 3506100090 | 76 |
| 6 | 阀门顶块 | 8481901000 | 76 |
| 7 | 阀座圈 | 8481901000 | 76 |
| 8 | 不锈钢珠 | 8482910000 | 76 |
| 9 | 塑料密封圈 | 3926901000 | 76 |
| 10 | 铜接头 | 7412209000 | 76 |
| 11 | 钢铁制螺旋弹簧 | 7320209000 | 76 |
| 12 | 滚珠 | 8482910000 | 76 |
| 13 | 不锈钢插销柄 | 8302420000 | 76 |
| 14 | 麻醉机挥发罐选择插销 | 9018907010 | 76 |
| 15 | 螺钉 | 7318159090 | 77 |
| 16 | 塑料自粘标签 | 3919909090 | 77 |
| 17 | 麻醉机挥发罐支架 | 9018907010 | 77 |
| **六、控制阀和气体过滤套件装置** | | | 78 |
| 1 | 气体过滤器 | 8421399090 | 78 |
| 2 | 有接头电缆 | 8544421100 | 78 |
| 3 | 气压控制阀 | 8481202000 | 78 |
| 4 | 麻醉机用空气泵 | 8414809090 | 78 |
| 5 | 自攻螺丝 | 7318140090 | 78 |

| 序号 | 商品中文名称 | 商品编码 | 页码 |
|---|---|---|---|
| 6 | 橡胶固定件 | 4016991090 | 78 |
| 7 | 阀围框 | 8481901000 | 78 |
| 8 | 塑料垫片 | 3926901000 | 78 |
| 七、麻醉新鲜气体流量计和阀门 | | | 80 |
| 1 | 压力表 | 9026209090 | 80 |
| 2 | 流量计用测量管 | 9026900000 | 80 |
| 3 | 流量计用测量管 | 9026900000 | 80 |
| 4 | 旋钮标识盖板 | 3926901000 | 80 |
| 5 | 旋钮标识盖板 | 3926901000 | 80 |
| 6 | 塑料旋钮 | 3926901000 | 80 |
| 7 | 旋钮标识盖板 | 3926901000 | 80 |
| 8 | 流量计用测量管 | 9026900000 | 80 |
| 9 | 流量计用测量管 | 9026900000 | 80 |
| 10 | 流量计用测量管 | 9026900000 | 80 |
| 11 | 塑料密封圈 | 3926901000 | 81 |
| 12 | 螺旋弹簧 | 7320209000 | 81 |
| 13 | 玻璃片 | 7007290000 | 81 |
| 14 | 流量调节阀用阀针组件 | 8481901000 | 81 |
| 15 | 铜接头 | 7412209000 | 81 |
| 16 | 塑料环 | 3926901000 | 81 |
| 17 | 气体比例控制阀 | 8481804090 | 81 |
| 18 | 塑料制 O 型圈 | 3926901000 | 81 |
| 19 | 铜接头 | 7412209000 | 81 |
| 20 | 塑料垫片 | 3926901000 | 81 |
| 21 | 塑料旋钮 | 3926901000 | 81 |
| 22 | 安全阀 | 8481400000 | 81 |
| 八、电源与机壳相关的连接 | | | 83 |
| 1 | 麻醉机顶盖 | 9018907010 | 83 |
| 2 | 锂电池 | 8506500000 | 83 |
| 3 | 麻醉机专用线路板 | 9018907010 | 83 |
| 4 | 铝电解电容组 | 8532229000 | 83 |

| 序号 | 商品中文名称 | 商品编码 | 页码 |
| --- | --- | --- | --- |
| 5 | 麻醉机专用线路板 | 9018907010 | 83 |
| 6 | 麻醉机用气动装置 | 9018907010 | 83 |
| 7 | 麻醉机专用线路板 | 9018907010 | 83 |
| 8 | 开关 | 8536500000 | 83 |
| 9 | 有接头电缆 | 8544422100 | 83 |
| 10 | 铜接头 | 7412209000 | 83 |
| 11 | 有接头电缆 | 8544422100 | 83 |
| 12 | 电源组件 | 8504401400 | 84 |
| 13 | 铅酸电池 | 8507200000 | 84 |
| 14 | 麻醉机操作面板套件 | 8537109090 | 84 |
| 15 | 铜接头 | 7412209000 | 84 |
| **九、操作和显示设备** | | | 86 |
| 1 | 麻醉机控制面板 | 8537109090 | 86 |
| 2 | 液晶面板 | 9013803020 | 86 |
| 3 | 有接头电线 | 8544421900 | 86 |
| 4 | 麻醉机用线路板 | 9018907010 | 86 |
| 5 | 连接线 | 8544421900 | 86 |
| 6 | 模数转换器 | 8543709990 | 86 |
| 7 | 塑料垫圈 | 3926901000 | 86 |
| 8 | 塑料旋钮 | 3926901000 | 86 |
| **十、麻醉设备机架** | | | 88 |
| 1 | 封盖 | 3923500000 | 88 |
| 2 | 抽屉导轨 | 8302420000 | 88 |
| 3 | 塑料轮子 | 8302200000 | 88 |
| 4 | 抽屉导轨 | 8302420000 | 88 |
| 5 | 麻醉机机架抽屉 | 9402900000 | 88 |
| **十一、麻醉设备易耗件** | | | 89 |
| 1 | 以电池为主的保养套件 | 8507200000 | 89 |
| 2 | 活塞上滚膜 | 4016991090 | 89 |
| 3 | 气体过滤器 | 8421399090 | 89 |
| 4 | 塑料密封圈 | 3926901000 | 89 |

| 序号 | 商品中文名称 | 商品编码 | 页码 |
|---|---|---|---|
| 5 | 锂电池 | 8506500000 | 89 |
| 6 | 塑料垫圈 | 3926901000 | 89 |
| 7 | 塑料密封圈 | 3926901000 | 89 |
| 8 | 铅酸电池 | 8507200000 | 89 |
| 9 | 橡胶活塞下滚膜 | 4016991090 | 89 |
| 十二、病人端消耗附件 | | | 91 |
| 1 | 麻醉机用呼吸管路组件 | 9018907010 | 91 |
| 2 | 麻醉机用呼吸管路组件 | 9018907010 | 91 |
| 3 | 过滤器 | 8421399090 | 91 |
| 4 | 麻醉机用面罩 | 9018907010 | 91 |
| 5 | 麻醉机用面罩 | 9018907010 | 91 |
| 6 | 麻醉机用面罩 | 9018907010 | 91 |
| 7 | 麻醉机用面罩 | 9018907010 | 91 |
| 8 | 麻醉机用面罩 | 9018907010 | 91 |
| 9 | 麻醉机用面罩 | 9018907010 | 91 |
| 10 | 钠石灰 | 3824999990 | 92 |
| 11 | 气体流量计 | 9026801000 | 92 |
| 12 | 氧浓度传感器 | 9027809900 | 92 |
| 13 | 麻醉机吸收罐接口 | 9018907010 | 92 |
| 14 | 过滤器 | 8421399090 | 92 |
| 15 | 过滤器 | 8421399090 | 92 |
| 16 | 过滤器 | 8421399090 | 92 |
| 17 | 过滤器 | 8421399090 | 92 |
| 18 | 过滤器 | 8421399090 | 92 |
| 19 | 过滤器 | 8421399090 | 92 |
| 20 | 呼吸系统过滤器和热湿交换器 | 8479899990 | 92 |
| 21 | 呼吸系统过滤器和热湿交换器 | 8479899990 | 93 |
| 22 | 呼吸系统过滤器和热湿交换器 | 8479899990 | 93 |
| 23 | 呼吸系统过滤器和热湿交换器 | 8479899990 | 93 |
| 24 | 呼吸系统过滤器和热湿交换器 | 8479899990 | 93 |
| 25 | 呼吸系统过滤器和热湿交换器 | 8479899990 | 93 |

| 序号 | 商品中文名称 | 商品编码 | 页码 |
|---|---|---|---|
| 26 | 呼吸系统过滤器和热湿交换器 | 8479899990 | 93 |
| 27 | 钠石灰过滤器 | 8421399090 | 93 |
| 28 | 积水杯 | 8421399090 | 93 |
| 29 | 有接头塑料软管 | 3917330000 | 93 |
| 30 | 呼吸回路系统 | 9033000090 | 94 |
| 31 | 呼吸回路系统 | 9033000090 | 94 |
| **第三节 急救呼吸机** | | | 95 |
| **一、急救呼吸机** | | | 95 |
| 1 | 急救呼吸机 | 901920000 | 95 |
| **二、急救呼吸机操作面板装置** | | | 97 |
| 1 | 开关 | 8536500000 | 97 |
| 2 | 塑料密封圈 | 3926901000 | 97 |
| 3 | 不锈钢螺钉 | 7318159090 | 97 |
| 4 | 铜螺栓 | 7415339000 | 97 |
| 5 | 铝制安装垫片 | 7616100000 | 97 |
| 6 | 螺旋弹簧 | 7320209000 | 97 |
| 7 | 呼吸机用显示面板 | 9019200000 | 97 |
| 8 | 螺母 | 7318160000 | 97 |
| 9 | 呼吸机专用面板 | 9019200000 | 97 |
| 10 | 螺母 | 7318160000 | 97 |
| 11 | 铝制凸垫圈 | 7616100000 | 97 |
| 12 | 塑料旋钮 | 3926901000 | 97 |
| 13 | 塑料旋钮 | 3926901000 | 97 |
| 14 | 塑料旋钮 | 3926901000 | 97 |
| 15 | 塑料旋钮 | 3926901000 | 98 |
| 16 | 呼吸机专用面板 | 9019200000 | 98 |
| 17 | 塑料垫片 | 3926901000 | 98 |
| 18 | 钢铁制管夹 | 7326909000 | 98 |
| 19 | 橡胶保护垫套 | 4016939000 | 98 |
| 20 | PEEP 控制阀 | 8481804090 | 98 |
| 21 | 铜接头 | 7412209000 | 98 |

| 序号 | 商品中文名称 | 商品编码 | 页码 |
|---|---|---|---|
| 22 | 塑料接头 | 3917400000 | 98 |
| 23 | 控制阀 | 8481804090 | 98 |
| 24 | 铝制角弯接头 | 7409000000 | 98 |
| 25 | 铜接头 | 7412209000 | 98 |
| 26 | 压力表 | 9026209090 | 98 |
| 三、呼吸通气组件 | | | 100 |
| 1 | 阀盖 | 8481901000 | 100 |
| 2 | 塑料分隔膜 | 8481901000 | 100 |
| 3 | 塑料垫圈 | 3926901000 | 100 |
| 4 | 塑料密封圈 | 3926901000 | 100 |
| 5 | 塑料分隔膜 | 8481901000 | 100 |
| 6 | 流量传感器 | 9026801000 | 100 |
| 四、各式气源连接用管道 | | | 102 |
| 1 | 有接头塑料软管 | 3917390000 | 102 |
| 2 | 止回阀 | 8481300000 | 102 |
| 3 | 有接头塑料软管 | 3917390000 | 102 |
| 4 | 有接头塑料软管 | 3917390000 | 102 |
| 五、机械通气流量和阀门控制 | | | 104 |
| 1 | 铜制螺栓 | 7415339000 | 104 |
| 2 | 塑料垫圈 | 3926901000 | 104 |
| 3 | 铜制螺栓 | 7415339000 | 104 |
| 4 | 塑料垫圈 | 3926901000 | 104 |
| 5 | 塑料垫圈 | 3926901000 | 104 |
| 6 | 铜接头 | 7412209000 | 104 |
| 7 | 橡胶密封圈 | 4016931000 | 104 |
| 8 | 气道压力调节片 | 8481901000 | 104 |
| 9 | 减压阀 | 8481100090 | 104 |
| 10 | 不锈钢螺钉 | 7318159090 | 104 |
| 11 | 不锈钢螺钉 | 7318159090 | 104 |
| 12 | 止回阀 | 8481300000 | 104 |
| 13 | 控制阀 | 8481804090 | 105 |

| 序号 | 商品中文名称 | 商品编码 | 页码 |
| --- | --- | --- | --- |
| 14 | 电磁流量阀 | 8481803190 | 105 |
| 15 | 设备固定板 | 9019200000 | 105 |
| 16 | 不锈钢螺钉 | 7318159090 | 105 |
| 17 | 不锈钢螺钉 | 7318159090 | 105 |
| 18 | 铜接头 | 7412209000 | 105 |
| 19 | 铜连接套件 | 7412209000 | 105 |
| **六、流量和阀门控制** | | | 107 |
| 1 | 特制螺钉 | 7415339000 | 107 |
| 2 | 螺旋弹簧 | 7320209000 | 107 |
| 3 | 垫圈片 | 7318220090 | 107 |
| 4 | 阀内箍 | 8481901000 | 107 |
| 5 | 塑料密封圈 | 3926901000 | 107 |
| 6 | 止回阀 | 8481300000 | 107 |
| 7 | 塑料密封圈 | 3926901000 | 107 |
| 8 | 铜接头 | 7412209000 | 107 |
| 9 | 铜接头 | 7412209000 | 107 |
| 10 | 铜滤芯 | 8421999090 | 107 |
| 11 | 塑料垫片 | 3926901000 | 107 |
| 12 | 减压阀 | 8481100090 | 107 |
| 13 | 气动执行器 | 8479899990 | 108 |
| 14 | 过滤防护圈 | 8421999090 | 108 |
| 15 | 塑料密封圈 | 3926901000 | 108 |
| 16 | 电磁比例阀 | 8481804090 | 108 |
| 17 | 铜接头 | 7412209000 | 108 |
| 18 | 密封连接垫片 | 3926901000 | 108 |
| 19 | 塑料密封圈 | 3926901000 | 108 |
| **七、急救呼吸机易耗部件** | | | 110 |
| 1 | 呼吸机用线路板 | 9019200000 | 110 |
| 2 | 层流座 | 8421999090 | 110 |
| 3 | 进气歧管 | 9026900000 | 110 |
| 4 | 有接头电线 | 8544421900 | 110 |

| 序号 | 商品中文名称 | 商品编码 | 页码 |
|---|---|---|---|
| 5 | 呼吸机专用线路板 | 9019200000 | 110 |
| 6 | 熔断器 | 8536100000 | 110 |
| 7 | 有接头电缆 | 8544422100 | 110 |
| 8 | 调节圈 | 7326901900 | 110 |
| 9 | 气体流量计 | 9026801000 | 110 |
| 10 | 塑料软管 | 3917320000 | 111 |
| 11 | 流量传感器 | 9026801000 | 111 |
| 12 | 柔性电路条 | 8534009000 | 111 |
| 13 | 塑料自粘标签 | 3919909090 | 111 |
| 八、机械通气流量和阀门控制 | | | 113 |
| 1 | 电磁比例阀 | 8481804090 | 113 |
| 2 | 电磁阀 | 8481804090 | 113 |
| 3 | 橡胶密封圈 | 4016931000 | 113 |
| 4 | 铜接头 | 7412209000 | 113 |
| 6 | 塑料密封圈 | 3926901000 | 113 |
| 7 | 闷接头 | 7412209000 | 113 |
| 8 | 膜片 | 3926901000 | 113 |
| 9 | 螺钉 | 7318159090 | 113 |
| 10 | 塑料密封圈 | 3926901000 | 113 |
| 11 | 橡胶密封圈 | 4016931000 | 113 |
| 12 | 呼吸气动模块 | 9019200000 | 113 |
| 九、呼吸机墙式固定架 | | | 115 |
| 1 | 铝制支架 | 7616999000 | 115 |
| 2 | 钢铁固定件 | 7326909000 | 115 |
| 3 | 钢铁固定支架 | 7326909000 | 115 |
| 4 | 电源连接器 | 8536909000 | 115 |
| 十、气瓶固定架 | | | 117 |
| 1 | 急救包 | 4202920000 | 117 |
| 2 | 塑料垫 | 3926909090 | 117 |
| 3 | 钢铁制支架 | 7326901900 | 117 |
| 4 | 铝制支架 | 7616999000 | 117 |

| 序号 | 商品中文名称 | 商品编码 | 页码 |
| --- | --- | --- | --- |
| 5 | 塑料自粘板 | 3919909090 | *117* |
| 6 | 气瓶底座 | 7326999000 | *117* |
| **十一、模拟肺** | | | *119* |
| 1 | 模拟肺 | 9033000090 | *119* |
| 2 | 塑料接头 | 3917400000 | *119* |
| 3 | 不锈钢接头 | 7307290000 | *119* |
| 4 | 硅胶制皮囊 | 9033000090 | *119* |
| **十二、气源自动切换旋塞装置** | | | *120* |
| 1 | 旋塞装置 | 8481809000 | *120* |
| 2 | 有接头塑料软管 | 3917390000 | *120* |
| 3 | 有接头塑料软管 | 3917390000 | *120* |
| **第四节　婴儿呼吸机** | | | *121* |
| **一、新生儿重症监护呼吸机** | | | *122* |
| 1 | 新生儿重症监护呼吸机 | 9019200000 | *122* |
| **二、婴儿呼吸机头线路板** | | | *123* |
| 1 | 呼吸机用线路板 | 9019200000 | *123* |
| 2 | 呼吸机用线路板 | 9019200000 | *123* |
| 3 | 呼吸机用线路板 | 9019200000 | *123* |
| 4 | 呼吸机用线路板 | 9019200000 | *123* |
| 5 | 呼吸机用线路板 | 9019200000 | *123* |
| 6 | 呼吸机用线路板 | 9019200000 | *123* |
| 7 | 呼吸机用线路板 | 9019200000 | *123* |
| 8 | 电源模块 | 8504401400 | *123* |
| **三、婴儿呼吸机后背** | | | *125* |
| 1 | 轴流风扇 | 8414599050 | *125* |
| 2 | 适配接口 | 8534009000 | *125* |
| 3 | 内置扬声器 | 8518290000 | *125* |
| 4 | 机壳 | 9019200000 | *125* |
| **四、设备的易耗件** | | | *126* |
| 1 | 轴流风扇 | 8414599050 | *126* |
| 2 | 内置扬声器 | 8518290000 | *126* |

| 序号 | 商品中文名称 | 商品编码 | 页码 |
| --- | --- | --- | --- |
| 3 | 呼吸机外壳 | 9019200000 | 126 |
| 4 | 进气板 | 9019200000 | 126 |
| 5 | 螺母 | 7318160000 | 126 |
| 6 | 垫圈 | 7318220090 | 126 |
| 7 | 弹簧垫圈 | 7318210090 | 126 |
| 8 | 螺钉 | 7318159090 | 126 |
| 9 | 螺钉 | 7318159090 | 126 |
| 10 | 不锈钢螺钉 | 7318159090 | 126 |
| 11 | 钢铁制连接件 | 7326909000 | 126 |
| 12 | 不锈钢螺钉 | 7318159090 | 126 |
| 13 | 固定片 | 7326909000 | 127 |
| 14 | 塑料保护头 | 3926909090 | 127 |
| 15 | 尼龙扎带 | 3926909090 | 127 |
| 16 | 镍氢电池 | 8507500000 | 127 |
| 17 | 塑料制绝缘条 | 8547200000 | 127 |
| 18 | 化纤制滤棉 | 5603149000 | 127 |
| 19 | 有接头电缆 | 8544422100 | 127 |
| 五、呼吸机流量监测套组 | | | 129 |
| 1 | 呼吸机用线路板 | 9019200000 | 129 |
| 2 | 流量传感器 | 9026801000 | 129 |
| 3 | 流量传感器 | 9026801000 | 129 |
| 4 | 流量传感器 | 9026801000 | 129 |
| 5 | 有接头电缆 | 8544422100 | 129 |
| 6 | 呼吸机用线路板 | 9019200000 | 129 |
| 六、通气阀组模型 | | | 131 |
| 1 | 插座 | 8536690000 | 131 |
| 2 | 铜接头 | 7412209000 | 131 |
| 3 | 橡胶减震器 | 4016991090 | 131 |
| 4 | 压环 | 3926901000 | 131 |
| 5 | 压环 | 3926901000 | 131 |
| 6 | 铝接头 | 7609000000 | 131 |

| 序号 | 商品中文名称 | 商品编码 | 页码 |
|---|---|---|---|
| 7 | 铜接头 | 7412209000 | 131 |
| 8 | 流量控制阀 | 8481804090 | 131 |
| 9 | 流量控制阀 | 8481804090 | 131 |
| 10 | 流量控制阀 | 8481804090 | 131 |
| 11 | 流量控制阀 | 8481804090 | 131 |
| 12 | 流量控制阀 | 8481804090 | 132 |
| 13 | 流量控制阀 | 8481804090 | 132 |
| 14 | 流量控制阀 | 8481804090 | 132 |
| 15 | 流量控制阀 | 8481804090 | 132 |
| 16 | 流量控制阀 | 8481804090 | 132 |
| 17 | 流量控制阀 | 8481804090 | 132 |
| 18 | 不锈钢螺钉 | 7318159090 | 132 |
| 19 | 铜制密封圈 | 7415210000 | 132 |
| 20 | 流量控制阀组 | 8481804090 | 132 |
| 七、呼吸设备通气易耗件 | | | 134 |
| 1 | 钢铁制卡簧 | 7318290000 | 134 |
| 2 | 不锈钢螺钉 | 7318159090 | 134 |
| 3 | 不锈钢螺钉 | 7318159090 | 134 |
| 4 | 弹簧垫圈 | 7318210090 | 134 |
| 5 | 销 | 7318240000 | 134 |
| 6 | 销 | 7318240000 | 134 |
| 7 | 滚珠 | 8482910000 | 134 |
| 8 | 塑料密封圈 | 3926901000 | 134 |
| 9 | 滚珠槽 | 7326901900 | 134 |
| 10 | 夹紧销 | 7318290000 | 134 |
| 11 | 塑料扳杆 | 3926901000 | 134 |
| 12 | 螺钉 | 7318159090 | 134 |
| 13 | 铜螺母 | 7415339000 | 134 |
| 14 | 螺纹盖 | 7318190000 | 135 |
| 15 | 阀门膜片 | 8481901000 | 135 |
| 16 | 阀盖 | 8481901000 | 135 |

| 序号 | 商品中文名称 | 商品编码 | 页码 |
| --- | --- | --- | --- |
| 17 | 抽吸气动装置 | 9019200000 | 135 |
| 18 | 消音器 | 901920000 | 135 |
| 19 | 铜垫片 | 7415210000 | 135 |
| 20 | 橡胶密封圈 | 4016931000 | 135 |
| 21 | 阀片 | 8481901000 | 135 |
| 22 | 铝制盖 | 9019200000 | 135 |
| 八、呼气末正压通气阀（传统电磁式） | | | 137 |
| 1 | PEEP 阀 | 8481804090 | 137 |
| 2 | 橡胶制缓冲件 | 4016991090 | 137 |
| 九、阀组及配件 | | | 138 |
| 1 | 不锈钢螺钉 | 7318159090 | 138 |
| 2 | 弹簧垫圈 | 7318210090 | 138 |
| 3 | 螺钉 | 7318159090 | 138 |
| 4 | 减压阀 | 8481100090 | 138 |
| 5 | 塑料密封圈 | 3926901000 | 138 |
| 6 | 阀片 | 8481901000 | 138 |
| 7 | 过滤器 | 8421399090 | 138 |
| 8 | 橡胶密封垫片 | 4016931000 | 138 |
| 9 | 调节螺钉 | 7318159090 | 138 |
| 10 | 旋入式接头 | 7412209000 | 138 |
| 11 | 止回阀 | 8481300000 | 138 |
| 12 | 铜垫圈 | 7415210000 | 138 |
| 13 | 管接头 | 3917400000 | 138 |
| 14 | 尼龙扎带 | 3926909090 | 139 |
| 15 | 塑料通气管 | 3917320000 | 139 |
| 16 | 流量控制阀组件 | 8481804090 | 139 |
| 17 | 铜接头 | 7412209000 | 139 |
| 18 | 压环 | 3926901000 | 139 |
| 19 | 压环 | 3926901000 | 139 |
| 第五节　辐射保温台 | | | 141 |
| 一、婴儿辐射保暖台 | | | 141 |

| 序号 | 商品中文名称 | 商品编码 | 页码 |
|---|---|---|---|
| 1 | 婴儿辐射保暖台 | 9402900000 | 141 |
| 二、婴儿辐射保暖台主要结构（一） | | | 143 |
| 1 | 不锈钢支架 | 7326901000 | 143 |
| 2 | 旋柱螺纹手柄 | 7318190000 | 143 |
| 3 | 有接头电缆 | 8544422100 | 143 |
| 4 | 保暖台用挡板 | 9018909991 | 143 |
| 5 | 保暖台用床体 | 9402900000 | 143 |
| 6 | 橱柜固定件 | 7326909000 | 143 |
| 7 | 旋转柜 | 9402900000 | 143 |
| 8 | 升降调节柱 | 8486901000 | 143 |
| 9 | 可移动车架 | 9402900000 | 143 |
| 三、婴儿辐射保暖台主要结构（二） | | | 145 |
| 1 | 保暖台用挡板 | 9018909991 | 145 |
| 2 | 供气单元 | 9018909991 | 145 |
| 3 | 铜接头 | 7412209000 | 145 |
| 4 | 吸引瓶组件 | 3926901000 | 145 |
| 5 | 塑料支架 | 3926901000 | 145 |
| 6 | 铜接头 | 7412209000 | 145 |
| 7 | 铜接头 | 7412209000 | 145 |
| 8 | 铜螺母 | 7415339000 | 145 |
| 9 | 不锈钢固定件 | 7326901000 | 145 |
| 10 | 塑料固定件 | 3926909000 | 145 |
| 11 | 设置挂钩 | 9402900000 | 145 |
| 四、辐射台用挡板 | | | 147 |
| 1 | 辐射台用挡板 | 9402900000 | 147 |
| 2 | 塑料铰链 | 3926300000 | 147 |
| 3 | 辐射台用挡板 | 9402900000 | 147 |
| 4 | 塑料铰链 | 3926300000 | 147 |
| 5 | 辐射台用挡板 | 9402900000 | 147 |
| 6 | 索环挡片 | 3926901000 | 147 |
| 7 | 辐射台用挡板 | 9402900000 | 147 |

| 序号 | 商品中文名称 | 商品编码 | 页码 |
| --- | --- | --- | --- |
| 8 | 塑料卡钩 | 3926909090 | 147 |
| 9 | 塑料按钮 | 3926909090 | 147 |
| 五、辐射台电源和传感信息连接装置 | | | 149 |
| 1 | 有接头电缆 | 8544422100 | 149 |
| 2 | 接地柱 | 8536909000 | 149 |
| 3 | 螺钉 | 7318159090 | 149 |
| 4 | 螺母 | 7318160000 | 149 |
| 5 | 婴儿辐射保暖台用线路板 | 9402900000 | 149 |
| 6 | 带接头电线 | 8544422900 | 149 |
| 7 | 圆头螺钉 | 7318159090 | 149 |
| 8 | 塑料制手柄 | 3926300000 | 149 |
| 9 | 蜂鸣器 | 8531801001 | 149 |
| 六、辐射台操作和显示设备 | | | 151 |
| 1 | 控制器面板 | 8538900000 | 151 |
| 2 | 液晶显示板 | 8531200000 | 151 |
| 3 | 婴儿辐射保暖台用线路板 | 9018909991 | 151 |
| 4 | 婴儿辐射保暖台用线路板 | 9018909991 | 151 |
| 5 | 塑料按片 | 3926901000 | 151 |
| 6 | 塑料按片 | 3926901000 | 151 |
| 七、辐射台照明结构 | | | 153 |
| 1 | 电源模块 | 8504401400 | 153 |
| 2 | 铝合金固定灯座 | 8536610000 | 153 |
| 3 | 卤素灯泡 | 8539219000 | 153 |
| 4 | 灯座 | 8536610000 | 153 |
| 5 | 过滤罩 | 8421399090 | 153 |
| 6 | 铝合金固定灯座 | 8536610000 | 153 |
| 7 | 卤素灯泡 | 8539219000 | 153 |
| 八、辐射台机架升降踏板 | | | 155 |
| 1 | 脚踏开关 | 8536500000 | 155 |
| 九、升降踏板结构 | | | 156 |
| 1 | 有接头电线 | 8544421900 | 156 |

| 序号 | 商品中文名称 | 商品编码 | 页码 |
|---|---|---|---|
| 2 | 钢铁制垫圈 | 7318220090 | 156 |
| 3 | 婴儿辐射保暖台用开关踏板 | 9402900000 | 156 |
| 4 | 螺栓 | 7318159090 | 156 |
| 5 | 脚踏开关 | 8536500000 | 156 |
| 第六节 婴儿培养箱 | | | 157 |
| 一、新生儿培养箱 | | | 157 |
| 1 | 新生儿培养箱 | 9018909911 | 157 |
| 二、暖箱外用易耗件 | | | 159 |
| 1 | 锌合金固定夹 | 7907009000 | 159 |
| 2 | 托盘 | 9403900099 | 159 |
| 3 | 托盘 | 9403900099 | 159 |
| 4 | 海绵床垫 | 9404210090 | 159 |
| 5 | 网篮 | 7326209000 | 159 |
| 6 | 网篮 | 7326209000 | 159 |
| 7 | 铝合金支架 | 7616999000 | 159 |
| 8 | 塑料袋 | 3923210000 | 159 |
| 9 | 输液支架 | 7616999000 | 159 |
| 三、湿化水罐 | | | 161 |
| 1 | 湿化水罐 | 8419909000 | 161 |
| 2 | 塑料盖子 | 8419909000 | 161 |
| 3 | 塑料接头 | 3917400000 | 161 |
| 四、暖箱内气体监测模块 | | | 162 |
| 1 | 婴儿暖箱用外壳 | 9018909991 | 162 |
| 2 | 婴儿暖箱用线路板 | 9018909991 | 162 |
| 3 | 塑料防护罩 | 9018909991 | 162 |
| 4 | 湿度仪 | 9025800000 | 162 |
| 5 | 塑料网罩 | 3926901000 | 162 |
| 6 | 螺钉 | 7318159090 | 162 |
| 7 | 塑料自粘标签 | 3919909090 | 162 |
| 8 | 婴儿暖箱用线路板 | 9018909991 | 162 |
| 9 | 自攻螺钉 | 7318140000 | 162 |

| 序号 | 商品中文名称 | 商品编码 | 页码 |
|---|---|---|---|
| 10 | 塑料垫圈 | 3926901000 | 162 |
| 11 | 螺栓 | 7318159090 | 162 |
| 12 | 氧传感器 | 9027809900 | 163 |
| 13 | 橡胶O型圈 | 4016931000 | 163 |
| 14 | 保温外壳 | 9018909991 | 163 |
| 15 | 密封盖 | 3926909090 | 163 |
| 五、暖箱罩 | | | 164 |
| 1 | 婴儿暖箱用盖板 | 9018909991 | 164 |
| 2 | 婴儿暖箱双层罩 | 9018909991 | 164 |
| 3 | 塑料按钮 | 3926901000 | 164 |
| 4 | 婴儿暖箱盖板孔用密封盖 | 3926901000 | 164 |
| 5 | 婴儿暖箱双层罩板 | 9018909991 | 164 |
| 6 | 塑料垫条 | 3926901000 | 164 |
| 7 | 塑料头 | 3926901000 | 164 |
| 8 | 塑料固定件 | 3926300000 | 164 |
| 六、暖箱罩易损件 | | | 166 |
| 1 | 塞头 | 3923500000 | 166 |
| 2 | 螺旋弹簧 | 7320209000 | 166 |
| 3 | 插档 | 3926300000 | 166 |
| 4 | 引流片 | 3926901000 | 166 |
| 5 | 电线固定挡板 | 3926901000 | 166 |
| 6 | 插档 | 3926300000 | 166 |
| 7 | 塑料固定件 | 3926300000 | 166 |
| 七、暖箱罩侧板（一） | | | 168 |
| 1 | 婴儿暖箱专用侧板总成 | 9018909991 | 168 |
| 2 | 暖箱专用旋钮 | 9018909991 | 168 |
| 3 | 色标片 | 3926909090 | 168 |
| 4 | 减震条 | 3919909090 | 168 |
| 5 | 塞头 | 3923500000 | 168 |
| 6 | 螺旋弹簧 | 7320209000 | 168 |
| 7 | 塑料盖 | 3923500000 | 168 |

| 序号 | 商品中文名称 | 商品编码 | 页码 |
|---|---|---|---|
| 8 | 不锈钢螺钉 | 7318159090 | 168 |
| 9 | 塑料垫圈 | 3926901000 | 168 |
| 10 | 弹簧垫圈 | 7318210090 | 168 |
| 11 | 侧板连接件 | 9018909991 | 168 |
| 12 | 塑料盖 | 3926909090 | 168 |
| 13 | 侧板连接件 | 9018909991 | 169 |
| 14 | 下托挡板 | 9018909991 | 169 |
| 八、暖箱罩侧板（二） | | | 170 |
| 1 | 暖箱专用旋钮 | 9018909991 | 170 |
| 2 | 色标片 | 3926909090 | 170 |
| 3 | 塑料盖 | 3923500000 | 170 |
| 4 | 不锈钢螺钉 | 7318159090 | 170 |
| 5 | 右铰链 | 3926300000 | 170 |
| 6 | 左铰链 | 3926300000 | 170 |
| 7 | 减震垫 | 3926909090 | 170 |
| 8 | 塑料固定件 | 3926300000 | 170 |
| 9 | 塑料扣柄 | 3926300000 | 170 |
| 10 | 塑料O型圈 | 3926901000 | 170 |
| 11 | 暖箱用有机玻璃门 | 9018909991 | 170 |
| 12 | 暖箱用有机玻璃门 | 9018909991 | 170 |
| 13 | 塑料密封条 | 3926901000 | 171 |
| 九、暖箱床体结构 | | | 172 |
| 1 | 婴儿暖箱床体 | 9018909991 | 172 |
| 2 | 暖箱床体用弹簧扣 | 3926300000 | 172 |
| 3 | 塑料盖 | 3926909090 | 172 |
| 4 | 电子秤 | 8423100000 | 172 |
| 5 | 滑条 | 3926901000 | 172 |
| 6 | 垫圈 | 3926901000 | 172 |
| 7 | 散热器 | 9018909991 | 172 |
| 8 | 不锈钢螺钉 | 7318159090 | 172 |
| 9 | 抽屉 | 9018909991 | 172 |

| 序号 | 商品中文名称 | 商品编码 | 页码 |
| --- | --- | --- | --- |
| 10 | 暖箱用热风箱 | 9018909991 | 172 |
| 11 | 床榻 | 9018909991 | 172 |
| 12 | 塞头 | 3926901000 | 172 |
| 13 | 螺旋弹簧 | 7320209000 | 172 |
| 14 | 不锈钢螺钉 | 7318159090 | 173 |
| 15 | 挡圈 | 7318210001 | 173 |
| 十、暖箱车架结构 | | | 174 |
| 1 | 塑料扎带 | 3926909090 | 174 |
| 2 | 螺母 | 7318160000 | 174 |
| 3 | 不锈钢垫圈 | 7318220090 | 174 |
| 4 | 定向轮子 | 8302200000 | 174 |
| 5 | 塑料轮子 | 8302200000 | 174 |
| 6 | 螺丝 | 7318159090 | 174 |
| 7 | 连接件 | 8536901900 | 174 |
| 8 | 不锈钢垫圈 | 7318220090 | 174 |
| 9 | 不锈钢螺钉 | 7318159090 | 174 |
| 10 | 不锈钢垫圈 | 7318220090 | 174 |
| 11 | 不锈钢垫圈 | 7318220090 | 174 |
| 十一、电源和机架 | | | 176 |
| 1 | 不锈钢螺钉 | 7318159090 | 176 |
| 2 | 塑料盖 | 3926901000 | 176 |
| 3 | 脚轮 | 8302200000 | 176 |
| 4 | 塑料盖 | 3926901000 | 176 |
| 5 | 不锈钢垫圈 | 7318220090 | 176 |
| 6 | 螺母 | 7318160000 | 176 |
| 7 | 连接件 | 8536901900 | 176 |
| 8 | 橡胶垫圈 | 4016931000 | 176 |
| 9 | 自攻螺丝 | 7318140090 | 176 |
| 10 | 弹簧垫圈 | 7318210090 | 176 |
| 11 | 接地线接头 | 8536901100 | 176 |
| 12 | 弹簧垫圈 | 7318210090 | 176 |

| 序号 | 商品中文名称 | 商品编码 | 页码 |
| --- | --- | --- | --- |
| 十二、电源和车架 | | | 178 |
| 1 | 电机 | 8501310000 | 178 |
| 2 | 电机 | 8501310000 | 178 |
| 3 | 脚踏开关 | 8536500000 | 178 |
| 4 | 开关 | 8536500000 | 178 |
| 5 | 婴儿暖箱用开关踏板 | 9018909991 | 178 |
| 6 | 塑料垫片 | 3926901900 | 178 |
| 7 | 电源插座 | 8536690000 | 178 |
| 8 | 熔断器座 | 8536909000 | 178 |
| 9 | 熔断器 | 8536100000 | 178 |
| 10 | 熔断器座 | 8536909000 | 178 |
| 11 | 熔断器 | 8536100000 | 178 |
| 12 | 熔断器座 | 8536909000 | 178 |
| 13 | 弹簧夹 | 7320909000 | 179 |
| 14 | 暖箱用电源连接电路板 | 85340090 | 179 |
| 15 | 有接头电缆 | 8544422100 | 179 |
| 16 | 电源插座 | 8536690000 | 179 |
| 十三、显示设备线路板 | | | 181 |
| 1 | 液晶显示板 | 8531200000 | 181 |
| 2 | 暖箱用线路板 | 9018909991 | 181 |
| 3 | 设备外壳 | 9018909991 | 181 |
| 第七节　病人监护仪 | | | 182 |
| 一、病人监护仪 | | | 183 |
| 1 | 病人监护仪 | 9018193010 | 183 |
| 二、监护仪前半部分结构 | | | 184 |
| 1 | 监护仪用外壳 | 9018193090 | 184 |
| 2 | 监护仪用线路板 | 9018193090 | 184 |
| 3 | 监护仪用线路板 | 9018193090 | 184 |
| 4 | 监护仪用显示屏 | 9018193090 | 184 |
| 5 | 监护仪用线路板 | 9018193090 | 184 |
| 6 | 内置扬声器 | 8518290000 | 184 |

| 序号 | 商品中文名称 | 商品编码 | 页码 |
| --- | --- | --- | --- |
| 三、监护仪后半部分结构 | | | 186 |
| 1 | 监护仪用侧板 | 9018193090 | 186 |
| 2 | 监护仪用侧板 | 9018193090 | 186 |
| 3 | 监护仪用外壳 | 9018193090 | 186 |
| 4 | 塑料手柄 | 3926901000 | 186 |
| 5 | 监护用后盖 | 9018193090 | 186 |
| 6 | 监护仪电池闩扣 | 9018193090 | 186 |
| 7 | 监护仪用侧板 | 9018193090 | 186 |
| 8 | 塑料按钮 | 3926901000 | 186 |
| 9 | 监护仪用空气泵 | 8414809090 | 186 |
| 10 | 有接头电缆 | 8544422100 | 186 |
| 11 | 监护仪用外壳 | 9018193090 | 186 |
| 12 | 监护仪用线路板 | 9018193090 | 186 |
| 13 | 气体过滤器 | 8421399090 | 187 |
| 14 | 监护仪用内壳 | 9018193090 | 187 |
| 15 | 软排线 | 8544421900 | 187 |
| 16 | 旋转编码器 | 8543709990 | 187 |
| 17 | 控制旋钮 | 9018193090 | 187 |
| 18 | 橡胶垫 | 4016991090 | 187 |
| 19 | 监护仪用内壳 | 9018193090 | 187 |
| 四、外接监护监测模块（脑电双频指数分析） | | | 189 |
| 1 | 导联线 | 8544421900 | 189 |
| 2 | 监护仪用脑电双频指数分析模块 | 9018193090 | 189 |
| 五、外接监护监测模块（血流动力监测一） | | | 190 |
| 1 | 监护仪用血流动力检测模块 | 9018193090 | 190 |
| 六、外接监护监测模块（血流动力监测二） | | | 191 |
| 1 | 导联线 | 8544422100 | 191 |
| 2 | 导联线 | 8544421900 | 191 |
| 3 | 连续性输出量的监测模块 | 9018193090 | 191 |
| 4 | 导联线 | 8544422100 | 191 |
| 5 | 血压信号电缆 | 8544422100 | 191 |

| 序号 | 商品中文名称 | 商品编码 | 页码 |
|---|---|---|---|
| 6 | 导联线 | 8544422100 | 192 |
| 七、病人端监护易耗附件（血压用） | | | 193 |
| 1 | 无创测血压袖带 | 9018902010 | 193 |
| 2 | 无创测血压袖带 | 9018902010 | 193 |
| 3 | 无创测血压袖带 | 9018902010 | 193 |
| 4 | 无创测血压袖带 | 9018902010 | 193 |
| 5 | 无创测血压袖带 | 9018902010 | 193 |
| 6 | 监护仪用血压连接管 | 9018193090 | 193 |
| 7 | 带接头电缆 | 8544422100 | 193 |
| 8 | 导联线 | 8544422100 | 193 |
| 9 | 导联线 | 8544421900 | 193 |
| 9 | 导联线 | 8544421900 | 194 |
| 10 | 导联线 | 8544421900 | 194 |
| 11 | 导联线 | 8544421900 | 194 |
| 12 | 导联线 | 8544421900 | 194 |
| 13 | 导联线 | 8544421900 | 194 |
| 14 | 温度传感器 | 9025199090 | 194 |
| 15 | 转接插座 | 8536690000 | 195 |
| 16 | 温度传感器 | 9025199090 | 195 |
| 17 | 心电电极 | 9018110000 | 195 |
| 18 | 流量传感器 | 9026801000 | 195 |
| 19 | 呼末二氧化碳采样管 | 9018193090 | 195 |
| 20 | 电极贴片 | 9018110000 | 195 |
| 八、病人端监护信息易耗附件（温度和心电） | | | 197 |
| 1 | 导联线 | 8544421900 | 197 |
| 2 | 导联线 | 8544421900 | 197 |
| 3 | 导联线 | 8544421900 | 197 |
| 4 | 导联线 | 8544421900 | 197 |
| 5 | 有接头电线 | 8544421900 | 197 |
| 6 | 导联线 | 8544421900 | 197 |
| 7 | 电子温度传感器 | 9025199090 | 197 |

| 序号 | 商品中文名称 | 商品编码 | 页码 |
|---|---|---|---|
| 8 | 电子温度传感器 | 9025199090 | 198 |
| 9 | 导联线 | 8544421900 | 198 |
| 10 | 电子温度传感器 | 9025199090 | 198 |
| 11 | 温度传感器 | 9025199090 | 198 |
| 12 | 通用温度传感器 | 9025199090 | 198 |
| 13 | 导联线 | 8544421900 | 198 |
| 14 | 导联线 | 8544421900 | 198 |
| 15 | 导联线 | 8544421900 | 198 |
| 16 | 乳胶护套 | 4016999090 | 198 |
| 17 | 血氧饱和度传感器 | 9027500000 | 198 |
| 18 | 脉冲传感器 | 9018110000 | 199 |
| 19 | 有接头电缆 | 8544421100 | 199 |
| 20 | 血氧饱和度传感器 | 9027500000 | 199 |
| **九、病人端监护信息易耗附件（血氧传感）** | | | 200 |
| 1 | 血氧探头 | 9027500000 | 200 |
| 2 | 氧传感器 | 9027500000 | 200 |
| 3 | 血氧饱和度传感器 | 9027500000 | 200 |
| 4 | 血氧饱和度传感器 | 9027500000 | 200 |
| **十、病人端监护信息易耗附（呼末二氧化碳传感）** | | | 201 |
| 1 | 监护用二氧化碳主、旁流模块 | 9018193090 | 201 |
| 2 | 二氧化碳浓度传感器 | 9027500000 | 201 |
| 3 | 气体传感器适配器 | 9027900000 | 201 |
| **第八节　手术无影灯** | | | 202 |
| **一、手术灯** | | | 203 |
| 1 | 手术灯 | 9405409000 | 203 |
| **二、手术无影灯** | | | 204 |
| 1 | 吊顶罩 | 7308900000 | 204 |
| 2 | 摄像机、SD 遥控器红外接收器 | 8517622990 | 204 |
| 3 | 吊柱 | 9405990000 | 204 |
| 4 | 旋转臂 | 9405990000 | 204 |
| 5 | 弹簧臂 | 9405990000 | 204 |

| 序号 | 商品中文名称 | 商品编码 | 页码 |
|---|---|---|---|
| 6 | 手术灯转向臂 | 9405990000 | 204 |
| 7 | 手术灯体 | 9405990000 | 204 |
| 8 | 照明控制面板 | 8537109090 | 204 |
| 9 | 可灭菌手柄 | 9405920000 | 204 |
| 10 | 环状手柄条 | 9405920000 | 204 |
| 11 | 摄像机 | 8525801390 | 205 |
| 12 | 手术灯手柄固定件 | 9405920000 | 205 |
| 13 | 适配环 | 3926901000 | 205 |
| 14 | 摄像机外壳可灭菌手筒 | 8529909090 | 205 |
| 15 | 可灭菌调焦环 | 8529909090 | 205 |
| 16 | 手术灯和摄像机壁式控制面板 | 8537109090 | 205 |
| 17 | 摄像机手术灯遥控器 | 8543709990 | 205 |
| **三、电源模块** | | | 207 |
| 1 | 电源模块 | 8504401400 | 207 |
| **四、墙式电源** | | | 208 |
| 1 | 直流稳压电源用线路板 | 8504902000 | 208 |
| 2 | 变压器 | 8504329000 | 208 |
| 3 | 铅酸电池 | 8507200000 | 208 |
| **五、手术灯中心吊柱** | | | 209 |
| 1 | 塑料盖 | 3926901000 | 209 |
| 2 | 旋转臂 | 9405990000 | 209 |
| 3 | 铜螺钉 | 7415339000 | 209 |
| **六、手术灯灯芯** | | | 210 |
| 1 | 灯泡插座 | 8536610000 | 210 |
| 2 | 灯座 | 8536610001 | 210 |
| 3 | 卤素灯泡 | 8539211000 | 210 |
| 4 | 手术灯头 | 9405409000 | 210 |
| 5 | 微型电机 | 8501109990 | 210 |
| **七、万向轴** | | | 211 |
| 1 | 手术灯转向臂 | 9405990000 | 211 |
| 2 | 有接头电缆 | 8544422100 | 211 |

| 序号 | 商品中文名称 | 商品编码 | 页码 |
|---|---|---|---|
| 八、增配支架和易耗件 | | | 212 |
| 1 | 钢铁制固定支架 | 7326901900 | 212 |
| 2 | 手术灯手柄 | 9405920000 | 212 |
| 3 | 手术灯手柄用固定件 | 9405920000 | 212 |
| 4 | 有接头电缆 | 8544422100 | 212 |
| 5 | 手术灯手柄固定件 | 9405920000 | 212 |
| 6 | 手术灯手柄固定件 | 9405920000 | 212 |
| 九、灯头 | | | 214 |
| 1 | 手术灯电路板 | 9405990000 | 214 |
| 2 | 手术灯线路板 | 9405990000 | 214 |
| 3 | 手术灯用线路板套件 | 9405990000 | 214 |
| 4 | 手术灯手柄固定件 | 9405920000 | 214 |
| 5 | 塑料密封圈 | 3926909090 | 214 |
| 6 | 手术灯罩 | 9405920000 | 214 |
| 7 | 灯圈 | 3926901000 | 214 |
| 8 | 手术灯条盖 | 9405920000 | 214 |
| 9 | LED 灯泡组件 | 8539500000 | 214 |
| 10 | 中心电路板 | 8534009000 | 214 |
| 11 | 手术灯手柄架 | 9405990000 | 214 |
| 12 | 手术灯头 | 9405409000 | 215 |
| 13 | 手术灯用把手条 | 9405920000 | 215 |
| 14 | 螺母 | 7318160000 | 215 |
| 十、手术灯电子控制单元 | | | 216 |
| 1 | 手术灯线路板 | 9405990000 | 216 |
| 2 | 手术灯线路板 | 9405990000 | 216 |
| 3 | 手术灯电路板 | 9405990000 | 216 |
| 4 | 控制面板 | 8537109090 | 216 |
| 第九节　麻醉工作站 | | | 217 |
| 一、麻醉系统装置 | | | 218 |
| 1 | 麻醉系统 | 9018907010 | 218 |
| 二、麻醉机废气排放装置 | | | 219 |

| 序号 | 商品中文名称 | 商品编码 | 页码 |
| --- | --- | --- | --- |
| 1 | 麻醉气体回收罐 | 9018907010 | 219 |
| 2 | 气口螺塞 | 8309900000 | 219 |
| 3 | 塑料收集瓶 | 3926901000 | 219 |
| 4 | 过滤器 | 8421399090 | 219 |
| 5 | 气体流量计 | 9026801000 | 219 |
| 6 | 塑料接头 | 3917400000 | 219 |
| 7 | 铜接头 | 7412209000 | 219 |
| 8 | 塑料垫圈 | 3926901000 | 219 |
| 9 | 麻醉机专用外壳 | 9018907010 | 219 |
| 三、呼气端采样管套件 | | | 221 |
| 1 | 塑料软管 | 3917320000 | 221 |
| 2 | 气体过滤器 | 8421399090 | 221 |
| 3 | 铜接头 | 7412209000 | 221 |
| 4 | 气体管路系统 | 9033000090 | 221 |
| 四、麻醉蒸发器固定和通气连接装置 | | | 222 |
| 1 | 不锈钢螺钉 | 7318159090 | 222 |
| 2 | 塑料密封圈 | 3926901000 | 222 |
| 3 | 铜固定块 | 7419999100 | 222 |
| 4 | 阀座圈 | 8481901000 | 222 |
| 5 | 不锈钢滚珠 | 8481901000 | 222 |
| 6 | 钢铁制螺旋弹簧 | 7320209000 | 222 |
| 7 | 阀门顶块 | 8481901000 | 222 |
| 五、麻醉新鲜气体流量计和阀门装置（一） | | | 223 |
| 1 | 流量计 | 9026801000 | 223 |
| 2 | 流量计 | 9026801000 | 223 |
| 3 | 流量计 | 9026801000 | 223 |
| 4 | 流量控制阀 | 8481804090 | 223 |
| 5 | 塑料旋钮 | 3926901000 | 223 |
| 6 | 塑料旋钮 | 3926901000 | 223 |
| 7 | 塑料密封圈 | 3926901000 | 223 |
| 8 | 铜滤网 | 7419999100 | 223 |

| 序号 | 商品中文名称 | 商品编码 | 页码 |
|---|---|---|---|
| 9 | 安全阀 | 8481400000 | 223 |
| 10 | 铜接头 | 7412209000 | 223 |
| 11 | 塑料制 O 型圈 | 3926901000 | 223 |
| 12 | 支架 | 9018907010 | 223 |
| 13 | 气体比例控制阀 | 8481804090 | 224 |
| 14 | 塑料接头 | 3917400000 | 224 |
| 15 | 接插头 | 8536901100 | 224 |
| 16 | 垫圈 | 7318220090 | 224 |
| 17 | 螺栓 | 7318151090 | 224 |
| 18 | 玻璃片 | 7007290000 | 224 |
| 19 | 自粘塑料膜 | 3919909090 | 224 |
| 20 | 发光底膜 | 8543709990 | 224 |
| 21 | 弹簧底架 | 7419999100 | 224 |
| 22 | 螺旋弹簧 | 7320209000 | 224 |
| 六、麻醉新鲜气体流量计和阀门装置（二） | | | 226 |
| 1 | 锁紧垫圈 | 7318210090 | 226 |
| 2 | 不锈钢螺钉 | 7318159090 | 226 |
| 3 | 塑料软管 | 3917320000 | 226 |
| 4 | 麻醉机专用线路板 | 9018907010 | 226 |
| 5 | 塑料制通气管 | 3917320000 | 226 |
| 6 | 塑料环 | 3926901000 | 226 |
| 7 | 塑料环 | 3926901000 | 226 |
| 8 | 铜接头 | 7412209000 | 226 |
| 9 | 铜接头 | 7412209000 | 226 |
| 10 | 塑料环 | 3926901000 | 226 |
| 11 | 塑料制通气管 | 3917320000 | 227 |
| 12 | 不锈钢垫圈 | 7318220090 | 227 |
| 七、气路转换用零件 | | | 228 |
| 1 | 背板 | 7326909000 | 228 |
| 2 | 塑料自粘标签 | 3919909090 | 228 |
| 3 | 有接头电线 | 8544421900 | 228 |

| 序号 | 商品中文名称 | 商品编码 | 页码 |
|---|---|---|---|
| 4 | 有接头电缆 | 8544421100 | 228 |
| 5 | 有接头橡胶管 | 4009320000 | 228 |
| 6 | 有接头橡胶管 | 4009320000 | 228 |
| 7 | 安全阀 | 8481400000 | 228 |
| 8 | 气动旋塞 | 8481809000 | 228 |
| 9 | 铜接头 | 7412209000 | 228 |
| 八、操作界面和显示设备（正面） | | | 230 |
| 1 | 面板 | 9018907010 | 230 |
| 2 | 侧壳 | 9018907010 | 230 |
| 3 | 操作面板 | 8537109090 | 230 |
| 4 | 控制旋钮 | 9018907010 | 230 |
| 5 | 旋转编码器 | 8543709990 | 230 |
| 九、操作界面和显示设备（背面） | | | 231 |
| 1 | 后背板 | 9018907010 | 231 |
| 2 | 塑料自粘标签 | 3919909090 | 231 |
| 3 | 麻醉机用线路板 | 9018907010 | 231 |
| 4 | 监护信息用线路板 | 9018193090 | 231 |
| 5 | 麻醉机用线路板 | 9018907010 | 231 |
| 6 | 电接触板 | 853890000 | 231 |
| 7 | 过滤垫 | 3921199000 | 231 |
| 8 | 塑料固定件 | 3926300000 | 231 |
| 9 | 塑料制缓冲件 | 3926901000 | 231 |
| 10 | 熔断器 | 8536100000 | 231 |
| 11 | 有接头电缆 | 8544422100 | 231 |
| 十、麻醉呼吸回路装置（一） | | | 233 |
| 1 | 流量传感器座 | 9026900000 | 233 |
| 2 | 玻璃防护罩 | 7020001990 | 233 |
| 3 | 铜制螺母 | 7415339000 | 233 |
| 4 | 铜接头 | 7412209000 | 233 |
| 5 | 无头螺栓 | 7318159090 | 233 |
| 6 | 止回阀 | 8481300000 | 233 |

| 序号 | 商品中文名称 | 商品编码 | 页码 |
| --- | --- | --- | --- |
| 7 | 溢流阀 | 8481400000 | 233 |
| 十一、麻醉呼吸回路装置（二） | | | 235 |
| 1 | 陶瓷阀片 | 6909190000 | 235 |
| 2 | 阀片座 | 8481901000 | 235 |
| 3 | 塑料密封圈 | 3926901000 | 235 |
| 4 | 垫圈 | 7318220090 | 235 |
| 5 | 钢铁制螺旋弹簧 | 7320209000 | 235 |
| 6 | 气门嘴 | 8481901000 | 235 |
| 7 | 塑料制 O 型圈 | 3926901000 | 235 |
| 8 | 止回阀 | 8481300000 | 235 |
| 9 | 阀盖 | 8481901000 | 235 |
| 10 | 不锈钢螺钉 | 7318159090 | 235 |
| 十二、麻醉呼吸回路装置（三） | | | 237 |
| 1 | 塑料制 O 型圈 | 3926901000 | 237 |
| 2 | 铜接头 | 7412209000 | 237 |
| 3 | 不锈钢螺钉 | 7318159090 | 237 |
| 4 | 塑料密封圈 | 3926901000 | 237 |
| 5 | 不锈钢螺钉 | 7318159090 | 237 |
| 6 | 铝接头 | 7609000000 | 237 |
| 十三、麻醉呼吸回路装置（呼末气体过滤罐） | | | 239 |
| 1 | 吸收罐连接管 | 8421999090 | 239 |
| 2 | 呼吸回路吸收罐 | 9019200000 | 239 |
| 3 | 螺母 | 7318160000 | 239 |
| 4 | 铜链条 | 7419100000 | 239 |
| 5 | 塑料垫圈 | 3926901000 | 239 |
| 6 | 不锈钢螺钉 | 7318159090 | 239 |
| 7 | 塑料罐 | 8421999090 | 239 |
| 8 | 不锈钢螺钉 | 7318159090 | 239 |
| 第十节　医用悬吊系统 | | | 241 |
| 一、医用悬吊系统装置 | | | 242 |
| 1 | 医用悬吊系统 | 9402900000 | 242 |

| 序号 | 商品中文名称 | 商品编码 | 页码 |
| --- | --- | --- | --- |
| 二、医用悬吊结构 | | | 243 |
| 1 | 中心吊柱 | 7308900000 | 243 |
| 2 | 一级吊臂 | 7616991090 | 243 |
| 3 | 中间轴承 | 8482400000 | 243 |
| 4 | 二级吊臂 | 7616991090 | 243 |
| 5 | 升降装置 | 8479899990 | 243 |
| 6 | 控制手柄 | 8537109090 | 243 |
| 7 | 设备固定器/钢铁制接合器 | 7326901900 | 243 |
| 8 | 负压吸引连接器 | 8481300000 | 243 |
| 9 | 麻醉废气排放系统接口（AGSS） | 8481300000 | 243 |
| 10 | 前端轨道 | 7616991090 | 243 |
| 11 | 手柄 | 8538900000 | 244 |
| 12 | 医用气体终端装置 | 8481300000 | 244 |
| 13 | 电力供应终端插座 | 8536690000 | 244 |
| 14 | 插座 | 8536690000 | 244 |
| 15 | 电位端子插座 | 8536690000 | 244 |
| 三、医用悬吊操作控制和电位装置 | | | 245 |
| 1 | 等电位接线端子插座 | 8536690000 | 245 |
| 2 | 气动控制阀 | 8481804090 | 245 |
| 3 | 悬吊用薄膜操作面板 | 8538900000 | 245 |
| 四、终端止回阀 | | | 247 |
| 1 | 止回阀 | 8481300000 | 247 |
| 2 | 止回阀 | 8481300000 | 247 |
| 3 | 铜接头 | 7412209000 | 247 |
| 4 | 铜螺母 | 7415339000 | 247 |
| 5 | 安全铜螺母 | 7415339000 | 247 |
| 6 | 螺母 | 7318160000 | 247 |
| 7 | 塑料底座 | 3926901000 | 247 |
| 五、终端止回阀结构（一） | | | 249 |
| 1 | 麻醉废气排放止回阀 | 8481300000 | 249 |
| 2 | 阀盖板 | 8481901000 | 249 |

| 序号 | 商品中文名称 | 商品编码 | 页码 |
|---|---|---|---|
| 3 | 橡胶垫圈 | 4016931000 | 249 |
| 4 | 钢铁制固定夹（喉箍） | 7326901900 | 249 |
| 5 | 单向阀 | 8481300000 | 249 |
| 6 | 塑料制 O 型圈 | 3926901000 | 249 |
| 7 | 塑料密封圈 | 3926901000 | 249 |
| 8 | 止回阀 | 8481300000 | 249 |
| 六、终端止回阀结构（二） | | | 251 |
| 1 | 塑料制 O 型圈 | 3926901000 | 251 |
| 2 | 阀盖板 | 8481901000 | 251 |
| 3 | 橡胶垫圈 | 4016931000 | 251 |
| 4 | 塑料密封圈 | 3926901000 | 251 |
| 七、气路安装附件 | | | 252 |
| 1 | 压力表 | 9026209090 | 252 |
| 2 | 保养套件（铜接头为主） | 7412209000 | 252 |
| 3 | 铜接头 | 7412209000 | 252 |
| 八、医用悬吊升降电控和气刹管路装置 | | | 253 |
| 1 | 吊塔提升装置主板 | 8431390000 | 253 |
| 2 | 电磁控制阀 | 8481804090 | 253 |
| 3 | 铜接头 | 7412209000 | 253 |
| 4 | 塞子 | 3923500000 | 253 |
| 5 | 塑料通气管 | 3917320000 | 253 |
| 6 | 塑料管接头 | 3917400000 | 253 |
| 7 | 气压传动阀 | 8481202000 | 253 |
| 九、悬吊连接固定装置 | | | 255 |
| 1 | 悬吊制动外壳组件 | 8431390000 | 255 |
| 2 | 制动橡皮圈 | 8431390000 | 255 |
| 3 | 滚针轴承 | 84824000000 | 255 |
| 十、文丘里负压吸引装置 | | | 256 |
| 1 | 负压吸引泵装置 | 8414100090 | 256 |
| 2 | 铜接头 | 7412209000 | 256 |
| 3 | 止回阀 | 8481300000 | 256 |

| 序号 | 商品中文名称 | 商品编码 | 页码 |
|---|---|---|---|
| 4 | 橡胶垫圈 | 4016931000 | 256 |
| 5 | 射流泵 | 8414100090 | 256 |
| 6 | 橡胶垫圈 | 4016931000 | 256 |
| 7 | 铜接头 | 7412209000 | 256 |
| 8 | 铜接头 | 7412209000 | 256 |
| 9 | 调流阀 | 8481804090 | 256 |
| 十一、医用悬吊设备连通气源的结构 | | | 258 |
| 1 | 手动减压阀 | 8481100090 | 258 |
| 2 | 精炼铜管 | 7411101990 | 258 |
| 2 | 精炼铜接头 | 7412100000 | 258 |
| 3 | 铜接头 | 7412209000 | 258 |
| 4 | 喉箍 | 7326909000 | 258 |
| 5 | 塑料软管 | 3917390000 | 258 |
| 6 | 气插座框 | 3926909090 | 258 |
| 7 | 止回阀 | 8481300000 | 258 |